谨以此书献给

我以厨艺表达爱意的外祖母及母亲

家宴

王珩 著

浙江文艺出版社
Zhejiang Literature & Art Publishing House

图书在版编目（CIP）数据

家宴 / 王珩著 .— 杭州：浙江文艺出版社，2023.10
ISBN 978-7-5339-7254-7

I. ①家 ... II. ①王 ...　III. ①家常菜肴 — 饮食 — 文化
— 中国　IV. ① TS971.202

中国国家版本馆 CIP 数据核字（2023）第 094292 号

策 划 人　邓志平
出 品 方　杭州含笑传媒有限公司
策划统筹　柳明晔
责任编辑　张　可　陈兵兵
装帧设计　✗ TT Studio 谈天
责任印制　张丽敏
营销编辑　宋佳音

家宴
王珩　著

出　　版　浙江文艺出版社
地　　址　杭州市体育场路 347 号
邮　　编　310006
电　　话　0571-85176953（总编办）
　　　　　0571-85152727（市场部）
制　　版　浙江新华图文制作有限公司
印　　刷　浙江省邮电印刷股份有限公司
开　　本　710 毫米 ×1000 毫米　1/16
字　　数　284 千字
印　　张　22
插　　页　3
版　　次　2023 年 10 月第 1 版
印　　次　2023 年 10 月第 1 次印刷
书　　号　ISBN 978-7-5339-7254-7
定　　价　78.00 元

本书紧承拙著《国宴》，将观照视域从中国古代皇家贵族的宫廷御膳转向近现代文化精英阶层的私房菜，着重聚焦在民国时期活跃于军、政、商、学、艺各界名士的日常生活。以"吃"为切入点，透过时间陈酿的流光碎影，重寻远逝的古早风味和美食体验，重温觥咏斝笑间的家国情怀、乡土情结和微妙情愫，重品食事背后的精神风范与人文内核。以"情"字经纬时空，或重彩渲染特写之，或淡笔素描群摹之，以期还原那一帧帧令人心驰神往的民国生活场景，勾勒出一幅幅鲜活有趣的味觉文化盛宴和气韵生动的知识分子精神肖像。

张爱玲说，吃是人生最基本的生活艺术。张大千进一步升华，将其视作人生的最高艺术。如果你还同意尼采的观点——艺术是人生最高的使命，那么，取三者的最大公约数便得到一个令美食迷会心莞尔且无须证伪的满意命题：追求吃喝天经地义，若能吃出名堂还可理直气壮地自封艺术家。而与吃相对应的做，则不单是项技术活，更是一种可以当下兑现的、人我同欢的艺术——食者欣然，烹者开怀。故广义而言，饮食活动的每一位参与者都是艺术工作者。但从普通工作者到大方之家的距离，远非食材与餐桌的咫尺之隔可拟。毕竟饕餮者众，识味者寡。饮食之道似小实大，非仅酒茶谈助，而是自有其荦荦可观之处。

例如，菜系的形成。早在春秋战国时期，味分南北之异便初显：北宗齐鲁，南尚荆吴。至北宋，菜系雏形已备，市肆菜肴有"南食""北食""川饭"之明确分野。及南宋，当今"南甜北咸"之口味格局形成。明清以降，鲁、川、粤、苏影响甚大，是为公认的"四大菜系"。其后，浙、闽、湘、徽四大新地方菜分化崛起。在清末民初波谲云诡的社会鼎革背景下，区域饮食文化板块继续互动、整合，"八大菜系"最终定型。此外，京、沪、豫、楚、秦、赣，以及客家菜、民族菜也都各自具有其无可取代的特色。

每一款地方风味都是一部简明版方志。它收录地貌、土壤、气候、水质，摘抄民俗、物产、食尚、技艺，罗列季风环流的轨迹与光合作用的秘密，并陈耕作制度的嬗递与人口迁移的印记。它容摄天地精华，悦纳时序惠赐，一曲食材与厨师配合无间的二重奏，把潜藏于本地人味蕾深处的集体记忆和地域认同感演绎得淋漓尽致。进食过程中食者与食物之间的默契正在于，你每咀嚼一口独具辨识度的食物，仿佛都是在复述杨步伟那句堪称座右铭的话——"我就是我，不是别人"。与此恰成互文关系的，则是吃货祖师爷让·安泰尔姆·布里亚–萨瓦兰（Jean Anthelme Brillat-Savarin）在其《味觉生理学》中脍炙人口的精辟表述——"告诉我你吃什么，我就能知道你是什么样的人"。

在过去相当长的时间里，私房菜专属于特权阶层，是他们身份优越感的共时性载体与具象化表达，因此它的发展历程同时也是这一群体文化心理变迁的历时性叙事。古代私房菜的享用对象无外乎钟鸣鼎食之家或诗书簪缨之族，当然也有腰缠万贯的商界大佬，故又有官府菜、公馆菜、文士菜之谓。名宦贵胄们追求起滋味来，虽不及皇室般强调"八珍百馐"的仪式感，但浆酒藿肉、毂旅遍地的排场还是要有的。相应地，芳饪标奇、食必方丈的侈靡之风亦经千年而不曾消歇：东汉郭况府邸有"琼厨金穴"之称；西晋石崇豪宅有"咄嗟便办"之品；唐韦巨源自制"烧尾宴"食单，段文昌第中庖所名曰"炼珍堂";南宋张俊于清河郡王府供奉高宗,创下史上私家筵席之最奢纪录。凡此诸端,不可胜举。

高层次的饮膳享受离不开足够的财力支撑。魏晋南北朝时期,阀阅世族凭借其在政治、经济、学术上的垄断地位,不仅热衷于宴飨消费、品骘肴馔,还亲自下厨实践甚至著书立说,涌现出不少动口又动手的士大夫美食家。久之,私人出品堪比宫廷御膳,甚至达到了太官鼎味亦有所不及的水准。明清之际,豪门贵第争蓄美厨,竞比成风,对私房菜的推动功不可没。迨及改朝换代,社会阶层流动重组,低调神秘的私房菜遂渗入民间并反向回馈主流菜式,如现今多款淮扬名菜皆出自彼时盐商家厨之手。山东曲阜孔府由于特殊的政治职能和衍圣公位极人臣的尊崇待遇,成为权要显宦的争相朝圣之地。孔府宴也因其自成体系的礼食制度、料珍艺精的烹饪技法,书写了官府菜史册上不可复制的辉煌。衍圣公府作为仅次于明清皇宫的最大府第,素有"千年圣裔府,天下第一家"之誉,孔府宴亦堪称"天下第一家宴"。

伴随着封建帝制的瓦解,宫廷菜唯我独尊的地位亦不复存在。昔日御厨流入市肆,或华丽转身自立门户经营饭庄,或别栖梧枝投效新贵精研厨艺,殊途同归地为公馆菜之繁盛张本。上世纪二三十年代,京华私房菜之翘楚有三:军界段芝贵的"段家菜"、银行界任凤苞的"任家菜"和财政界王绍贤的"王家菜"。惜乎皆随其主沉浮而昙花一现,湮没史尘。及至谭瑑青的"谭家菜"变相营业,即以味压群芳之势驰誉公卿间,中华人民共和国成立后以并入北京饭店存续的方式善终,燕都食坛风光的最后一段精彩得以继续呈现。又,自清末开埠以来,上海商帮辐辏,诸味汇合。中国传统商业都会的市井文化与外来殖民主义文化,共同孕育出兼容再造的海派文化,海派私房菜便是这种文化交融的产物。当年声噪沪上的"莫有财厨房",亦即扬州饭店前身,至今仍是老上海人津津乐道的谈资。

官气、文气、商气、民气与洋气熔于一炉，散发出一抹熟悉又陌生、遥远又亲切的"民国味道"。它是大家心目中触不可及的绵长眷念，也是当代人怀旧梦的经典配方。这里有许广平的山阴农家蛋炒饭，胡适夫人江冬秀的徽州一品锅；有"政坛不倒翁"谭延闿的组庵豆腐，"京城第一玩家"王世襄的糟熘鱼白烧蒲菜；还有川菜宗师黄敬临的姑姑筵，羊城首席美食大咖江孔殷的太史蛇宴，台北摩耶精舍的"三张一王转转会"，等等。无论是炊金馔玉的公馆菜，还是抹月批风的名士菜，抑或是巧手太太们匠心独运的私房家常菜，这些处在特定历史坐标系的美味佳肴，不仅见证过百年前上流社会的交际风云，也标记出食者调性鲜明的舌尖审美趣味与人生哲学分殊。

一蔬一饭皆具性情，一饮一啄蕴藉温情。华夏群星闪耀时那一席席流动的盛宴，不仅璀璨了他们的回忆，也滋养了我们的生活美学品位。让我们在光阴流转的穿梭回放中，与这些深沉可爱、高贵和逊的有趣灵魂展开隔空对话，开启一场探味寻根的饮食文艺复兴之旅。此举既是对大师们生活艺术的礼赞，也是向"独立之精神，自由之思想"致敬。再则，美食刺激味蕾，味蕾拨动乡愁。当我们被南北同调、众菜一味的同质化浪潮裹挟，在"乱花渐欲迷人眼"的速食主义餐饮文化包围圈里进退失据时，如能于《家宴》中觅得几缕久违的岁月静好，找回些许化解乡愁的温馨慰藉，我们的精神后花园或无凋悴之虞。

王　珩

壬寅桂月识于武林目耕斋

目录

杨步伟：我就是我，不是别人

袁世凯：要干大事，没有饭量可不行

于右任：布衣四海一家愿，瓦屋三间二陆风

吃，
是人生最高艺术

·张大千·

摩耶精舍灶头边的

小纸条

2018 年 3 月，在纽约佳士得春拍上，张大千的一套手书食帖和一幅柿子图《利市三倍》以 95.5 万美元成交，加上佣金约合 800 万元人民币。一时，天价菜单引发热议。这位丹青巨匠在其艺术盛名遮蔽之下的另一维面相——民国画坛第一食家，亦随之进入公众视野。

拍品原藏主徐敏琦，曾于 1977 年至 1979 年任张大千晚年归居台北摩耶精舍时的私人厨师。他被引荐到张府时，刚出师不久。张大千待他如家人，几乎每顿饭都与他同桌而食，还花时间教他书法。张大千深谙饮膳之道且长于治庖，其画室名为"大风堂"，自谓"大风堂山厨"。每日晚餐前，他会把想吃的东西写在一张纸条上，递给厨房照办。他老人家可能想不到，当年随手所书的寥寥数行便条性质的菜单，尽管尺幅很小，四十年后竟也能和他的画作一样利市万倍。物各有短长，贵当然有贵的道理，我们且细细说来。

张大千自幼茹素，十二岁开荤，吃的第一口肉是虎胎[1]。他与美食结缘，

1　虎胎：系某名医所配之健体偏方，将虎肉切块焙干，研成粉末以醪糟冲服。

家宴

一方面源自家庭餐桌的熏陶——其母是中馈能手，因此他的味觉审美能力开发较早；另一方面，还得从他十八岁那年落草当师爷的历险记讲起。

民国五年（1916），张大千在重庆求精中学读书。5月下旬，学校开始放暑假，他便和几个同学结伴徒步回家。结果途遇土匪，被押到匪巢做了"肉票"。土匪头子让他给家里写信，要求速送四挑银子（四千两）赎身。张大千处变不惊，与之讨价还价，好不容易将赎身银减为三挑，害怕对方反悔，赶紧提笔就写。岂料他的一手好字被这个有眼光的江湖客给看上了，说："钱我不要了，你留下来给我们当师爷。"为求生，张大千只得接受"入伙"的邀请，领了一对象牙图章，戴上一顶瓜皮小帽，就成了匪窟里的"黑笔师爷"。其间，他还参与集体行动，当了回"雅贼"。

某日午夜，他被匪帮拉去潜入一大户人家宅院，看他们翻箱倒柜地忙个不停。因黑道上有规矩，既来之则不能空手而返，他愣怔半晌也不知如何下手，便从书架上拿了本《诗学含英》。同伙见状斥曰："你抢啥不好非要抢书（与"输"谐音），'输'字犯忌！"无奈，只好再看，他又取下挂在墙上的四幅《百忍图》，悄悄把书也裹入画轴中带了回去，之后常一人在后院吟哦。这本"赃物"，便成为他自修摸索的诗学入门书。土匪为了预防他们的师爷逃跑，下山打劫时，多把他留在山上，交给伙夫暗中监视。张大千闲来无事，便与其接近，常去帮厨。他日后爱吃的豆瓣鱼、回锅肉、家常豆腐等菜，都是此时学来的。这名土匪伙夫也就是他的烹饪启蒙老师了。还好命运之神眷顾，他从5月30日遭绑架到9月10日重获自由，虽然过了三个多月担惊受怕的日子，但对生死、金钱、人情炎凉有了切身体悟，权当上天安排的一份特殊"成人礼"吧。

张大千自述其平生有两个难忘的一百天，"百日师爷"为其一，另一个便是"百日和尚"。匪窝脱险的那年冬天，也就是在他扶桑东渡前夕，家中为他和青梅竹马的表姐谢舜华定了亲。可没过多久，未婚妻猝然病逝。张家又为其续订倪氏，不料对方倏患痴病，又解除婚约。张大千由是深感人生无常，万念俱灰，归国居沪不久便不辞而别，遁至松江禅定寺落发为僧。住持逸琳法师很喜欢这个颇具慧根的弟子，为其授沙弥十戒，取法号"大千"，语出佛典《大智度论》之"三千大千世界"。

过了三个月"日下一食，树下一宿"的清净佛门生活，张大千因不愿烧戒而逃禅，后被朋友"出卖"行踪。接到线索后，二哥张善子（也是画家，以画虎著称）火速出动，连夜把这个不省心的八弟"押回"四川内江老家，促成其与曾正容完婚。尽管已被迫还俗，张大千还是深爱其佛门法号，便自号"大千居士"，俗家本名也就很少再用，以至于今人可能不知道他其实叫张正权。此番出家，张大千最痛的领悟是："和尚不能做，尤其是没有钱的穷和尚更不能做！"风流倜傥的张八爷就此彻底打消了当和尚的念头，在曾氏之后又纳了三房夫人，红尘做伴好不潇洒。他娶的第四任太太徐雯波，是二太太黄凝素所生女儿张心瑞的闺蜜。

和曾正容成婚后不久，张大千重返上海，与"才高目广择婿苛"的沪上名媛李秋君相识并结为知音。尔后，二人终生保持着可遇而不可求的"第四类感情"，也可称作浪漫的"暖情"。事业方面，有曾熙、李瑞清两位恩师悉心指导，张大千在书法、书画鉴定、诗词文藻等领域获益良多。李公好美食且量甚巨，据说一餐能吃上百只大闸蟹，人称"李百蟹"。一次，张大千陪其吃饭，李公连给他夹了三块大如手掌的红烧肉。长者所赐何敢辞，尽管暗自叫苦，还是勉力全部下肚。他后来贪吃腴肥的习惯，估计就是这个时候被老师调教出来的。受曾、李二人及当时社会潮流之影响，张大千也跟着入了石涛的"坑"，而天资和刻苦则使他比别人走得更远。他的临仿之作，丝毫毕肖，炉火纯青，比石涛还要石涛，连老画家黄宾虹都大上其当。画了三十年石涛的陈半丁更是当众受辱，与张大千结下了梁子。1924 年，张大千又在"秋英会"雅集上崭露头角，其实力得到上海文艺界认可。也正是从这年起，他开始蓄须。以后，大胡子就成了他行走江湖的"注册商标"。

俗话说，三十而立。张大千二十七岁就开润格鬻画，其成名道路算是顺畅的。1925年秋，在李秋君及其长兄李祖韩的大力帮助下，他的首次个展就喜迎开门红，一百幅展品很快全部售空，由此开启职业画家生涯。加之此时张家经济遭受重创，对其经济支持完全断绝，张大千必须自己想法子多搞钱解决生活用度。虽说卖画日丰，收入可观，但他已挥霍成性，为了购买名贵字画不惜倒箧倾囊，本是"富可敌国"的好日子硬让他过成了"贫无立锥"的穷酸生活。

如之奈何？于是乎，出自大风堂堂主的石涛赝品，便源源不断地流入那些有财力而无眼力的收藏家及富商之手，竟连张学良也不幸中招。"二张"不打不相识，端赖石涛成全。

民国收藏界有"四巨头"之说，个个都是非富即贵的风雅人物，张少帅就是其中一位。东北易帜后，他被国民政府任命为陆海空军副司令。一次，他在北京重金购得一些古玩字画，颇为自得，不时展玩并请方家前来品珍鉴宝。有人指出其中几幅石涛山水画是仿制品，经打听方知是一个叫张大千的狂士所为。张学良不但没有雷霆震怒，反倒好奇心大起，很想一睹这位"假石涛"的庐山真面目。正巧，某次张大千北游，他打听到其住处，便派人送去一张帖子。

接到请柬后，张大千忐忑不安，深恐对方要找自己"算账"。可是拒绝也不妥，只能做好"一去不复返"的心理准备毅然赴宴。当时在座的还有齐白石、徐燕孙等几位画家，张学良若无其事地与宾客们纵谈畅饮，张大千想象中"鸿门宴"的逮捕法办场景终未出现。少帅也没有当众给他难堪，只是在向来宾介绍他时，用手拍着他的肩膀，绵里藏针地点了一句："这位朋友就是大名鼎鼎的仿石涛专家，我的收藏中有不少是他的杰作。"转而盛赞其画艺高妙及过人禀赋。张大千那颗提在嗓子眼儿的心总算放了下来。他很钦服张学良这种礼贤下士的风度和既往不咎的大度，两个相互久闻其名的青年便就此展开了他们绵延半个世纪的友谊。

艺术新星已冉冉升起，但张大千并不满足于只在南方画坛站稳脚跟，他还想要自己的夺目光芒照彻神州大地。

于是，张氏昆仲联袂北上推销作品。他们广结大咖，拓宽人脉。在颐和园，张大千与溥儒（清宗室恭亲王奕䜣之孙、溥仪之从兄）朝夕过从，两位大师合绘数作，经于非闇撰文大力揄扬，"南张北溥"之说遂流传开来。有身为旧王孙的画坛大佬"背书"，张大千的名气也噌噌噌地往上长。趁着势头正劲，三十年代他又连续办了几场画展。当年那个狡狯的石涛"替身"，为保守的北方画坛吹进一阵迥异的新风，也使自己跻身举世公认的"大家"之列。

勤奋作画备展的同时，张大千在频繁的美食社交中，也深得其乐。他性情豪爽，亲和力强，常在北京一流饭庄大宴宾客。每次都是点最精彩的菜，要最名贵的酒，随即开怀举觥，逸兴遄飞。侍者见其出手阔绰，气度不俗，不敢怠慢，孰知此公其实一文不名。难不成是张郎请客，他人代为埋单？非也。酒足饭饱之后，张大千微微一笑，取来笔纸，即席以神速绘就禽鸟花卉。置诸几案，便意远态闲地扬长而去。店主惶惑不安，乃持画至琉璃厂鉴定，始知此为大千居士真迹，殊非一两桌燕翅席可抵，遂狂喜不已。张大千以画会账之举，亦传为当时美谈。

和平门外五道庙的春华楼，是"八大楼"中唯一一家江浙馆子，在鲁菜称霸旧京餐饮业的格局中多少有些秀雅玲珑之味。掌柜的是位大厨，名叫白永吉，此人虽满身烟火气，倒也不失几分书卷气。春华楼的每间雅座皆以时贤书画装点，这里自然也就成为文人墨客特别青睐的场所。

张大千很赞赏白掌柜的厨艺，常与京剧名家余叔岩相约光顾，每次都由白氏精心配菜，无不尽兴。久之，他们的默契三人组合被大家称作"三绝"——唱不过余叔岩，画不过张大千，吃不过白永吉。张、白二人的交情确实不一般。张想吃鱼翅了，白直接做好"闪送"上门；张手头儿紧了，白送鱼翅的同时连零用钱也一并带去。不论张大千何时呼朋唤友来店，白永吉永远热情招待，分文不取。春华楼还承办了他和三太太杨宛君的婚宴酒席。张大千也情深义重，知恩图报。自从他俩结为挚友，每年都会给白掌柜画一幅中堂，还送给他不少长卷。其中两件巨幅山水画被荣宝斋收藏，成为镇斋之宝。还有两件立轴，在 2011 年北京保利拍卖会上分别获价 4370 万元和 3392.5 万元。有人戏言，仅一件便足以买下整个春华楼。

其实，我们开头提到的徐敏琦所藏菜单仅冰山一角，张学良手上的那张筵宾食帖才价值连城。

梁园虽好，终非故土。表面上风光无限的"当今最负盛名之国画大师"，却在老病摧颓和思亲之苦中备受煎熬。从布宜诺斯艾利斯的花园洋房"昵燕楼"，到圣保罗摩诘山下的"八德园"，再到旧金山的"可以居"和"环筚庵"，张大千的回国之路绕了大半个地球，一走就是将近三十年。百转千回，个中滋味只自知。

1976 年，他正式申请定居台湾，婉辞当局赠送豪宅的美意，自掏腰包在毗邻台北"故宫博物院"、面朝潺潺溪水的清幽之地，营筑了一座双层四合院式的禅意栖居空间——摩耶精舍。"精舍"泛指僧道的修炼居住之所。"摩耶"二字取自佛典，意谓释迦牟尼佛之母摩耶夫人腹中有三千大千世界，与其弱冠出家时所得法号之义一脉相承，互文指涉。摩耶精舍的庭园内花木扶疏，一派天籁。他还建了一座专门用于制作蒙古烤肉的"烤亭"。亭内柜架上有数只满载"川菜之魂"的泡菜坛子和郫县（今成都市郫都区）豆瓣罐子，无声地诉说着主人"万里归迟总恋乡"的莼鲈之思。"平生饥饱无牵累，但有情亲便慰人"，精舍每日院门大开，旧雨新知座客常满，半生似漂萍的张大千终于找回了得其所哉的归属感。

当时有三位故交来得最勤，他们是张学良、张群和王新衡。此时的张学良，并不像当局声称的那样已被解除管束，其日常行动仍处于情治人员的重重"保护"之中，能出来一趟也是不容易，便格外珍惜与老友

图1 张大千与王新衡（左一）、张群（左二）、张学良（左四）合影

家宴

们谈古论今、把酒品茗的相聚时光。四人气谊素敦，情深意笃，每月到一家欢聚一天，轮流做东，时称"三张一王转转会"。由于种种原因，他们的聚会一般不邀请外人参加。

张群是四川华阳人，和张大千一样对川菜别有深情。其家厨张广武做的水煮鱼，最受张学良夫妇喜爱。此外，空心琉璃丸子、油爆双脆、萝卜藕片汤等也都是他的招牌菜。张群注重养生，餐后还会为大家准备花样繁多的滋补粥品。转到张学良家时，赵四小姐就会一展厨艺，做几道她的妙手私房菜，如烧醉虾、红烧肉、砂锅鱼头、清炒豌豆等。王新衡的家宴则充满与众不同的异域风情。他府上的厨师都是台湾烹饪界的高手，其中一个能做俄式西餐，一个精于美式甜点。白菜卷、罗宋汤、酸黄瓜、马铃薯沙拉、软煎大马哈鱼等，都属于转转会成员们屡吃不厌的看家菜。而"二张一王"最期待的，是转到摩耶精舍，因为大风堂家宴永远最有仪式感且品质最高。

但凡轮到张大千做东，即使不是转转会，只要接待贵客，必提前拟定菜谱，并将赴宴者姓名、宴会日期等用毛笔写在宣纸上，以示尊重。有时，菜名后会标注掌勺人之名："千"是他本人，"雯"是四太太徐雯波，"珂"是三儿媳李协珂。有些菜会额外说明配料、刀法及用何种器皿盛放。如张心瑞保存的父亲手书食单上，"葱炒风肝"下写着葱要切"八分长"；做口蘑清汤时，要"切厚片，去蒂，加西洋菜三五根"。老顽童若来了兴致，没准还会在空白处画一幅简笔自画像，再盖几个印章，图文并茂，意趣盎然。倘或一份食单包含以上多种信息，宴请对象又是诸如蒋经国、于右任、黄君璧、孟小冬等名号响亮的人物，其价值不言而喻。

1981 年 2 月 20 日，农历正月十六，张大千在摩耶精舍宴请张学良和赵四小姐，丁农（张大千的主治医师）夫妇、张群及其长子张继正夫妇作陪，宾主共九人。午宴计有十六道菜：

图 2　张大千手书菜单

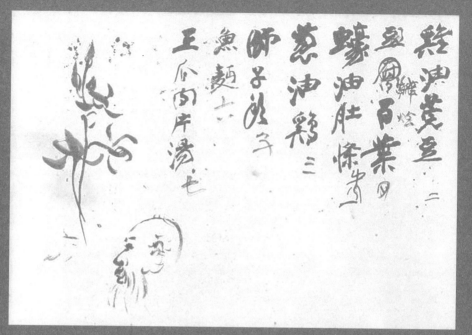

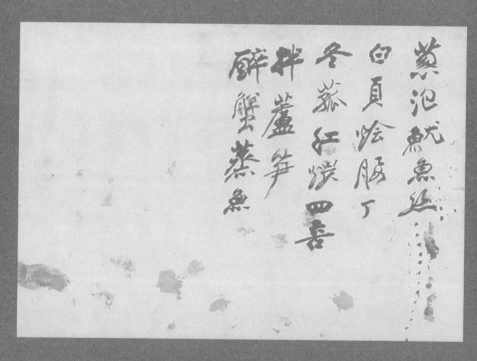

图3 张大千手书菜单

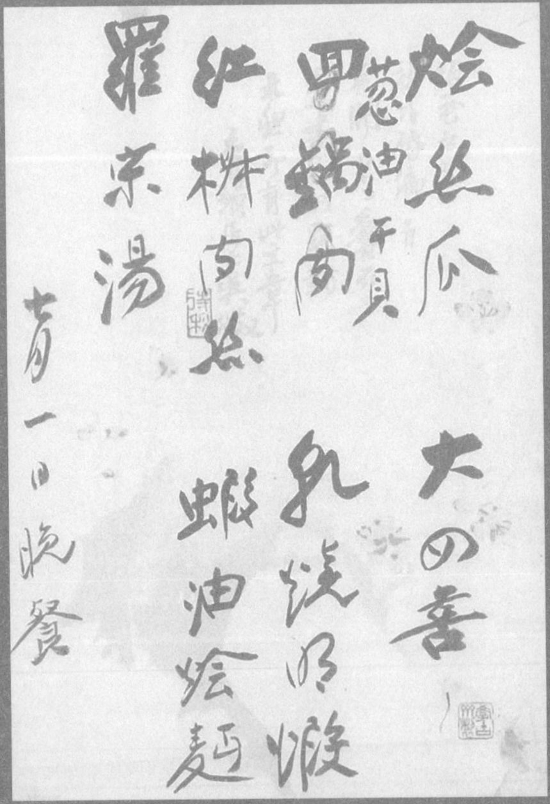

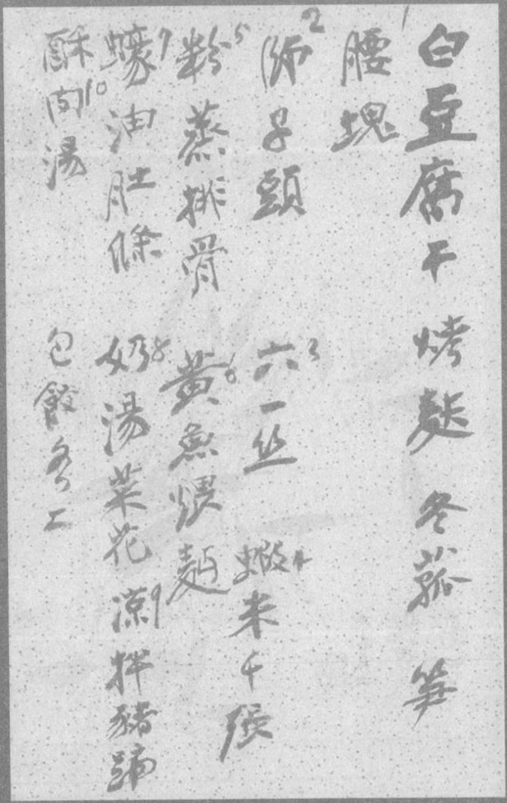

干贝鸭掌、红油豚蹄、菜薹腊肉、蚝油肚丝、干烧鳇翅、六一丝、葱烧乌参、绍酒㸆笋、干烧明虾、清蒸晚菘、粉蒸牛肉、鱼羹烩面、氽黄瓜肉片、煮元宵、豆泥蒸饺、西瓜盅。

从中我们不难看出主人的周到用心。这里面既有大风堂法不外传的独门硬菜——干烧鳇翅和葱烧乌参，又有亲切质朴的乡土菜蔬如清蒸晚菘。菜品不仅用料考究，还兼顾到南方人吃汤圆、北方人吃饺子的习俗，做了两种节日小吃。氽黄瓜肉片是徐夫人的拿手菜，黄瓜和里脊切得薄透如纸，一氽即熟，汤清似水，淡而有味。六一丝是张大千六十一岁时，侨居日本的川菜大师陈健民为其新创的一款菜式。系由绿豆芽、玉兰苞、金针菇、韭菜黄、香菜梗和芹白六种蔬菜，外加火腿切丝合炒而成，所谓“六素一荤，众星拱月”。张大千特爱其清鲜口感，将之列入家宴款客的保留菜品。此菜对刀功和火功皆有极高要求，如若稍欠则软硬不协，失其嫩糯爽脆之复合口感。张府家厨能将其完美克隆，足见功力深厚。总之，这席菜集中体现了大风堂厨艺的精髓。

是日，园内垂丝海棠盛开，景美肴佳，宾主欣忭，各尽半日之欢。雅聚结束后，张学良特地把食单带回去装裱好。次年的转转会上，他又把手卷拿过来。张大千看到大片留白立刻心领神会，便画上几样蔬果并题诗一首：“萝菔生儿芥有孙，老夫久已戒腥荤。脏神安坐清虚府，那许羊猪踏菜园。”当时在场的张群也乘兴写了几句：“大千吾弟之嗜馔，苏东坡之爱酿，后先辉映，佳话频传。其手制之菜单及补图白菜莱菔，亦与苏东坡之《松醪赋》异曲同工，虽属游戏文章，而存有深意，具见其奇才异能之余绪，兼含养生游艺之情趣。”

弹指流光东逝水，无常岁月割不断日久弥深的真情，但谁都敌不过时间的无情。题画后的第二年，张大千驾鹤先行一步。这份诗、书、画合一的家宴菜单就成为见证"三张"友情的广陵绝唱，也是艺坛与食林共享的稀世艺术珍品。十余年后，张学良侨居夏威夷，将其定远斋藏品委托苏富比拍卖，此菜单以258万元新台币（约合60万元人民币）得标，这在当时绝对是天价。如今已是张大千纪念馆的摩耶精舍饭厅内的墙上，还挂着这张筵宾食帖的复制品，让人仿佛依稀能嗅到当年大风堂美馔的缕缕余香。

张大千外出住在朋友家时，也经常代庖，以烹鱼调羹为乐。除大量

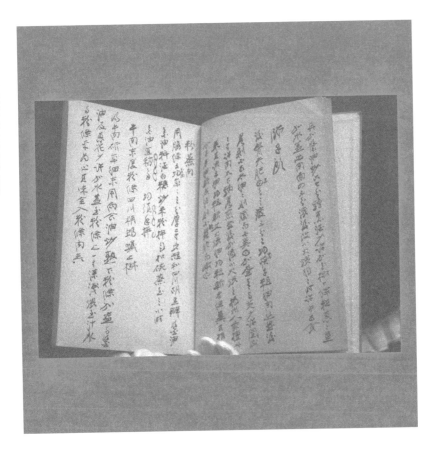

图4　张大千《大千居士学厨》书影

手书食单，他还写过一本名为《大千居士学厨》的食谱，收录了十七道他最爱的家常菜，其中有粉蒸肉、红烧肉、水铺牛肉、绍兴鸡、四川狮子头、蚂蚁上树、干烧鳇翅、鸡汁海参、腐皮腰丁、鸡油豌豆、金钩白菜等。全书八百余字，由漂亮的行草写就。每条内容长短不拘，或言简意赅，点到为止；或略述食材及烹法，圈点批注，十分细致。

此为 1962 年张大千在巴黎下榻郭有守家中时，所记三餐及宴客菜单，有如饮食日志。2001 年在台北义卖，以 1090 万元新台币（约合 248 万元人民币）成交。这本食谱中有几样是秘而不宣的张氏私房菜。如"水铺牛肉"，在张大千之后，就没人能做得出来了。据悉，台湾"将军牛肉大王"的创始人张北和，经十六年不懈研究，终于得以破解其制作工艺，已使之重出江湖。

自上世纪九十年代以来，大千食单之所以成为海内外艺拍市场上屡创新高的宠儿，不单在其自成一家的"大千体"书法艺术价值，更在其背后那一段段富有情味的交游往事，以及吃这些菜的人和写菜单的人所经历的那些传奇故事。它们是大千诗化生活的别样注解，也是独属于友朋间的无言默契与无上情谊的绝佳见证。物以人贵，恩义无价，诚哉斯言。

民国三十年（1941）夏初，四十三岁的张大千携眷从成都启程，一路向西，奔赴他渴慕已久的艺术朝圣地——敦煌。这是他第二次出发。前次，因行至半途忽接张善子去世电报，哀莫能已，遂仓促返渝治丧，行程取消。此次，终于夙愿得偿。

到达莫高窟时，已是深夜。他按捺不住激动的心情，风尘未扫就迫不及待地提着马灯入洞参观，随即被眼前精美绝伦的壁画和彩塑所惊倒。当晚他就发下宏愿，要长期驻扎下来逐洞临摹，把祖国瑰丽辉煌的文化遗产用画笔记录并传扬出去。但编号、考证、绘制等一系列工程远比他想象中要浩大得多，归期因之屡屡延宕。先由原计划的三个月改为半年，旋又调整为一年，仍不够。夏去冬来，几度春秋，最后他们在敦煌停留了两年零七个月。若不是来自兰州的一封加急电报，使他万般无奈地收起自己的雄心壮志，匆匆打道回府，他还会继续待在这座古老的艺术宝库里乐此不疲地画下去。

张大千的这趟西行完全是"自讨苦吃"。他自己也承认："我们简直就跟犯人一样喽，跑到这里来受徒刑，而且还是心甘情愿。"在石窟临画与室内作画截然不同，非常艰辛。你得一手举蜡，一手握笔，游走攀缘于悬崖峭壁间，在独木高梯上爬上爬下无数次。一天下来，头目晕眩，手足摇颤，累到怀疑人生。张大千每日都是清晨入洞，中午在洞口吃顿饭，晚上带着一头尘沙和满身颜料出洞。

辛苦一整天，总能洗洗早点睡吧？不能。因为他这趟"徒刑"还不是免费的，其间所产生的一切费用都得自理，若只出不进，难以为继。于是，他深夜还得加班伏案作画，然后托朋友在成都售出，以便维持亲眷、门生等一队人马在西域的日用开销。要是不这么拼命的话，他们就真得在大西北狂喝西北风了。

出于对艺术的执着追求，作为画家的他可以日复一日地忍受这种出没于洞窟之间、手忙于纸笔之上的苦行僧生活且无怨无悔。但作为食不厌精的好吃之徒，如果让肚子也跟着受委屈，可万万不行。张大千不迷烟酒，唯嗜茶，尤爱铁观音和乌龙，有时也喝绿茶，冲泡则习惯用铁砂壶。泡茶时，为滤去灰尘，第一道水要倒掉。冲第二道时，依次倒入杯中：第一杯水少，第二杯稍多，第三杯更多，然后再从最后一杯由少到多倒回来，这样每杯的浓淡和分量就分配均匀了。茶与器的搭配也有讲究，如：喝乌龙用陶土制的小茶碗；绿茶则用白瓷杯盛，以观其色。再好的茶，只喝三泡便倒掉。茶的问题好解决，饭就比较难办了。让一个饮啄涓滴不可草率之人，在物产匮乏的地方面壁三载，怕是比钻在洞里画画所需付出的体力和耐力挑战还要大。

不过张大千有的是办法。尽管条件艰苦，他也不曾亏待自己的胃，还专门聘请了一个藏人厨师。此地四季最缺蔬菜，为改善伙食，第二年夏天，他率众开荒种菜。张大千一生酷爱荷花，以"君子之风，其清穆如"喻其高洁，自从开始握画笔就始终未辍止过绘其倩影，荷花也向来是他庭院植物里的标配。为美化居住环境，他甚至托人从兰州带回藕苗，移栽在住地门前。不时遐想翠叶吹凉、玉容销酒的夏日荷塘胜景，也就成了他每天枯燥工作中的一点慰藉。

可惜藕苗未能成活，冷香也没有飞上诗句。怅望清波，轻涟无语，他只能让它们在画里复活来疗愈内心的失落。"绿腰红颊锁黄娥，凝想菱花滟滟波。自种沙州门外水，可怜肠断采莲歌。"绘好《荷塘》后，张大千题了这首诗来纪念这次失败的尝试。当上帝关了这扇门，一定会为你打开另一扇，前提是你得有双善于观察的眼睛。

从住地去石洞"上下班"的路上，种着一片杨树林，张大千在树丛水渠边觅得一种可食用的野蘑菇，每天能摘一盘。这项重大发现，不啻于一个疲惫的旅人在荒漠跋涉时，有一小片绿洲突然跃入视线。此后，蘑菇就成了他们餐桌上的新宠。张大千用榆钱、苜蓿、山药等当地食材，搭上从四川带来的各类干货和罐头制品，因地制宜地打造出不少西北风味佳肴。他的"敦煌食单"代表作有鲜蘑菇炖羊杂、白煮大块羊肉、蜜汁火腿、榆钱炒蛋、沙丁鱼、鲍鱼炖鸡、嫩苜蓿炒鸡片、鸡丝枣泥山药等。再加上张大千又是名画家，当地官吏、士绅常派人驮着米面鱼肉菜蔬等食用物资前来索画，他在敦煌的饮食规格已经是当时条件下最高的了。

顺带说一句，张大千还是"无冰不乐"的雪糕控，即便曾因狂啖蟹之后大嚼冰而险些送命，仍不改其乐。早年居沪时，寒冬冷气逼人，他依然日不离冰。友人调侃："饮冰子其有内热欤？"张大千笑答："蜀中无此美味，机会不可错过。"他觉得上海的冰最干净卫生，故每餐后必嚼冰或食冰激凌，大有一日不可无此君之势。到敦煌之后，离开了他的饮冰福地，馋虫作祟又买不到雪糕可怎么办呢？

画家兼食家的视野真是开阔又深邃。他既能采挖出杨树根底下的蘑菇，做一锅鲜美可口的炖羊杂；也能劈开佛像脚下晶莹剔透的积冰，调入牛羊乳，制成简易冷饮——佛脚冰激凌。诚然它不及大上海那些精致的冰激凌球，可毕竟聊胜于无嘛。时下，各地旅游景区的"文创雪糕风"

方兴未艾，如敦煌莫高窟就推出了"草莓九层楼""奶油月牙泉""巧克力石窟外景"等多款定制雪糕。对于这种让静态的文物古迹和特色景观，以由口入心的亲和姿态与游客相遇的形式，消费者似乎很买单。殊不知，敦煌定制雪糕的概念早在八十年前就被张大千玩过了。他根本不必"临时抱佛脚"，因为"佛脚"时刻都无限量供应，只要吃不腻，随时都可就地取材拿来犒赏自己。

1943年3月，常书鸿肩负着筹备"敦煌艺术研究所"（以下简称艺研所）的重任，来到莫高窟。张大千得知今后将有专门机构负责管理此地，且感且慰，特派子侄驰马往迎，他则亲自掌勺为其设宴接风。席间，二人把臂言欢，十分开心。虽然张大千得不舍昼夜地加班加点赶进度，但只要一有时间，就同常书鸿交流研治敦煌艺术的心得和他关于艺研所的体制设想、管理措施等。他看到他们经费菲薄，生活清苦，三餐无肉无蔬，主食之外只有一碟咸菜或腌辣椒，就常找借口叫常书鸿过来打牙祭。

某日，常书鸿因独自登窟观画不慎踩到软沙，脚陷在里面，上不去又下不来，心急如焚，一筹莫展。所幸当天张大千刚巧又邀饭，遍寻多时才把他搭救出来。那晚，他特意给常书鸿炒了一盘香辣劲爆的川味回锅肉压惊。此暖心之举，常书鸿多年后仍感铭于怀；而更打动常书鸿的，则是张大千与他执手道别的那一幕。

作为"自带流量"的画坛红人，张大千的"热搜体质"无疑是把双刃剑：名利双收的感觉固然良好，但舆论暴力之苦可是万箭穿心。即使身处不毛之地，他仍被卷入一场直接中断其临摹计划的人言可畏的旋涡。

1941年中秋，老友于右任视察河西，专程来莫高窟"探班"。两位美髯公相见甚欢，稍稍叙旧之后，张大千便兴致勃勃地陪他去参观洞窟。当他们走到南大佛窟时，见洞口甬道两侧壁面因人为破坏，被火焰熏得一塌糊涂，且已起甲开裂，与墙壁底层泥土分离。[1]但从壁缝隐约可窥到内层有画，张大千判断，似为唐代供养人像。于右任点头称赞："噢，那很名贵呀！"但并未表示要拉开坏壁一睹。县府随员为使领导看个明白，还是把它拉开了。只是用力稍猛，败壁瞬间散落，精美画像显露，众人大喜过望。于右任《敦煌纪事诗》中所写就是当时的情境："敦煌文物散全球，画塑精奇美并收。同拂残龛同赞赏，莫高窟下作中秋。"不料这个参观环节中的偶发事件却成为张大千被攻击的靶点。因适有游客欲求画而不得，遂借题发挥向兰州某报诬控其任意剥落古画。一时人言籍籍，是非难辨，张大千就此背上了"敦煌文物保护工作破坏者"的罪名。迄今，针对其各种无中生有的流言仍未完全平息。

同年年底，张大千前往西宁。经老友协调，由"青海王"马步芳批准，以高薪请到五名藏族喇嘛画师当助手。返回敦煌的途中，甘肃某地政府官员索画未得之事再次上演。对方恼羞成怒，利用职权大做文章，将"有毁灭中国艺术之阴谋"的张大千一直告到了陪都重庆的"中央衙门"。众口铄金，官方也被流言蜚语迷惑，三番五次扬言要"查办"张大千。最终结果就是，1943年4月，时任甘肃省政府主席的谷正伦发来一封相当于"驱逐令"的加急电报："张君大千，久留敦煌，中央各方，颇有烦言。……对于壁画，勿稍污损，免滋误会！切切！"平日里战风斗沙，与老天爷周旋久了也就习以为常了。偶遇野兽袭击或沙漠土匪劫掠，虽魂飞魄散吓得不轻，但毕竟属于小概率事件，过去也就过去了。与自然斗，易；与人斗，难难难。张大千很清楚，此地已不宜再留，只能收兵撤营，早作归计。

1　十月革命后，部分白俄窜入新疆。1921年，五六百名解除武装的士兵被送至敦煌。当地人恐受骚扰，遂将其安置于此。这伙人在窟内埋锅造饭，肆意乱挖，致使文物严重受损。

月牙泉上今宵月，独为离人分外圆。临别前常书鸿前来送行，张大千握着他的手，半开玩笑地说："我们先走了，而你还得在这里无穷尽地研究下去，这是一个漫长的无期徒刑呀！"说完，交给他一个纸包，并强调要待他们走后才能打开。在友人的声声珍重中，驼队缓缓出发，戈壁黄沙上奏响了驼铃伴奏的骊歌。白杨也随风哗啦哗啦地摇枝振叶，似乎是代树底下那些蘑菇向它们的老朋友击掌话别。当驼队就要转过三危山麓拐进一条山沟时，张大千示意停下。他回头凝神远眺即将消失的莫高窟，沉默许久。最后，用力地挥了挥手，轻轻说了句："别了，莫高窟！"

　　常书鸿目送他们走远，直至渺无踪影，才遵嘱打开"锦囊"。没想到竟是一幅张大千手绘的"秘密地图"：里面详细标明了采蘑菇的区域、里程、季节，何处蘑菇长势好、什么时候可以去采、哪种能吃哪种不能，全都一目了然。张大千毫无保留地把他所知道的关于"新大陆"的一切，全部转赠给了常书鸿。"当年在敦煌吃新鲜蔬菜非常困难，这张图无疑是雪中送炭，也是张大千留给敦煌工作人员的另一个宝！"四十多年后，常书鸿忆起这段往事时，仍历历在目，心潮难平。他所指的"宝"，还有张大千留给他的一大包调研成果，这也是艺研所初创阶段拥有的首批重要资料。

　　而张大千带走的，是276幅大小不等的历朝敦煌壁画摹本，其中有相当一部分是尚未来得及敷色的半成品或勾勒数笔的草图。如果能按他的原计划，在1943年夏天来临时，趁着临画的最好季节大干一场，想必会少些遗憾、多些佳作。陪于右任参观完石窟的那个中秋之夜，张大千亲自下厨炒菜，请他在住地共进晚餐。席间，他尽诉心曲，对斯坦因、伯希和等公然披着文化外衣的强盗行径痛心疾首，强烈希望于右任能为敦煌艺术发声，早日建立行之有效的保护机制。于公欣表赞同，返渝后即提议设"敦煌艺术学院"。经多方努力，愿景落地，常书鸿为首任艺研所所长。颇具反讽意味的是，恰是背负"破坏文物"骂名的张大千首先积极进言，才使拯救国宝的事业跨出这一步。

归程中，为扩大对敦煌艺术的宣传效果，张大千决定先趁热打铁在兰州办个画展。短短十日，观者破万，无不饱尝眼福而去。次年正月初一，他又声势浩大地在成都开展，高达五十元一张的门票也没抵挡住蓉城百姓踊跃参观的热情，使得展期不得不延长。嗣后，由国民政府教育部调集展品赴陪都重庆展出，声震中外。五十年代，张大千带着他的敦煌画作走出国门，来到新德里、巴黎等地。正是这次欧洲之行，促成了他与毕加索的历史性见面。其时，老毕在西方已红得发紫，大千也如日中天，两位巨子分踞中西画坛，熠熠共辉。他们的这场"高峰会晤"，使全球艺术界为之轰动，自此有"东张西毕"齐名之说，张大千的国际声誉愈著。

虽说张大千的个人艺术风格早在十多年前已基本定型，但他并不止步于此，认为还有继续求索与突破的空间。此次远赴敦煌的西行取经之旅，是其艺术生涯的一个转捩点。他将隋唐技法收入笔底，画风由古拙清逸转向富丽宏阔，画境亦为之一新。面对自己登峰造极的成就，毕加索只是淡淡地说了句："我的每一幅画中都装有我的血，这就是我的画的含义。"张大千又何尝不是如此呢？他是第一个为敦煌文物编号的中国人，也是我国第一个深入现场临摹敦煌艺术的当代画家。但因为这个第一，他倾注了无数的心血，也付出了高昂的代价。

此行开支庞大，近三年花掉数十万大洋。缘此，他不仅忍痛出手了许多珍贵的古书画藏品，还举债五千两黄金，差点拖垮四川当地一家给他放贷的银行。这笔钱，还了二十多年才结清。去之前，他容光焕发，丰神俊朗；归来时，形貌清癯，发须染霜。但他甘之如饴。这就是张大千，既醉心于享受，要做人上人，也锐意奋进，吃得了苦中苦。千金散尽又何妨，一支妙笔在手，便胜却人间无数财富。

健饭健谈仍健步，
登楼何必非吾土

1957 年春，张大千在卢浮宫办完画展，带着毕加索送他的《西班牙牧神像》，又回到巴西继续造园子。

当初他买下这块面积近 220 亩的地，就是看中它那像极了成都平原的景致。历经十余年苦心经营，耗资数百万美元之巨，这处远离烦嚣的安顿身心之所才完全落成。此地原为一片种柿农场，段成式《酉阳杂俎》言柿有"七德"[1]，张大千听说柿叶煎水可治胃病，再加"一德"，因名之曰"八德园"。

旅居巴西十七载，张大千将绘画所得的大部分收益，都投入到了这座寄寓自己故国情思的世外桃源。八德园内有灵池、沙滩、笔冢、画楼，有梅花、牡丹、海棠、竹丛，他还四处收罗来嶙峋怪石和珍稀盆景，豢养了孔雀、天鹅、白鹤、黑猿等奇禽异兽。日夕信步悠游其间，恍如重回巴山蜀水。张大千栖身于自己倾心布置的中式大庄园里，天天说着母语、画着国粹、听着京剧、吃着川菜，耳目所及、口舌所触，样样都是最熟

1　七德：一寿，二多阴，三无鸟巢，四无虫，五霜叶可玩，六嘉实，七落叶肥大。

悉的中国元素。养艺憩心于此，奚啻天上人间。

大风堂不但培养出众多知名画家，大风堂山厨麾下的精兵强将们更是以烹制"大千菜肴"而红极一时，为八德园掌勺七年的娄海云就是其中可圈可点的一位。

在张大千的长期栽培下，娄海云能做二百余种不同菜式，配制十几桌肴馔各异的宴席。后因董浩云（香港前特首董建华之父）要在美国开办餐厅，向八德园"借人"，张大千不忍拂却老友情面，只得慷慨割爱。由娄海云任主厨的四海饭店，很快就成为纽约最有派头、最具人气的川菜馆，连肯尼迪夫人也是座上客，并主动要求与其合影。1963 年秋，张大千应邀赴美展画，多有应酬，遂借张孟休之寓待客。请过四五次，每次十余人，皆由娄海云一手包办，次次菜肴都不重样，食者无不执箸大赞"妙哉"。问题是，你不赞还好，赞可能会碰钉子。

娄海云厨艺了得，脾气也了得。许多到四海饭店用餐的名人食客都吃过他的闭门羹，包括美国副总统叫他合影的要求也被拒绝了，令对方十分难堪。爱被夸奖本乃人之常情，而娄海云却并不在意，甚至被夸了还会不高兴。客人说："你做的菜真好吃！"他会板起脸反问一句："你说好，好在哪里？"你若能准确具体地指出好在哪个点上，他就服，不然会回敬你个白眼。对于娄海云的怪脾气，张大千是这么为他开脱的："凡有手艺的大师傅，十个中有九个半都脾气不小。他们经年累月地待在炉子旁边才磨炼出过人的本事，天天被烤得毛焦火辣的，哪有脾气不大之理？"况且，此人心地很好又极具正义感，否则也入不了大风堂堂主的法眼呀。不过，主人的偏袒之语并不能抵消客人无法"正确点评"时的尴尬，娄海云的举止也时常搞得张大千都替客人感到难为情。但你确实没辙，艺高人耿直嘛，你想吃他的菜就得连带吃他这一套，好手艺和坏脾气是"捆绑销售"的。

1967 年，被誉为"中国版达·芬奇"的著名学者顾毓琇到访八德园，张大千邀来至亲好友相陪，办了一桌隆重的酒席。

宴后，张大千应主客之请重书食单致赠，这张食单现存于无锡顾毓琇纪念馆。据其可知，当天的菜肴有相邀、合掌瓜炒鸡丁、白汁大乌参、葱烧鲜冬菇、蚝豉鲍脯、成都狮子头等。所谓"相邀"（大千食单中有时亦作"相聚"），其实就是由冬菇、海鲜、肉类、时蔬等合炖而成的什锦汤菜，本是全国各地皆不鲜见的寻常之味。大千雅人深致，嫌"烧杂烩"之名不美，便取"亲朋相邀、聚首欢庆"之义更一新名，常将它作为张府家宴的第一道暖场菜。如此一改，点铁成金之效立显：此菜蕴含的情感表达真诚热烈且耐人回味，毋庸言表即已跃然纸上。

鲍鱼有罐头装和干货之分。前者在巴西不难买到，做起来也省时省力，但张大千不避麻烦坚持选用后者。他会告诉你，缩得皱巴巴的鲍鱼是上好的材料，因为那是在活的时候捕到的，它会感到痛，就皱成一团。而那些外表漂亮的肥厚鲍鱼是早就死了的，口感反而差劲。干鲍如果做不好，吃起来就会如同嚼蜡，毫无滋味可言。他调制这道菜的秘诀是：将其发好后，另炖一只红烧蹄髈，仅取原汁（蹄髈弃用）赋味，再加蚝油，与鲍鱼切出的裙边和鲍身切成的薄片同烩。大风堂出品的蚝豉鲍脯之所以好吃，军功章有干鲍的一小半，那些牺牲掉的蹄髈应得一大半。

贺宁一也是此次赴宴者之一，作为八德园的老邻居，他的口福着实不浅。张府开筵时，常为他和眷属留出位子。除了那些独家秘制的山珍海味，他对大风堂的素常美食也十分称赏："春天，大千先生的餐桌上，时常可见到枸杞炒春笋（八德园内有三株枸杞树）、虾子笋块、雪菜笋片炒肉丝等。天气渐渐转暖，夏蝉长鸣，五亭湖的荷塘里长满了荷叶。宴客的桌上又多了荷包鲤鱼、荷叶粉蒸肉（分别有猪肉、牛肉、鸡肉）、荷叶八宝糯米饭，还有荷叶莲子绿豆红糖粥等等。当时并不觉得有什么稀奇，如今回首当年，此等口福，将往何处再求？！"张大千素喜热闹，作画时若无友在旁，必叫子女徒弟等齐聚画案，谈笑助兴。来张府做客，你除了能享用只此一家的时果珍肴，还能在大快朵颐之余亲睹大师挥毫或听他滔滔不绝、妙语连珠地摆龙门阵。口福、眼福、耳福三福俱全，有邻若此，夫复何求。是啊，谁不想当张大千的邻居呢！

约略而言，作画属视觉艺术，治馔属味觉艺术，筑园属空间艺术。此三者表面看似互不相及，若置于时间艺术的维度下透视，则率皆依其各自韵律节奏展开的多重艺术形式有机交融的复合艺术。它们是大千居士风雅生活的表征之物，相辅相成地诠释着他作为生活艺术家的本质身份。

自花甲之年病目以来，张大千视力大衰。"独具只眼"的他扬长避短，不再刻意求工，乃以减笔代之。他孜孜矻矻潜心钻研，由拘泥形似转为以老辣拙重、大开大合的笔墨表现神似，逐渐摸索出一种泼写兼施、色墨交辉的半抽象风格，为陈陈相因的古典艺术再辟天地，也实现了自身艺术风格的又一次成功"变法"。他的那些泼墨泼彩山水画看似从心所欲、恣意挥洒，实则劳力费神，一幅佳构非十天半月不可完工。1968 年，张群八十寿辰，张大千特赠绢本设色巨制《长江万里图》为贺。此图画面瑰奇壮丽，气脉流贯，五丈长卷一呵而就，浑然天成，洵为其画风创变之完美呈现。

对于美食和绘画的关系，张大千自有一番高论。他经常对弟子灌输这样的思想：欣赏饮食是一种直接经由感官接受的品味方式。一个画家，如果连这种对敏锐度要求最低的品鉴素质都不具备，何谈用更抽象的审美判断力去真正深入地欣赏艺术呢？除了以吃论画，张大千对中国饮食的地域分野亦有独到见解。他认为，因各地风俗与地理条件的差异，以黄河、珠江、长江为界，中国菜大致可分三派：北方菜取味于陆，闽、粤取味于海，川、苏则水陆兼备。一个被称作"食家"的人，如果没有理论建树，顶多只能算资深吃货，而张大千绝非浪得虚名。我们且看看同时代人对他的评价。

徐悲鸿为《张大千画集》所作序中，不仅推誉他为"五百年来第一人"，还不忘夸赞他"能治川味，兴酣高谈，往往入厨作羹飨客，夜以继日，令失所忧"。谢稚柳说："大千的旁出小技是精于烹饪且对客热情，每每亲入厨房做菜奉客……所做'酸辣鱼汤'喷香扑鼻，鲜美之至，让人闻之流涎，难以忘怀。"张大千本人则自豪地声称："以艺事而论，我善烹调，更在画艺之上。"于画艺，显然有自谦成分；于厨艺，亦非盲目自诩。作为理论与实践双一流的解味人，张大千一向是用实力说话的。在他眼里，绘事与食事不仅皆属艺术范畴，他还有一句很经典的宣言："吃，是人生的最高艺术。"

"百年诗酒风流客，一个乾坤浪荡人。"张大千晚年撰此联自况，亦常书赠友人。他的前半生主要生活在国内，上世纪二十年代后期开始，"搜尽奇峰打草稿"，由追摹古人转而师法造化，足迹遍及塞北江南、名山大川。后半生他则云游四海，横跨亚欧大陆、纵贯南北美洲，到过四十多个国家和地区。从日本吃到印度，从阿根廷吃到法国，可谓见多"食"广。他能博采诸味精华，将家传、耳闻、目睹的多种烹饪技艺融而会之，自创一脉。正如张心瑞所言："先父一生所嗜，除诗文书画外，喜自制美食以为乐，其足迹遍全球，因能汲取海内外各地各派名家之长，融为一体，形成以川味为主的'大千风味菜肴'。中外名厨，亦无不以邀请到先父品尝其烹调菜肴为荣。"

大千风味的诸多菜品无不体现出他"造化在我手中"的创新精神。如他对当年在西北吃到的手抓羊肉印象深刻，就独出心裁地借其名、取其意，创造出一款"手抓鸡"。而他平生最得意的杰作，是把湘菜中的辣子鸡丁改造成别具一格的"大千鸡"。这道菜的材料很简单，就是青、红辣椒和鸡丁，用的作料也是川菜中常见的几样。但它与糊辣鸡、豆瓣烧鸡、宫保鸡丁的口感都介于似与不似之间，而又与秧盆鸡那种又麻又辣又甜又酸的百味交陈之"怪味"不同，故有"大千风味"之名。

鱼翅是张大千的心头好，他的泡发方法也很独特，据说得自清宫御厨之启发：取一只砂锅，先放一层网油再放一层鱼翅，如此将二者交错叠放，每日用文火细煨数小时，连续一周方才大功告成。经过这般耐心处理，鲨鱼鳍中的胶质异味可尽除，翅针金黄发亮，柔糯弹牙又有韧劲。他做肝膏（将猪肝磨成细粉，加鸡汤清蒸，凝结成嫩膏）时，要在锅盖内加垫几层纱布。此举可有效防止锅在受热过程中产生的水蒸气凝成水珠滴落至膏面而将其砸成凹凸不平的"麻子脸"，保证成品平滑如镜的美观卖相。大风堂的菜多数都有技术门槛，不是"手残党"想学就学得来的，但我们触类旁通地把这个小窍门运用到蒸鸡蛋羹中，倒是未尝不可。

张大千的治厨理念可以用四个字来概括。一要"鲜"，隔夜菜绝不入口，鱼得吃活的。食材都是现备现吃，直接入厨。二要"精"，严把选料关。做鱼翅，他最中意菲律宾的"吕宋黄"上等排翅。烧海参，非肉质厚实的北海道大乌参不可。"大千鸡"则一定要选刚长冠开叫的仔公鸡，去骨连皮烹制才行。三要"真"，本味至上。他做菜不喜欢放味精，认为人工合成之味远不及食材自身的原汁原味。四要"抓"，抓什么呢？作料。张府办宴，多由家厨或家眷操作。张大千虽然不能像年轻时那样动不动就披挂上阵、舞刀弄铲，所谓下厨也只是站在一旁督工兼指挥，但放盐和糖例外，必须得他亲自动手。不用勺子不必尝，多寡全凭手感，抓捏撒毕，直接上席，每次都是恰到好处。他常说："抓得准，才是真正的大师傅。"他那双沉酣于调色也沉迷于调味的手，并非人们想象中艺术家应有的那般荏弱纤长。相反，那是一双粗壮结实、果断任性、执着于尘世享乐的手，

图 5 张大千亲自下厨中

是年届杖朝依旧充满生命力的手。

随园主人说，猪肉在菜式中用途最广，可谓各类食材之首领，还为它起了个"广大教主"的昵称。大千居士虽然也曾无肉不欢，隔天必吃东坡肉、冰糖肘子之类的大肉解馋，但老年患糖尿病后，就不得不节制口腹之欲了。猪肉呢，也就只好心不甘情不愿地把它在张府餐桌上的主角地位，拱手让给低脂高蛋白的牛肉。

大风堂明星菜中有不少都是以牛肉为主料的。

譬如，生炒牛肉片。这道菜的神妙之处在于，起锅装盘黑白分明，配色就给人一种大道至简的高级感。有食者求问秘诀："牛肉片都是红色的，为什么你能炒出白色的效果？"张大千告诉他，把切成薄片的牛里脊用筛子在水龙头下冲洗二十分钟，打少许水芡，与泡发的木耳同时下锅用急火热油快炒，牛肉就变得晶亮洁白了。那人听了，啧啧称赏不置。《调鼎集》载有制熊掌之法，其中提到下锅烹煮之前，有一个去膻味的关键步骤是，"用竹刀细细铲开，须流水冲半日，以红性尽为度"。不知张大千冲牛肉的灵感是否源乎此。

又如，粉蒸牛肉。这是张府家宴的一道主打菜，由张大千早年借居蜀中藏书名家严谷荪的贲园时所发明。将牛肋条去筋，横纹切片，加酱料、裹糯米粉拌匀，入笼屉前底部铺青菜，用沸水旺火速蒸。它比小笼蒸牛肉这道传统的川味小吃更香辣可口的要诀在于，起笼时要放入香菜和自烷自舂的辣椒粉提鲜。如果再买几个油润香酥的椒盐锅盔夹着牛肉吃，那就更得其味了。

常人对吃牛肉面的定位，可能就是一顿草草果腹的简餐而已。在张府，这却是一件盛事。大风堂的销魂牛肉面，张大千自称"海内外第一"。他们不做则已，做就必定是二十人份以上，因为张大千会呼朋引伴叫来好多人一起吃。此事一旦被提上日程，厨房就严阵以待了。他会提前一天吩咐备料，当天作画也作不到心上，总不时惦记着灶头边的工作进度，或者索性搁下笔直接过去监厨。

开宴时，桌子中央摆着四只大风堂特制的大盆：宽面、细面、带汁红烧牛肉、连汤清炖牛肉各占其一。配菜是红辣椒丝炒绿豆芽，还有醋、盐、胡椒、酱油、辣油、葱花等七八只小碟。可自由组合，各取所爱。单看这阵仗，不等动筷动嘴，就已垂涎三尺了。平时大家聚餐都是连说带笑，但吃牛肉面的气氛却不大一样。只见每人都把头埋在碗里专注地吃着，生怕讲句话就分了神或耽搁了时间似的。阖座无论老幼中青、南人北人，没有谁能经得住诱惑只吃一碗就"善罢甘休"。片刻工夫，人人连添两三次，才大呼过瘾。

浇头是一碗面的灵魂。张氏牛肉面味道出众的秘密是，在炖肉时要加半斤到一斤花雕酒。红烧的话，先用植物油把辣豆瓣酱剁碎煎好再放肉块，大火转小火炖个四小时。清炖则不需酱，全程中火炖，同时不断撇去油沫至干净为止。牛肉面的指定用酱来自高雄冈山[1]，面条则自加拿大订购。

有幸品尝过张氏牛肉面的人，也是"不幸"的。黄山归来不看岳，你连牛肉面的"天花板"都触碰到了，外面餐馆的做得再好也就不过尔尔了吧。矜炫浮夸莫取，怡心爽口便好。张大千善于化平凡为不凡，他能把家常牛肉面做成让人吃一次就毕生难忘的绝味，只此一项，"民国画坛第一食家"之誉已实至名归。

郑曼青有诗将张大千与"元四家"之一的倪瓒作比："旷古画家数二豪，

1　大陆迁台的川籍军眷多集居于此，冈山空军眷村或为台北川味牛肉面之发祥地。

张爱倪瓒得分曹。腰缠散聚且休论，百万相看等一毛。"

诚然，纵观古今画坛食家，云林子而外，似无人可与大千颉颃。今日苏菜名馔"雪花蟹斗"和西餐里脍炙人口的"芝士焗蟹宝"之原型，正是《云林堂饮食制度集》中的"蜜酿蝤蛑"。袁枚推崇备至的"云林鹅"亦属倪氏独创。"雪盦菜""海蜇羹""水龙子""香螺先生"等，亦无不新奇别致。"云林宴"的造境艺术也确实达到了古代文人菜的最高境界。但倪、张二人之异也是显见的。云林子是卓然出尘的林泉高士，自带一股"白眼视俗物，清言屈时英"的傲岸之气和古澹绝俗的缥缈仙气。大千居士则是滚滚红尘的弄潮儿，是有声有色、鲜活立体的积极入世者，是激情澎湃地在毫楮间奔走、役万物而君之的生活艺术家。

他爱人爱物，一往而深，意在笔先，心手达情。他这支叱咤五洲风云的"东方之笔"，凿空庖膳与翰墨的此疆尔界，连通舌尖与笔尖的感官互动。他以写意的笔法蒸汆熏爆、依势布局，用章法的火候皴擦点染、随类赋彩。层次内外，肌理匀停，各臻其美；浓淡之中，元气淋漓，神乎其技。于锅盘的画纸上嵌入匠心留白，从味蕾的狂欢中绽放细密乡愁。绘事为经，食事为纬，以对艺术的极致追求为主线，大千居士在他的"大千世界"中营构了一个气韵生动的人间烟火叙事：案头的河山之恋、灶头的金兰之契、心头的家国之思互为烘托，自叙与他叙交叠辉映，共同演绎出一位艺术巨擘的多味人生。

『京城第一玩家』的

多味人生与自珍之路

·王世襄·

一捆大葱的执念

他是在髹饰、火绘、家具、竹刻等中国古代工艺美术领域既专且精的文博大家，也是民国最会"玩"的男人。秋斗促织，冬怀鸣虫，鞲鹰逐兔，挈犬猎獾，诸般游艺靡不精通。而养鸽飞放，更是不受节令所限的常年癖好，至耄耋仍乐此不疲。

但他不单是怡情消遣，而是带着格物致知的探索精神，每玩一样必达极致。他能把这些富有浓郁老北京民俗风情的"雕虫小技"玩进学术的大雅之堂，能把古典家具玩出前无先辈系统之论、后无来者可继的"世纪绝学"的高度。启功赞其为"最不丧志的玩物大家"，世人更给予他"京城第一玩家"之誉。

他就是玩物立志、研物壮志的王世襄，但他给你的惊喜远不止此。

会吃、善做、精品鉴，是王世襄的另一半"绝学"，他在圈内还有个"烹调圣手"的美称。每日清晨骑自行车逛早市挑选时鲜，是他生活中不可或缺的一大乐趣。

他总是天一亮就出门，先到旧文化部大楼前打一通太极，然后走到对面的朝内菜市场。待七点钟开张铃一响，便和一群早已守候在门口的保姆、厨子们一齐火速冲进去，不消片刻便满载而出。再到早点摊上买好热豆浆，一手端着大茶缸，一手扶着车把骑回家，与夫人共进早餐。几十年来，不分寒暑，日日如此。

　　上世纪九十年代初，一个夏日周末的上午，汪曾祺突然接到王世襄来电问住址，说是要过去一下。不一会儿，只见他一身背心短裤加凉鞋的胡同老大爷打扮，拎着一个塑料条编织提筐走进来，从里面取出几条长茄子，对汪曾祺说："刚才在红桥市场买菜，看到茄子挺好，多买了几个，骑车送过来，尝个鲜。"没聊几句便告辞，很有几分来去无踪的高士标格。汪家住的蒲黄榆在红桥南边，王家在北边，老先生特意绕道儿跑一趟，一来一去得多骑半个多小时，而此时的他，已年近八旬。古人云，君子之交淡如水，两位美食家味淡韵远的"茄子之交"却是从一场小小的"笔墨官司"开始的。

汪曾祺写过一篇《食道旧寻》，他说学人中有不少是会自己做菜的，但拿手小菜不过一两样，真正精烹善调者，首推王世襄。他还讲了这么件事儿：有时朋友请王世襄去家里做几个菜，主料、配料、黄酒、酱油之类的都是他自带，据说连圆桌面也是用车子驮过去的。黄永玉告诉汪曾祺，某次朋友聚餐，规定每人备料表演一个菜。王世襄悠悠然地提着一捆葱来了，做了道看似平平无奇但吃起来人人叫绝的冷门菜——焖葱，把当天桌上所有的佳肴都压下去了。

此文本是汪曾祺为《学人谈吃》一书作的序，最初发表在《中国烹饪》杂志上。他在文末写道："学人所做的菜很难说有什么特点，但大都存本味，去增饰，不勾浓芡，少用明油，比较清淡，和馆子菜不同。"遂提议为学人所做之菜拟一名目，曰"名士菜"（若直接叫"学人菜"不好听），只是"不知王世襄等同志能同意否"。

王老一看被人点名，而所讲之事又有误传之处，就认认真真地写了篇《答汪曾祺先生》，委婉风趣地表达自己的"不同意"。针对驮着桌面去做菜的传闻，他是这么澄清的："梨园行某位武生，能把圆桌面像扎靠旗似的绑在背上，骑车到亲友家担任义务厨师。不知怎地，将此韵事转移到在下身上，实在不敢掠美。"关于焖葱，他说："这是言过其实。永玉夫人梅溪就精于烹调。那晚她做的南洋味的烧鸡块就隽美绝伦，至今印象犹深。永玉平日常吃夫人做的菜，自然不及偶尔尝一次我的烧葱来得新鲜。"并坦言，凡出自非专业厨师之手的菜可统称"戾家菜"，以与内行相区分。还说，把王家菜叫"票友菜"或"杂合菜"倒还行，"名士菜"

可不敢当。

老先生实在是过于谦虚了。求知欲旺盛的他，孩提时代就爱泡在厨房里看大人烧菜。当时王家的厨子多是从各地请来的名手，技术十分高超。在他们的指点下，王世襄常常动手实践，时日一久，煎炒熘炸门门通。晚年聊起自己的学厨经历时，他说："各帮菜我都学，做菜的兴趣越来越浓，交了不少厨师朋友。在这些人主灶的饭馆里，我去吃饭或请客，他们都让我自己上灶炒菜。年轻的时候，一次做几桌菜，不以为是难事，反以为是乐事。很多年过去了，不少厨师一直认为我是他们的同行，而并不知道我的真正工作单位是在故宫里。"能让饭店的厨师误以为是同行，试问业余玩票选手中能有几人？

别看他老是把最接地气的食材做成经济实惠的家常菜，餐具也不刻意讲求与众不同，基本上都是杂货店里那种最一般的大路货，但他的菜就是有让你一口吃下去便终生难忘的魔力。王世襄在香港的几位收藏家老友，有一段时间特别馋他的炸酱面，只要一听说他哪天准备做炸酱，就把电话打到他家附近的公用电话上，无论如何请他多做几份。次日一早，便派人打飞的去北京取，顺手再带两棵大白菜赶回香港，当天中午即可吃到他们朝思暮想的王氏炸酱面。这是王世襄的弟子田家青记下来的故事。

在王世襄的治馔理念里，葱的地位很高。它不但是必不可少的作料，更是其拿手菜的主料。一到冬天，堆满过道的整捆大葱，就成了王家厨房的一处胜景。别的菜可以随买随吃，唯独葱，得囤够量才踏实。汪曾祺提到的那段焖葱佳话，在王氏朋友圈中无人不晓。凡品尝过此菜的人，如朱启钤、张伯驹、陈梦家、惠孝同，以及王世襄的同事、晚辈小友等，没有一位不认同其葱味之美的。别的先不谈，我们就从这一捆口碑载道的葱说起，来见识一下王世襄的烹饪造诣。

此菜的准确名称为"海米烧大葱"，但只在王家和王氏几位老友中这么叫，更多的人还是习惯称作"焖葱"。做法倒不复杂：用绍酒泡海米，酒要多倒一些，使海米泡开后碗中仍有余酒，加盐、糖、酱油少许调成汁。取十棵肥硕的大葱，去掉根须，多剥几层外皮，仅留葱白，切段，每段长约两寸。每根只挑下端最粗的两三段，余作别用。锅中倒入植物油，温火将葱逐段炸透——色已变黄，用筷子夹起时感觉发软，葱段两头有耷拉下垂之势。然后捞出控油，夹入盘中码好。取空锅置火上，将炸好的葱整盘推入，与海米调味汁同烧至收汤入味即可。据王世襄的经验，如请香港朋友吃这道菜，需要把海米改为干贝。香江海味丰饶，海米被视作不堪下箸之物，这样做可免得到时候他们将海米一个个儿地抛出来剩在碟中。既能保证菜品的口味，又能顾及不同地域人士的食俗偏好，其细心周到可见一斑。

焖葱这门绝技是王世襄从表哥金开藩那里学来的，据说源自淮扬菜，不知确否？金氏系民初北方画坛领袖金城长子，亦工书画，为湖社画会主要创办者之一，还是一位中西厨艺俱粹的知味之人，也是谭家菜馆的老主顾。至于创制这款菜的初衷，王世襄之子王敦煌一语道破玄机：说开了，无非就是那些好吃葱烧海参的食客，爱这个味儿却又嫌海参贵，便光用辅料不用参，做时再添些小海米增加海味。用四个字概括，就是"因陋就简"。焖葱因王氏出名，但它既不姓王，也不姓金，首创者无可考也。可以肯定的是，这位脑洞大开的吃主儿决不会把葱味视作浊气，否则也就不可能大胆地本末倒置，变辅料为主料了。

举个例子，设若换成李渔，必然对之敬谢不敏。他对蒜、葱、韭这三种重口味蔬菜的态度是："蒜，则永禁弗食；葱，虽弗食，然亦听作调和；韭，则禁其终而不禁其始，芽之初发，非特不臭，且具清香，是其孩提之心之未变也。"蒜最惨，直接被拉入永远禁食的黑名单，没有商量的余地。葱虽然也不直接吃，但把它当作调味用的辅料还是可以接受的。

家宴

对韭菜最宽容，因为它嫩的时候童心犹存，非但不臭，还有一股讨喜的清香味。通过进一步对比香椿与此三物的高下之别，他还探讨了世人"嗜臭"之深层内涵："浓则为时所争尚，甘受其秽而不辞；淡则为世所共遗，自荐其香而弗受。吾于饮食一道，悟善身处世之难。一生绝三物不食，亦未尝多食香椿，殆所谓夷、惠之间者乎？"以伯夷、柳下惠自比，将不吃气味浓烈之物与品性高洁挂钩，借物喻理，别有寄托。显然，笠翁笔下的葱已经不是王世襄去黄永玉家时提溜着的那捆大葱了。

自从掌握了焖葱诀窍，这道菜就成了冬日王氏家宴上出镜率最高的菜。但若干年后，不知从哪天起，王世襄却突然不做了，原因是买不到理想的葱。作为吃主儿中的佼佼者，他对原料选取的高标准于此可略知一二。抛开技术因素，菜肴的品质很大程度上取决于原材料的状态。一般而言，霜降以后、立冬之前从地里起出来的大葱才适合烧此菜。好一点的葱，最佳赏味期可持续到来年正月十五。但一立春，葱芽萌发，味、质皆变，做出来的焖葱则难以达到最妙的脆嫩口感。就像《随园食单·时节须知》里说的，"所谓四时之序，成功者退，精华已竭，褰裳去之也"。万物生长皆循自然规律，顺时而食方能得其真味。此馔既非四季皆宜，王世襄便只在大葱生长的最优期做，春夏秋三季的王家餐桌上是看不到它的。

季节更替尚可等待，市场供应却由不得你。随着北京气候变暖，霜降节气往往无霜，且葱的培育方法亦与过去大不同。葱苗越长越健壮，卖相是更好了，但葱白不复清脆爽口，即便剥下多层皮，炸出来依然韧性十足，很难嚼烂，昔日那种入口即化之感遂成奢求。尔后，王世襄再未做过焖葱，只因对优秀食材的执念不允许他稍有妥协。

本地葱不合用，难道就没有外地品种可选吗？"葱中之王"章丘大葱刚进京时，还属于稀缺货，王世襄的餐饮界好友曾送来三五棵让他试试看。这种葱身形魁伟，辣味稍淡，清甜多汁，生啖极好。但偏偏不适合过油入菜，火小了炸不透，火大了易烧煳，火不大不小也不成——葱段会边炸边"闹分裂"，最后你只能得到一盘散乱的葱白。形已不堪入目，味又从何谈起。总而言之，改良后的京葱韧而不嫩，章丘大葱则是甜脆有余但质地达不到焖烧要求。

明乎此，便不难理解王氏因何罢做此菜。唯其如是，方不至破坏它那曾经惊艳舌尖的美。否则，任何勉为其难的努力或将就，对这道王氏当家菜的美味而言，都只能说是一种善意的伤害和践踏。

虽说葱馔成了"广陵散"让人遗憾，但王世襄的拿手戏多得很，不差这一味。正如一花独放不是春，一花凋零也黯淡不了万紫千红的满园春色。而在王世襄的私家美馔百花园中，菌肴就是不可不提的一大门类。

上世纪四十年代中后期，王世襄数次应邀到原为李莲英宅第的弓弦胡同 1 号，参加张伯驹的押诗条聚会和古琴雅集。会后，主人常命家厨备膳款客。"清炒口蘑丁"是张家的明星菜品，每次都上。颗颗小指尖那么大的灰白色菇粒在中号菜碗中盛得八分满，一桌菜里别的尚未大动，它老是第一个被抢光。素嗜菌菇的王世襄更是不甘居人后，眼瞅着它被端上来，就赶紧先舀一大勺。

此菜香就香在用的是产自张家口外草原的野生口蘑，味极鲜但产量低。一般人得之如获至宝，惯常做法是打卤或炖汤时放一点点，哪里舍得拿它当主料清炒，当时全北京恐怕也只有张家这么做。时隔多年重温往事，王世襄既感动又惭愧：既然次次都能吃到这个口蘑，说明它也是张伯驹的心头之爱。可他见客人们争先恐后地夹菜，自己就不动筷子了，很会照顾大家。

一个人儿时的味觉记忆是其一生寻味之旅的导航仪。王世襄对野生菌的情有独钟，源自其幼年的一段经历和一道江南佳味。

王世襄的先祖原居江西吉水县清江乡,人称"西清王氏",以瓷业发家,于明正德、嘉靖年间举家东迁,坐贾定居福州。因得口岸海运便捷之利好,商贸生意蒸蒸日上,渐成当地数一数二的望族大户。至六世祖,家道中落。

自王世襄的高祖庆云公科考中举并官至工部尚书之后,王家遂转而以儒入仕。祖父王仁东曾任内阁中书,伯祖王仁堪为光绪三年(1877)丁丑科状元,还当过梁启超的老师。王世襄的父亲王继曾青年时留学法国,回国后任张之洞的秘书。民国初,供职于北洋政府外交部,曾出任驻墨西哥公使兼理古巴事务。工作之余好逛古玩店,搜购宋元古瓷和明青花。母亲金章出身于"四象八牛"之一的湖州南浔翰墨世家,幼嗜六法,尤精鱼藻,早年游学欧陆,著有《濠梁知乐集》。王世襄的大舅就是前面提到过的画家金城,二舅金绍堂、四舅金绍坊都是竹刻大师。金氏一门风雅,其深厚的人文艺术积淀,对王世襄成年后选择从事的行业和人生轨迹无疑影响至深。

然而,少年时代的王世襄却是个"顽主"。自幼在优越闲适的家庭环境中长大,加之哥哥王世容早逝,父母把双倍的关爱和宠溺都倾注到了他一人身上。凡无害健康的,任其玩乐,不加管束,但同时给予最好的教育。在王世襄六岁时,王继曾就聘请了两位家馆先生教授他文字学、经学、骈文、古典诗词等国学科目。考虑到今后可能因公带儿子出国,王继曾便把他送进全英语教学的美侨学校,以便提前与国际接轨。作为该校为数不多的几名中国学生之一,他在这里从小学三年级开始,一直读到高中毕业,故而练就了过硬的口语能力,到老年都可以用流利的英文演讲,别人还以为他是在国外长大的。

王世襄从十岁开始养鸽子,曾一连数周的英语作文篇篇言鸽,看得外教直上头,叱其若再不改题目,不论写得好坏,一律给最低分。不久,这名让各科老师伤透脑筋的"问题学生"又迷上了斗蛐蛐,嫌花钱买的不过瘾，就自己带着装备跑到郊外捉野生的。为了得到一只凶悍的家伙，他敢深夜独闯乱坟岗子寻寻觅觅。十八岁时，又拜八旗善扑营的两位头等布库[1]为师习武，并从他们那里学会了架大鹰和遛獚狗的本事。为了熬鹰[2]，他能连续六七晚不睡觉，直到把它驯得服服帖帖。

考上大学后，王世襄的贪玩心性毫无收敛，还干出了怀揣蝈蝈上课，被邓之诚请出教室的惊人之举。那时王家刚好在学校附近有个二十余亩的园子，他的大学四年光阴都虚掷在了那里。养狗、放鹰、种葫芦、会玩友，逍遥公子忙得不亦乐乎。直到读研期间，慈母病逝，心灵大受震荡，他才决心痛改前非，奋发向学。

王世襄身上有一股锲而不舍的狠劲儿，不学则已，学则必定钻研到底，不搞出个名堂来定然不肯罢手。积累家具实物材料的过程中，他成天蹬着一个装有承重两百斤的大货架的自行车，穿梭于北京的街头巷尾，足迹遍及城郊方圆几百里，甚至不辞劳苦"远征"河北保定、涿州等市县。为了能从农人手里买到一件旧家具，他可以把脱下来的鞋垫当枕头，在乡下睡冷炕，度过除夕之夜。

对待喜欢的食物，他向来也是这种认真求索的态度。在燕京大学读书时，他常骑车去香山游玩，为了探究蘑菇世界的奥秘，经多方打听，结识了附近村子里的"蘑菇王"。老者看这小伙子虚心好学又懂礼貌，很有眼缘，便慷慨指点采菇门径。

1　布库：满语音译词，意为"撩脚"，一种徒手以脚力撂倒对方的相搏游戏，犹今之摔跤。

2　熬鹰：把鹰捉回来之后，整夜不让睡觉，使其困乏，消磨掉野性。

他告诉王世襄，香山的野生蘑菇分大小两种。最有名的是贡品"大白蘑"，直径可达一尺余，像一只底儿朝天的白瓷盆。人们一旦发现这种幼菇踪影，便会搭一窝棚昼夜不离地守护在旁，谨防被别人采去。神奇的是，这种菇生长极速，只需两三日便成熟，采好盛入大捧盒，送到宣武门外可卖三五两银子。但这都是前清旧事，此菇三十年代就已基本绝迹。小野菇则以色浅的"白丁香"和色深的"紫丁香"为著，春秋两季皆可得。老人家还传授了他一招勘探蘑菇地脉的方法，即从地表草木长势推测埋在土里的菌丝是否为心仪品种，行话叫"看梢"。不过，这套有点神秘色彩的理论实操起来甚有难度，听老者讲了几遍，王世襄还是不得要领。

参加工作后，借着出差之便，王世襄每到一省，都会留意当地的菌菇特产。他从上过西南联大的朋友口中得知，长沙街头小馆的蕈子粉、蕈子面（以菇类为浇头的汤米粉或面条）鲜香诱人，也听说九如斋的瓶装蕈油是出名的伴手礼，便终日心向往之。

1956年，机会来了。王世襄随中国音乐研究所南下普查，跑了大半个湖南省，把各地的蕈子粉尝了个遍。亲测一圈比较下来，发现长沙的蕈子粉不及衡阳，而衡阳又比不上偏远小镇的。得出的结论是，粉好吃与否跟蕈子的品种直接相关，而蕈子的采摘时机尤为重要，若等到柄抽伞张再烧制，再好的蕈子也滋味大减。

当时从道县去江华的公路还未开通，他们只能步行。途经桥头铺时，眼尖的王世襄看见一个大婶提着半篮现摘的钮子蕈送进一家小饭馆，不禁馋得直咽口水。毕竟这是能吃到的最新鲜的蘑菇了，怎能坐失良机？但他很清楚，带队领导是个组织纪律观念极强的同志，若擅自离队觅食，被发现将后果严重。

好在年轻时那段任情恣性的野外活动经历造就了他一副强壮的体魄，王世襄赶起路来脚力过人，健步如飞，早把队长和队友甩到五里开外。

这段路程差，足够让他进去吃一碗蕈子粉。于是乎，他怀着忐忑的心情吃到了此次湘行中遇到的最好的野蘑菇。实在是太香了，真想再来一碗，但貌似时间有点紧。只得打消贪念，恋恋不舍地抹抹嘴，走出了小铺子的门。在大部队赶上来之前，若无其事地归了队，边走边反复回味着刚才那段神不知鬼不觉的"蕈子粉奇遇记"，窃喜不已。

云南作为产菇大省，是蕈馔爱好者的天堂，自然也是王世襄美食心愿清单中排在首位的目的地。1986年，借着随政协文化组考察古迹之机，他的愿望也达成了。从昆明到楚雄再到瑞丽，一路往西，不论大城小镇，早市上总能看到很多沿街设摊卖蘑菇的商贩。他们的筐里丛丛簇簇，形色各殊，品类之繁令人目眩神摇。名贵者有松茸、鸡枞、干巴蕈、牛肝菌等，王世襄还引经据典地考证了"枞"字的正确写法。尽管此物大名远播，深受老饕所爱，可是能写对它名字的人不多。大饱眼福、口福之后，王世襄的看法是，云南虽多蕈，但吃法似嫌单调。如能在用上汤炖煮、入汽锅与鸡块同蒸、配肉片辣炒之外，充分发挥当地得天独厚的优势，开发出更多烹饪样式，必将为滇菜增色不少。

在民国学人美食圈中，没有谁比见多识广的王世襄更懂蘑菇。倘若让他为平生所食蕈馔排个座次，他或许会不假思索地告诉你：去江华途中没敢吃第二碗的蕈子粉只能排第二，外婆家的"寒露蕈"才是谁也抢不走的第一名。

十一二岁时，他随母亲回南浔外婆家小住。这个位于太湖之滨、江浙两省交界处的江南古镇，面积不大，高门贵第却不少，女佣多来自洞庭东、西山，服侍王世襄外婆的老妪就是东山人。每年深秋，她都要从老家带来一甏和灯芯草泡在一起的油浸鲜蘑。这种野生菌只在寒露节气出土，故名寒露蕈，其味之美，无与伦比，据说还有解毒功效。它是外婆最爱的拌粥小菜，母亲只准王世襄尝几颗，想多吃可不行。而因为"一个人的口味往往是爱吃而又未能吃够的东西最好吃"，寒露蕈遂成为他一辈子魂牵梦萦的隽永之味，日后的美食因缘抑或由此开启。

王世襄是一个走到哪里都想找地方做菜的人。身居异国，胃更思乡。1948年至1949年赴美国、加拿大考察博物馆期间，他就常到旅居纽约的学长瞿同祖夫妇家下厨。某日，正好老舍也在瞿家，王世襄做了欧芹虾泥吐司和鸡片炒芦笋。这是二人第一次见面，他们从天坛的龙须菜[1]说到八旗子弟的老玩意儿，津津有味地边吃边聊，很是开怀。西游期间，王世襄还特别注意到了蘑菇在西餐中的运用。他对黄油煎蘑菇蛋卷（mushroom omelette）评价不错，但接受不了将圆蘑菇切片放在沙拉里直接生吃。在波士顿时，他给老同学王伊同夫妇做的油焖蘑菇，即仿自寒露蕈，只是减少了用油量而已。他还把这道菜带给美国的房东老太太品尝，没想到对方赞叹连连，直夸比许多西式烹法都棒。她不仅详细地将操作步骤逐条记在小本子上，还请王世襄现场示范了两次。外婆的女仆如若知道她们洞庭山的民间美味还曾走出国门与西方饮食文化交流互鉴，想必也会十分欣慰。

南浔的风土人情和金家大宅院里的美妙"食光"，在王世襄那多姿多彩的童年画卷上烙下了难以磨灭的印记。"儿时依母南浔住，到老乡音脱口流。处世虽惭违宅相，此身终半属湖州。"此其鲐背之年的心声。

1　龙须菜：白芦笋之别称，是清代以来北京有名的时鲜。梁实秋《雅舍谈吃·龙须菜》一文称，东兴楼和致美斋都有一道叫"糟鸭泥烩龙须"的名菜，甚为佳妙。

家宴

　　不论治学还是治庖，王世襄都信奉"实践出真知"这一条公理。尽管他总谦逊地说自己做的菜是"以意为之，实在没个谱儿"，但不拘一格、兼收并蓄正是其可贵之处。你可能想不到的是，他做起西餐来也游刃有余。

　　王世襄的父母都有海外留学背景，思想和生活方式都比较西化。尤其是王继曾，回国后还保持着在床上吃欧陆早餐及喝英式下午茶的习惯。在王家，用西餐宴请外宾是常事。

　　每到这时，平日里身着中式对襟小褂的男仆们就会换上他们的洋行头——燕尾服、口袋巾、领结、皮鞋，一样都不能少。餐厅布置和摆台甚至比外面的番菜馆更讲究，从德国洋行定制的椭圆形大桌上铺着雪白的餐布，十二把皮质高背餐椅围成一圈，每人座位面前都摆着名签。高脚杯里盛着香槟，饮品有番茄汁、苏打水等，纯白骨瓷餐盘中盛着精致的小块干酪丁、黄油蔻蔻糖、迷你鸡肉生菜三明治等开胃小食。饮完餐前酒，就可以上菜了，土豆沙拉、奶汁烤芦笋、咖喱鸡、炸猪排、烤野禽、西法大虾、牛尾汤等都是王家的经典西式名肴。

　　而王世襄学会做西餐，除了这种直接的家庭氛围熏陶，还得益于他大舅家的两位表哥。他们比他年长十来岁，都是对西洋料理有精深研究的吃主儿，烧起菜来根本不会考虑"成本"二字。每次王世襄到他们家，两人都争相轮番献技，极尽好客之能。年轻人之间，榜样的力量是无穷的。有此言传身教，再加上王世襄经常翻阅家里的英文原版食谱，焉有不通之理？后来，王世襄还把家里的一个女佣培养成了能做整桌西餐的大拿。那时时局纷乱，王世襄常常要亲自掌勺，这样一来，他人不在北京时，王继曾与外籍友人的餐桌社交也可照常举行。

普通吃主儿光吃不做，高阶吃主儿爱吃爱做，顶级吃主儿则不仅善吃会做，还能发明制造个性化厨具。

上世纪六十年代，为王家厨房服役多年的烤箱寿终正寝，市面上又买不到新的。为了能继续烤野味，王世襄就去日杂店买来大小两口铁锅，量好尺寸到铁匠铺定做了一块方形烤盘，自制出一款用煤球炉加热的烤箱，用它烤出来的肉并不比之前的差。没过几年，北京开始使用液化气。燃料革新了，烤箱当然也得进行与之相匹的升级换代。他又找铁匠师傅做了一个尖顶方壁前开门、有点像鸟笼的新型烤箱，内有铁条架子可置烤盘，比前款好用得多。

除了融入西洋饮食习俗这一亮点，王氏家宴还有一种特殊形式，叫"拜三会"。

该会由王继曾和定居北京的福建同乡共十二人组成。他们说定每个礼拜三聚一次，轮流做东，在家由家厨主勺或在外预订餐馆皆可。按时间推算，差不多每人每三个月做一次东。轮到王继曾时，都是请居住在福建会馆的闽菜烹饪高手陈依泗来家治馔。陈师傅有三个儿子，都跟着父亲学艺。老大二十出头，最得老陈真传，相貌也很有辨识度——酷似张学良，被戏称"少帅"。老陈每次接了活儿，都把他带在身边打下手。想当年"少帅"系着围裙在灶台旁忙前跑后的样子，也是王家厨房里的一道别致景观。

国民政府迁都南京后，王继曾淡出官场，王家家境下滑。抗战时期，家仆骤减，只剩一男一女两名上了年纪的旗人佣工。但拜三会仍在延续，王世襄便开始担任主厨。虽然食客都还是老乡，但席上已绝少有闽菜，因为当时市场上可选的新鲜海产品寥寥无几，而闽菜历来又以烹制山珍海味见长。即便是陈师傅下厨的那些年，也只能选出黄花鱼、比目鱼、海鳗、响螺、海蚌等几种，大菜主要还是得靠燕翅参肚等名贵干货撑台面。巧厨难为无米之炊，王世襄觉得与其如此，还不如另辟蹊径，于是以好买易得的河鲜代替。

拜三会开宴前两天，他就先将食单草拟好，有序进入备菜流程。之所以称"草拟"，是因为这仅仅代表一个初步设想，具体能否全部实现还得依赖市场供货情况。如果想做的菜没买到合格的主辅料，只能果断放弃。吃主儿眼中的"合格"，其实就是最高档次，宁缺毋滥是他们的一贯准则。这样一餐饭通常要准备十几道菜，冷盘四味，汤一味，余皆热炒。全部菜品中，时鲜占到三分之一，烹调手法则有南有北，亦中亦西，怎么得心应手怎么来。下列某次拜三会完整食单一份，以便直观了解王氏办宴风格：

> 冷碟四款：白煮鸭肝、松花蛋、酥鲫鱼、海米拌芹菜。热炒九款：桃仁丝瓜、青蛤汤、芥蓝炒牛里脊、辣子鸡丁、糟煨茭白、芫爆里脊、蟹粉熘黄菜、虾仁吐司、干烧鱼。汤馔一款：清炖鸭子。

古人云，独乐乐不如众乐乐，王世襄非常乐于将这种文人入庖的雅士之乐与友人分享。著名红学家、敦煌学家周绍良于著述之暇也爱下厨，晚年常撰文谈京华美食。彼时因居东郊通州双旭花园，进城往来不便，有一次，他专门写信向王世襄询问如何制作桃仁丝瓜。王世襄倾囊相授，在回信中大谈选料要诀。

　　他告诉周绍良，这菜做起来十分简单，只是核桃仁炒丝瓜而已。但丝瓜要嫩，去皮切成大小适中的斜刀块，入锅颠几下即可，不宜多出水。核桃则关乎时令，最好用尚长在树上的夏核桃，过期便不相宜。摘下来后，剥掉外层绿皮和包着坚果的硬壳，露出鲜嫩的白仁。炒制时，先放丝瓜，再下桃仁，俄顷即出。以汁少为佳，不宜添高汤，可放一点糖、盐、味精、黄酒调味。由于核桃必须适时摘取，稍老即失其脆爽，故王世襄特地强调此菜只适合夏末做。另言明，它只是上完东坡肉、红焖肘子这类大荤菜之后的过渡，即用来间隔浓腻的清口小菜，"并不是什么正经菜"。

　　这就又是王老的自谦之辞了，家常菜不就图个好吃易做嘛。况且，桃仁、丝瓜两嫩合一，盘中白绿相间，各逞其鲜。一啜入口，芬溢齿颊，恍若移棹素莲碧叶之荷塘，熏风徐至而心神弥觉舒爽，此境岂渠"正经菜"可得侔乎？

家宴

1969 年秋，五十六岁的王世襄远赴湖北咸宁干校参加劳动。在那里，他又兴致勃勃地调查起野蘑菇来。为防止误食毒菌，他积极向老乡求教，很快摸清了当地的食用菌概况：白柄绿伞者，名绿豆菇，长在树林中，味甚佳但不易寻；体大色红者，为胭脂菇，络绎丛生于草坡，灶火熏炙方宜食，否则麻口；冬至菇最难得，口感亦最佳；紫色平片菇味鲜质嫩，与鱼同煮尤美，论其形态，似与凤尾菇属同种。

一天午后，王世襄正驱牛在田边转悠，忽听山坡外传来一声火枪响，连忙登高察看。循声望去，原来是有人在打猎。他想着，这下好了，晚上可以开荤喽！便立刻跑上前去买下那人的战利品——一只肥大的雄山鸡，又挖了些野荠菜，偷偷到老乡家借灶炒了盘荠菜山鸡片。

将荠菜过水焯好，切末儿备用。鸡脯肉切片，加盐、蛋清、水淀粉上浆，温油滑过，倒入漏勺控掉余油。锅重置火上，加油，先放荠菜末儿略炒，再下滑好的鸡片。一盘雪白翠绿，吃得称心快意。要知道如此鲜美的食材，在京城大饭庄里是不大能吃到的，不是钱多钱少的问题。以至于多年后回想起此菜，他还是赞不绝口，自信比加了酱油的江苏炒法好看，比将荠菜围在四周、不与鸡片混炒的安徽做法好吃。

《随园食单·羽族单》中列有六种山鸡烹法：切片炒；切丁炒；像家

鸡那样整只煨；油灼拆丝后同芹菜凉拌；生片其肉，入火锅涮；清酱腌渍过后，用网油包在铁夹上烤。当时条件有限，王世襄只能选用操作最简便的切片炒，但这恰恰是最能突出山鸡肉质之美的烹法，其余几种费力却不一定讨好。

干校坐落在渔场密布的临湖区。春末夏初，一个雾霭朦胧的清晨，王世襄沿湖散步。但见岸边凫雁翔集，远处烟树迷离，村舍若隐若现，颇有几分赵大年之山水画意。他一路陶醉于美景，不知不觉走到了专家湾的鱼市。既来之，焉能空手而归。买鱼时，王世襄认识了渔夫韩祖祥，两人聊得很投机。

韩家世代以渔业为生，韩祖祥十多岁起就跟着爷爷捕鱼，三十出头已当上向阳湖公社渔业大队长。王、韩二人同属虎，年龄差两轮，一个是爱吃鱼却对渔业一窍不通的大城市里长大的文化精英，一个是没读过书却对各种淡水鱼的捕捞方法了如指掌的斫轮老手，生活阅历的互补性和王世襄好问健谈的乐群性，使他们结为忘年交。

买了几次鱼后，王世襄从老韩（年纪轻但从业资历老，姑称之）那里学到不少鱼类知识，强烈的好奇心驱使他还想要体验一把捕鱼过程，老韩爽快地答应了。许是出于兴奋，或是生怕迟到，约好下湖的前一晚，王世襄通夕不寐，半夜就溜出干校，踏月来到老韩家。但离开船时间还早，他便同韩氏父子窝在舱里又睡了一觉。好不容易盼到出发时刻，王世襄激动不已，诗兴大发，连吟了两首七绝，其一曰："专家湾下是渔家，半住茅庐半泛槎。多谢打鱼将我去，顿时欢喜放心花。"

老韩见他兴趣浓厚，心里也乐和，边展示放钩耙、下条网、装花篮等当家本领，边讲解相关渔具如何使用，可谓全程高能，各种炫技。王世襄大开眼界，接连又写了八首诗记录他观察到的每一段捕鱼场景。他们未曙出湖，日上而返，满载一舱鱼归岸。临别时，老韩要送几条给他，

家宴

王世襄不肯白要。老韩便卖给他一条两斤重的鳜鱼，只收了六角钱。王世襄回到住处，刨来野竹根当柴烧，架起脸盆做了道白水煮鱼，仅放盐和葱，味道却鲜得掉眉毛。

"花鳜提归一尺长，清泉鸣釜竹烟香。和盐煮就鲜如许，只惜无由寄与尝。"他情不自禁地想起了远在天津团泊洼干校的老伴儿袁荃猷。此时此刻，同样也爱吃鱼的她，要是能在身边该多好。王世襄将观渔前后写的十首诗工工整整地誊抄好，寄给夫人。他想通过文字与她共享这件赏心乐事，同时也好让她安心："俾荃猷知予尚未衰老，而佐餐有鱼，亦未尝忘君也。"天各一方，情意缱绻，收到家书的她应是见字如面，会心莞尔。

此后，王世襄又多次随船陪老韩父子捕鱼。每逢星期天，只要有空，他准会拎一个竹草编成的扁提包——里面装着给孩子买的糖果，还有油、盐、醋、味精、辣酱等作料，来老韩家野炊。每次掏钱买两条鱼，一条在湖边现烹，一条带回干校去。老韩知道他要来，也都会提前给他留两条上色鱼，两人很有默契。

王世襄还给老韩父子做过一次西式炸猪排。把馒烤干捻成粉，就是"面包糠"，撒在裹好蛋液和面粉的里脊肉上，用猪油一炸就成。孩子从没接触过这么好吃又洋气的东西，别提多开心了。他们不喝酒，也不抽烟，茶余饭后便沐浴在温煦的湖风中尽情闲聊。老韩有滋有味地讲着跟鱼有关的一切，王世襄出神地听着，把写好的诗念给他们听。他还先后三次帮孩子交学费，鼓励他一定要好好念书。王世襄和勤劳朴实的渔家人，都以他们各自的真诚温暖着对方的心。

等到1972年，干校学员陆续离开，王世襄则被调到食堂工作。随着人越来越少，物资供给不再紧张，伙食待遇大幅提高，他的好厨艺也有了施展的平台。厨房里每宰一头猪，他总能物尽其用，熘肝尖、炒腰花、糖醋里脊、红烧肉、包饺子……换着花样给大家做好吃的。除了圈里的肥猪，还有湖里的鸭子、活鱼，都成了他们的家常菜。而刚到咸宁时，他只能天天就着发霉的咸菜啃南瓜，不堪回首的苦日子总算挺过来了。

1973年春夏间，饯别宴不断。一次，王世襄别出心裁地准备了一席"鳜鱼宴"。他从窑嘴买来十四条两斤上下的公鳜鱼，做成七道鱼馔：咖喱鱼片、炸鱼排、清蒸鳜鱼、干烧鳜鱼、糖醋鳜鱼、清汤鱼丸和糟熘鱼白烧蒲菜。回京多年后，这场中西合璧的盛宴仍常被大家提起，无人不啧啧赞叹。在这七道鱼馔中，王世襄本人最满意的，是那道最能体现八闽特有风味的"糟熘鱼白烧蒲菜"。

闽菜为"八大菜系"之一，有狭、广义之分。前者专指福州菜，后者还包括厦漳泉一带的闽南菜和以长汀客家山区风味为代表的闽西菜。王世襄祖籍闽侯，喜好美食的他，当然对家乡菜也做过深入研究。

他认为，尽管闽菜有不同菜别之分，但就其总体格调而言，仍不失为一个完整统一的体系。对于各流派共性中存在的差异，只要取舍有方，损益得法，就会使人百尝不厌。闽菜擅烹海鲜，以味为纲，色香形质兼顾。而且汤路灵活广泛，素有"一汤十变"之誉。最能体现其地域风格的调味手法是大量使用红糟（红曲酒发酵后的余滓），根据烹调方法的不同，又细分为拉糟、炝糟、煎糟、醉糟、爆糟等十几种。糟虽然是酿酒的副产品，但它具有酒香所没有的特殊香气，还有防腐去腥、增鲜调色、醒脾健胃的作用。

王世襄做的香糟菜也是一绝，如糟熘鱼片、糟煨茭白或冬笋都是他的看家菜。这道糟熘鱼白烧蒲菜，之所以一律选公鱼，就是为了取鱼白（鱼类的精巢），十四条可以凑足大半碗。从湖里割下一捆茭白草，剥出嫩心，每根两寸长，不比大明湖的蒲菜逊色。再配上从北京带来的香糟酒，三者合一，该嫩的嫩，该脆的脆，其色恍若青玉簪，其味兼得糟熘鱼片与糟煨茭白之妙，细滑腴美无比。相形之下，其他几味鱼馔佳则佳矣，总不似此菜来得让人口目一新。

如果生活抛给你一颗酸涩的柠檬，不妨把它榨成汁，再加点糖，调成一杯甘爽的佐餐柠檬水。王世襄做到了。如果生活强塞给你一团难解的心结，与其纠结，还不如把它绾成一个漂亮的蝴蝶结。王世襄也做到了。但放逐咸宁的畅安先生不是贬谪儋州的东坡居士，不能纵情歌呼"他年谁作舆地志，海南万里真吾乡"，达不到误把他乡作故乡的随缘放旷的境界。他无时无刻不想回到北京，回到他的芳嘉园小院，回到他和老伴儿的精神理想国——俪松居。

芳邻雅集芳嘉园

位于北京东城区朝阳门内的芳嘉园胡同，有座府邸因一门出过两"凤凰"而赫赫有名，那就是慈禧的亲弟弟、光绪的亲娘舅兼岳父桂祥的承恩公府。随着王朝终结，王爷府风光不再。民国初，王继曾购置了桂公府隔壁一个前后三进的四合院，这里便是王世襄的家。

一进大门，首先映入眼帘的是一株攀缘到影壁上的橙红色凌霄花，长条披垂摇曳，灿若烟霞。步入内院，迎面可见一道爬满荼蘼的绿漆竹栅栏。南端有花墙与外院隔开，架上摆着二十来盆兰草，地上种着一行夏日绽放的玉簪。阶旁大大小小的瓷钵瓦盆里，栽着袁荃猷从街上提回来的各色生命力顽强的"死不了"，此谢彼开各有花期，总是笑脸相迎惹人爱。东厢房前有一大架紫藤，老干盘曲，宛如璎珞。齐檐高的条蔓和叶片铺展得密不透光，将夏日西晒遮护得恰到好处。每年仲春含苞待放之际，王世襄总要摘几次花串，做些时令藤萝饼尝鲜。西厢房窗外有一株幽香阵阵的太平花和四五丛单瓣如盘的名种重蕊芍药。竹篱上缀着粉嫩的蔷薇、牵牛花，竹架上挂着丝瓜、扁豆、葫芦等蔓生蔬菜，墙角错落有致地装点着黄色的夜来香和红色的茑萝，还有王世襄从美国带回来的不知名的种子结出的"喷壶花"。庭院的每一处角落，都生机满目，情味盎然。

三间正房阶前，有两棵树龄逾百的西府海棠。后来东侧那棵枯死了，王世襄就将四根大树干锯成两尺多高的桩子，从山货店物色了一片盖酒缸的大圆青石板，像滚车轮一样从店里推回家，往海棠桩上一摆，就成了桌面。又弄来几只瓷墩儿当凳子，便是一处夏日喝茶乘凉的宝地。石桌后方靠近屋基处，种着一畦与故宫御花园同款的宽叶矮竹，移自城北一位老园艺家园中。秋夜月明如水，花前竹影婆娑，坐卧其下，浑可忘世。院子正中是一盆富有文徵明画意的古柏，由王世襄从安徽黟县费尽周折运回。朋友们来芳嘉园做客，总要绕树走两圈礼敬一番才进屋。

1958 年以前，这片诗意栖居之地独属王家。

其时，正在音乐研究所工作的王世襄，因常去拜访作曲家盛家伦，便结识了与其同住东单栖凤楼的黄苗子和夫人郁风（郁达夫的侄女），但并不甚亲熟。不久，为摆脱栖凤楼"二流堂"的历史渊源可能引发的一些关于拉帮结派的"误会"，黄家不得不另搬他处。"头脑简单"的王世襄急人所难，主动帮忙，芳嘉园东厢房便成了这对画家夫妇的新居。他们在这儿一住就是二十年。

与此同时，京城私房改造工作也在实施中。凡个人出租屋在十五间以上者，房产归公。王继曾留下的洋溢胡同房产已出租，但凑不够数，再加几间才符合规定。于是，房管局、派出所和居委会便天天上门动员王世襄把存放藏品的西厢房租出去，如不同意，就要在他家办街道食堂或托儿所。王世襄只得将其腾空，邀正想搬出中央工艺美术学院宿舍的张光宇夫妇住。比起被房管局指定一家不知是什么素质的陌生房客，能和文艺界同道共享一块安适和谐的生活空间，显然是当时那种特殊情境下的最佳方案了。张氏搬来后，洋溢胡同的房子按规定被没收，房管局也就不再深究。

小院又恢复了旧日的宁静。

王氏夫妇对此结果颇感知足，黄、张两家也为能"接孟氏之芳邻"

而深感快慰。新邻居刚搬进芳嘉园时，无不为他们第一眼所见到的主人房间——俪松居的室内陈设"奇观"感到震惊：矮几上面是八仙桌，八仙桌上面是高条案。木纹精美的花梨长桌上放着瓶瓶罐罐各种调味品，还有吃剩的面条和半碗炸酱。元代带脚凳的大圈椅当书案座椅，明代脸盆架上搭着待洗的衣物，紫檀雕花罗汉榻上摞着几床被褥——这就是主人的就寝之处了。由于实在没地儿摆放，这些古香古色的家具只好拥作一团，层层叠叠堆得到处都是。藏品和日用品也只能你中有我，我中有你，水乳交融，不分彼此地混在一起。

黄苗子一般早上五点钟起床读写。但四点多，他就能隔窗看到北屋书房台灯透出的光晕。王世襄的勤学精神令他感佩不已："论历代书画著述和参考书，他比我多。论书画著述的钻研，他比我深。论探索学问的广度，他远胜于我。论刻苦用功，他也在我之上。"他有感而发，写了一首诗赠王世襄："尤愆如山负蓼莪，逡巡书砚岂途穷。邻窗灯火君家早，惭愧先生苦用功。"

袁荃猷是王世襄的研究生同学，毕生致力于音乐图像学研究。写得一手秀劲的行楷，弹得一手好古琴（曾师从古琴国手管平湖），业余擅长勾描摹绘、刻纸，是王世襄志同道合的得力助手和灵魂知己。郁风说："袁荃猷竟能将各种不同的榫卯结构画成极为精确的立体透视图，真使我这个画家瞠目结舌，佩服得五体投地。"她十分俭朴，自己的衣服破了，舍不得买新的，缝缝补补继续穿。但对于王世襄的收藏爱好，不仅不反对，还全力支持，任由他"折腾"。她常跟郁风"诉苦"，说家里塞满了不能碰的物什，连一把软沙发椅都无处可放，每天累得腰酸背痛也只能坐硬邦邦的红木凳子。但郁风了解，她的"抱怨"并非憋屈无奈的忍让，而是出自真心的理解与骄傲。

王世襄与袁荃猷的性情和才情，深深地感染着他们的邻居。三家人

图 7　王世襄与袁荃猷夫妇合照

学术兴趣相近又各有侧重，他们相互欣赏，勖勉有加，朝夕共度，温馨融融。在一个知识贬值的特殊年代，以他们独有的沉静、投入、陶醉和执着，坚守着内心生生不息的文化信仰。

当然了，能时常领略王世襄的精湛厨艺也是邻居们的一大福利。除了大名鼎鼎的王氏焖葱绝活儿，最让大家印象深刻的是豆腐馔。

一味是锅塌豆腐。用黄酒泡虾籽，入一小撮盐、糖，以及几滴酱油，然后放置一旁备用。如有高汤，加一二匙更妙。取半斤南豆腐，切成三厘米见方的薄片。将三枚鸡蛋打碎倒入豆腐碗，加少许煸熟的葱花拌匀。

平底炒锅内倒一些植物油，烧热后放豆腐和蛋液，摊成圆饼，转动煎塌，以两面金黄微焦为好。快熟时，倒虾籽，用筷子在蛋饼上戳几个小洞，使调味汁渗入，片晌便可出锅。所谓"锅塌"，是鲁菜特有的烹饪技法。它指的是将质地软嫩的动植物原料加工成扁平状，挂全蛋糊，以中火少油双面煎，再加作料或鸡汤入味，慢火使之回软，收尽汤汁。除了豆腐、黄鱼、里脊、菠菜、茄子、尖椒等，皆可锅塌。山东本地老式锅塌豆腐的做法是把北豆腐切成骨牌状，在两片中夹上虾肉馅或肉茸，每一片都蘸好蛋液用微火煎塌，故又称"锅塌豆腐夹馅"。此菜传入京，就被改版成了无馅的。王氏的这道豆腐馔，据他说是从沙滩马神庙路北的小饭铺那里学来的，又加了些自己的创意。它与鲁菜锅塌豆腐不同，倒是有几分津菜"锅塌三样"的神韵。

还有一味是素炒麻豆腐。麻豆腐和豆汁儿是同宗同源的孪生兄弟，均出自旧京粉坊，是制造绿豆淀粉或粉丝的下脚料。将发酵后的生豆汁儿放在旺火上烧开，用滤布筛去汁水，留下的就是灰白中透着青绿、气味酸爽又销魂的麻豆腐。沿碗边儿轻轻吸溜一口豆汁儿，吃一块儿酥脆油香的焦圈儿，再扒一勺儿绵软醇浓的麻豆腐。嗯，是让人上瘾的、独一份儿的北京味道。不过，这种老北京人雅俗共赏的廉价平民吃食，于外地人而言，却是一种评价严重两极分化的地方特色：爱者狂赞捧上天，恶者掩鼻猛皱眉。

正宗的炒麻豆腐要素菜荤做，用到羊尾油、黄豆酱、青韭、雪里蕻这四种必备原料。羊油要用张家口地区的老绵羊炼制，麻豆腐最好是出自东直门四眼井粉房，再配上"野鸡脖儿"极品春韭和京产长尖椒晒制的干红辣椒，才算地道。考虑到有些朋友因畏惧羊油腥膻而错过美味，王世襄做这道菜时，改用植物油连炒两遍，有时也会加一点肥猪肉丁增香。

起锅烧油，倒入麻豆腐，加葱段、姜片翻炒，再加盐、酱油入味，然后盛出。刷净锅，倒油再次翻炒，加热水没过食材。锅内温度逐渐升高，麻豆腐表面气泡涌动，咕嘟咕嘟地叫个不停，仿佛在兴奋地告诉你："我快熟啦！我快熟啦！"老北京民间有句俗话："炒麻豆腐——大咕嘟。"说的就是此过程。待水即将烧干，麻豆腐也显得松软黏糯时，即可端锅离火盛盘，用勺子在其顶端打个窝儿。另置一口锅，油热后放两三个干红辣椒炸透，将辣油浇在麻豆腐窝儿里。伴随着短促有力的"刺啦"一声响，一丝丝别具一格的酸香味沁入鼻端，便宣告大功之成。

素炒麻豆腐是王世襄的得意之作，自矜无与比者。郁风的弟弟回国探亲，最想吃的就是儿时在北京吃惯了的麻豆腐。王世襄不怕费事，一道道工序精益求精，做出了海外游子三十年来日思夜想的味道。那个向他请教过桃仁丝瓜制法的周绍良，受家庭影响，从小信佛，在北京待了大半辈子都没碰过麻豆腐。某日，王世襄买到了上好的豆汁儿，熬了一中午，做成一盘素炒麻豆腐装在饭盒里给他送过去。周公感激不已，称谢再三，忙取箸尝之，谓软腻若食奶酪，晚饭即以此为主菜。后来有人请周公到清真餐馆吃饭，那天刚好是斋日，他就点了一道麻豆腐，吩咐厨师以香油炒之。尝后，举座称美，皆无异言，庖人亦甚自得，唯周公投箸暗叹："嗟乎，不及畅安兄所做远甚矣。"后亦复仿制，总不见佳，始悟此手艺之事有不可及者。

芳嘉园的来客，一般与这三家人都认识，往往会去一家串门而连带同访另两家。但更多时候是听闻语声，不待客人分别拜访，大家就已凑到一起谈天说笑了。常来王世襄家里作画的有溥忻、陈云彰、傅抱石、谢稚柳诸公，不作画只聊天的有历史学家向达、美术理论家王逊、艺术考古学家常任侠，还有能画能诗、能文能武的"一代鬼才"黄永玉。此外，文博界的几位老友，如古书画鉴定专家张珩、书法家启功、画家叶浅予、王世襄故宫博物院的同事朱家溍、戏剧表演艺术家吕恩等，也都是芳嘉园的常客。

黄苗子和郁风的儿子黄大刚，多年后回想起他在芳嘉园度过的童年，仍对一年夏天三家共同宴客的热闹场面记忆犹新。当时文艺界来了四十几个人，大家都自带粮票。因为那时城乡居民基本生活物资实行按人头定量供给，参加这种大型聚餐若不交粮票，到时候东道主家的粮食就不够吃喽。屋里坐不下这么多人，他们就在外面摆开四张桌子，三家人分头烧菜，端出来一起开餐。那天的小院蜂舞蝶忙，花香满径，处处洋溢着欢声笑语。真真是得一日之清娱，可抵十年尘梦。如果说晚清的芳嘉园胡同因叶赫那拉氏而煊赫一时，那么，五六十年代的它则因王世襄及其友人组成的艺苑英杰之家而在首都文化圈美名远扬。

这就是被郁风称作"全盛期"时的芳嘉园小院，它是三家人的市内桃源。

1973年夏，王世襄背着一大包从咸宁精挑细选的花卉种子，回到睽别四年的芳嘉园。此时，他的小院也完成了新一轮的住建改造。

花墙一带的花盆没了，蔷薇篱笆和葫芦架也都拆掉了，北屋走廊和院子中间搭起了铁片顶棚厨房。在居委会的安排下，优雅的私宅变成了八户人家共处的大杂院，芳嘉园的主人只能住一小间房。别说是种花了，王世襄和老伴儿连支张床的地方都没了。

他灵机一动，卸下一对明万历款大柜的四扇门，面对面躺倒拼在一起，柜顶和柜膛横木都架铺板，里面睡人，上面堆书。他就成了以柜子为寝具的"柜中人"。柜外贴着黄苗子送他的妙联："移门好就橱当榻，仰屋常愁雨湿书。"横额："斯是漏室。"袁荃猷受不了柜内憋闷的空气，只好在那张挨着柜子放的、宽度不足半米的鸂鶒三屉炕案上睡了一年多。等到后来落实政策，发还了被挤占的一间房，她才改睡行军床。

出于众所周知的原因，王世襄的生活中固然失去很多东西，但夫人平平安安地从静海回来了，黄苗子一家从秦城监狱释放了，他那些辛苦一辈子收藏的文物也陆续复归了。能和在乎的人、心爱的物件重聚首，他便已满足。他常把"不冤不乐"这句老话挂在嘴边，表面意思是为了自个儿的爱好，自己跟自己过不去，没罪找罪受。他向人这样解释："大凡天下事，必有冤，始有乐。历尽艰辛，人人笑其冤之过程，亦即心花怒放，欢喜无状，感受最高享乐之过程。倘得来容易，俯拾皆是，又有何乐而言。"这就是王世襄的生活态度和人生哲学。

到了八十年代，虽然物品退了回来，但房子迟迟不肯全部归还。王世襄那近百件珍贵家具藏品只能被拆开捆起，叠高存放，把百十平方米的三间北屋填得密不透风。后院五家住户的厨房都是油毡顶，与存放藏品的屋檐相距不到一米，任何一家厨房起火，都免不了使这些木制品遭受付之一炬的厄运。至于住人的房间，一到冬天生火取暖，二老就惴惴不安，总担心炉子周围堆放的各种突破安全距离极限的杂物会引发火灾。而院子里一户铁匠没日没夜的敲打声，则是他和夫人一年四季每天都需要面对、接受、忍耐的身心折磨。

就是在这样的环境下，他们扶携互助，坚守自珍，潜心笔耕，成果迭出。王世襄的大部分著作都是在他人生最后二十年出版的。"阴阳枘凿纵横线，画到西窗月落时"，除去绘制插图，这近四十种书中的每一本，都少不了夫人校对、誊清、核查注释的幕后之功。袁荃猷祖父的家规是"君子远庖厨"，所以她从不做饭，这一点刚好和老伴儿互补。八十一岁那年，王世襄因用眼过度，突然左目失明。袁荃猷不仅承担了更繁重的编校工作，还学起了烹饪，她宽慰他："多年来都是我吃你做的饭菜，现在应当我做给你吃了。"

二十一世纪的序幕即将拉开之际，北京启动新一轮旧城改造项目，芳嘉园小院在拆除之列。那个八十年来一路陪伴王世襄出生和成长、见证了他和夫人患难与共五十年的书香人生之路的老屋，消失了。不过，芳嘉园的宝贝藏品已有了更圆满的归宿，他的八十件明式家具悉数入藏上海博物馆。"凡是生命以外的东西，皆为人生长物。生不带来，死不带去，有幸陪我走一遭，已是人生之幸。"他对任何身外之物都抱持"由我得之，由我遣之"的心态。物之去留，不计其值，只要遣送得所，便问心无愧。况且，在欣赏、研究它们的过程中已经获得了足够的知识和乐趣。他说他没有不舍。

　　自搬入一套现代化公寓，王世襄就很少下厨了，买包速冻饺子热一热，成了二老的家常便饭。一切都在变，食材的味道也今不如昔，越发变得陌生。其实，自九十年代以来，王世襄就发现很难从市场上买到对味儿的菜蔬和鸡鸭鱼肉了。加之病目多有不便，烹调的兴趣也就日益萎缩。几年后，袁荃猷先走一步，留下王世襄一人独对风烛残年。

　　"提筐双弯梁，并行各挈一。待置两穴间，生死永相匹。"睹物思人，刻刻萦念。世间万物皆有情，难得最是从容心。一切美好之物他都放得下，唯二人出行时同拎了几十年的小提筐，他奉为至宝，万般不舍。而袁荃猷生前最珍而重之的，则是她在团泊洼干校时，收到的王世襄从咸宁寄来的包裹——里面有一把他用爨余竹根和霜后枯草制成的小扫帚。家有敝帚，享之千金，其自况互励之意，双方心有灵犀不点即通。三十余年后出版《自珍集：俪松居长物志》，她特将此事记于扉页背面并附照，纪念他们携手走过的那段不平凡的岁月。

　　"人无癖不可与交，以其无深情也。"真正的玩家不是一味烧钱玩物，而是动至纯至真之情。王世襄对人、对事、对物一往情深，历尽沧桑依旧对生活葆有如初之爱。漫漫风雨九十五载，几多欣欢，几多心酸，个中况味难以尽言。但他晚年一再说："我的一生过得很幸福，因有荃荃相伴。"

世好妍华，我耽拙朴。琴韵墨香，山高水长。一对素心佳侣，白首相偕到老，这就是王世襄的多味人生中最令我们称羡的绝美之味。

·杨步伟·

我就是我，不是别人

「女少爷」退婚记

"我是在光绪十五年（1889）在南京花牌楼的一所一百二十八间的房子里出世的。"杨步伟在自传里开宗明义如是说。简简单单一句话告诉我们，她的人生"出厂配置"已轻松击败全国 95% 的用户。作为中国最早的现代新女性之一，这位爽利果敢、热爱自由的射手座女子的开挂人生基调亦由此奠定。

杨步伟祖籍安徽石埭（今池州市石台县）。曾祖朴庵公是曾国藩的同年，官刑部主事。祖父杨仁山居士早年入曾幕督办军粮，后创设金陵刻经处和祇洹精舍，以弘法为职志，是晚清最重要的佛学推动者，被誉为"近代中国佛教复兴之父"。他曾以参赞身份随钦差大臣曾纪泽（曾国藩次子）出使欧洲，后又随刘瑞芬赴英伦考察，领悟到西方各国的富强之道在于以实学为本。杨仁山喜好研究新式仪器，两次出国带回来的天文望远镜、地球仪、照相机、钟表等，都是杨步伟儿时的科学启蒙"玩具"。

在杨公馆的近 130 间屋子里，住着全家上下 34 口老小和 27 名佣仆。杨仁山的长子育有 9 个子女，杨步伟是老幺。因次子杨自超无后，大房便将幼女过继给二房。这样，杨步伟的生父就成了伯父，叔父便是她的养父。杨步伟的祖母幼年时出天花破了相，遭遇过一场有惊无险的婚姻危机[1]，自此定下儿孙辈不论何人不准娶妾，无子者过继的家规。杨步伟还没出生时，就由刚烈强势的麻子祖母指腹为婚，"喜提"未婚夫一枚——大姑母家的二表弟。这也为二十年后的退婚埋下了伏笔。

祖父是提倡新学的进步人士，养父母待她亲如己出，在这样一个风气开明又新旧杂融的大家庭中，杨步伟度过了欢乐的童年。集全家宠爱于一身的她从小就古灵精怪，格外受长辈爱重。她不用缠足，家人把她当男孩子养，她也自谓"长子"。杨步伟少年时代都着男装，举止也确实不像个淑女。同辈孩子们想干而不敢干的事，一撺掇她，她就干，是个天不怕、地不怕的"搅人精"，连黎元洪也被捉弄过。

当时，杨步伟的大伯主管南京下关狮子山和幕府山炮台的工程，黎元洪任书记和翻译，就住在杨家。杨步伟每早给她的黎叔叔送烧饼时，总要偷偷地恶作剧一下。一天，黎元洪拿尺子在她手上打了五下，故作严厉地说："你昨天晚上一定拿雪人放在我被里了，给我的被冰湿了一大块，带累我半夜没睡。"问她知错否。谁知人小鬼大的杨步伟强词夺理道："你有什么凭据可以说是我做的？也许是你自己睡梦尿了不知道呢！"趁机夺过尺子，在他屁股上打了五下，边打边说："是你自己的屁股不好，使你不能睡，我给你打它五下好了。"打完一溜烟儿就跑了，黎元洪愣在原地又好气又好笑。说出来你可能不相信，"女少爷"年少时的一大乐事竟是跟着叔叔、哥哥们在秦淮河上游花船。大人们喝酒，她则由一个小妓女陪着吃瓜子，坐在船头玩。

....

1　杨仁山的婚事是由父母定的娃娃亲，当时杨步伟的外曾祖承诺允许退婚。后来杨仁山在杭州与一位知书达理又温柔的女子相爱，想娶她进门。终因杨步伟的祖母生了男孩且有曾祖母的庇护，不肯让步而作罢。

杨步伟七岁开蒙，和三哥、四弟一起在家上私塾。她脑子快，书背得贼熟但不求甚解，书法也不好好练，年长后写字仍跟鬼画符似的。十岁以后，杨自超只要有空就教她算术和英语，给她讲国外的风土人情和古今女杰的励志故事，并许诺只要中国有了女校就第一个送她去读。十六岁时，杨步伟投考旅宁学堂，入学笔试的作文题目是《女子读书之益》，她写的第一句话是："女子者，国民之母也。"两年后，旅宁改为师范，杨步伟就转到上海中西女塾就读。因中西是教会学校，她不是教徒，学校指定要中华书局总编辑舒新城作保才收她，只是书还没念完就迎来了辛亥革命。不过，在二十岁生日到来之时，她把自己的终身大事妥善解决了。

随着年纪渐长、学识加深，杨步伟的个性和主体意识越发突显出来，抱定"我事我做主"的信念，向一切不合理的旧制度说不。和表弟的包办婚姻，多年以来一直都是她的心病，只是这类事无例可援，谁向谁提以及怎么个提法才不伤两家和气，还是挺让人伤脑筋的。杨步伟想，既然自己主张个人自由，又认为婚姻是个人与个人的事情，就应该由自己写信解约。于是，那年暑假回家，她拟好一封退婚信让祖父过目："日后难得翁姑之意，反贻父母之羞。既有懊悔于将来，不如挽回于现在……"杨仁山拍拍她的肩膀，投来赞许的目光："传弟，你真是成人了，证明你是配有自由权的了。因为又按古礼，又不得罪二表弟，又成全他母子日后免伤感情。我知道你将来对于自己的事情、对于帮人家的事情都会弄得好的。"

返校后，杨步伟又借父亲到上海办事时二人小聚的机会，向他祖露心声。杨自超看完退婚信，略带惋惜地叹了口气："你一定要这样办，我也不勉强你，可是对二表弟有点对不起似的。"杨步伟斩钉截铁地说："一个人要改革一样事，总要有所牺牲才能成功，不幸给他遭到了，我只能对他抱歉就是了，我不愿因此不做。""那么你可不可以在信上加一笔，声明牺牲你自己不嫁，将来自己独立？我也是向来拿你当儿子看待的。""那太可笑了！第一，我不要有条件地改革婚姻制度。第二，他也不见得为着和我退了婚将来就不娶，我何必白贴在里头呢？第三，因为这个缘故，我更应该嫁才能给这个风俗打破。"杨自超见女儿毫无退让之意，只好说："那一切由你好了。我也不赞成，也不破坏。既是祖父出头，大伯和姑母不能不答应的。若是他们拿我推，你就说我已经知道了。"

十一月初三生日一过，杨步伟就把退婚信寄给了二表弟。姑母看后果然不依不饶，大伯更是怒不可遏，声称要处死这个不孝女。关键时刻，百般袒护孙女的祖父一语定乾坤，平息了这场风波，还把大伯教训了一通。杨步伟在杨仁山的鼎力支持下，打了个大胜仗，获得了无条件的自由。从此以后，她完全是她自己的人了。但大伯还是咽不下这口气，有八年没和她说过话。

后来，杨步伟打算赴海外深造。在等待出洋期间，她应安徽都督柏文蔚之邀，当了一年由五百余名女子北伐队队员组成的崇实女校的校长。她既没教过书，又没行政工作经验，却把校务管理得井井有条：让岁数大的、不识字的女孩子学织布、刺绣、缝纫；其余的按成绩编为中、小学各两级，教她们文化课。1913年，杨步伟东渡日本学医，六年后毕业归来，成为中国第一位西医女博士。1919年秋，她和同学李贯中在北京绒线胡同合办了一所只设妇产科和儿科的私立医院——森仁医院，并出任院长。

这个日系院名是杨步伟在回国的火车上起的，与她们的好友林贯虹（林则徐后裔）有关。因三人共同怀有学医之志，且姓氏都含"木"字，三木成森，一人已故（林贯虹不幸感染猩红热早逝），只存二人，故名"森仁"，亦有发扬医道仁心使之如森林般辽阔之义。杨步伟乳名传弟——养父母希望她能带来好运，给家里添个男孩，于是在她过继给二叔家后，全家都这么唤她。上女校时，祖父给她起的学名叫韵卿。至于"步伟"，则出自爱给人起名字的林贯虹。当时她们在旅宁学堂一起读书时，常探讨男女平权和职业规划，杨步伟向来不随大流，敢于发表己见。她认为，只要求特殊权利的平等并不是真平等。女子必须先用知识武装自己，接受与男子同等的教育，等学问和能力跟他们差不多了，也一样能吃苦、能做事了，再争取平权。林贯虹十分欣赏杨步伟的见解和抱负，对她说："你这个人将来一定伟大的，叫'步伟'吧。"林贯虹去世后，杨步伟非常悲痛，为纪念亡友，便正式易名。

森仁医院甫一开张就名动京城，生意非常好。病人不少，没病来"吃瓜"的人更多。女子私立医院在当时尚属新生事物，而且还是两位才貌双全的青年女医生开的，大家都想来看个究竟。但在中国的人情社会里，生意不能照生意做，熟人来看病的，你就不好意思按价目表开账。病人也往往不直接给钱，而是情愿花比医药费更多的钱来送礼、请酒或献锦旗牌匾。结果是，医院徒有其名而难得实惠，尽管每日人头攒动，一年后都没还清债务。雄心勃勃的杨步伟并不泄气，还想着扩充规模，盖一间手术室，再办一所护校。她那个做完大总统的黎叔叔也已答应帮忙，她打算再游说一些社会名流争取到足够的经费，就可以大展宏图了。

孰料计划赶不上变化，半路杀出个程咬金。一位哈佛大学哲学博士的出现，使她与李贯中长达十七年的友谊和她们刚刚起步的事业，同时走向完结。

1920 年 9 月 18 日，杨步伟参加朋友的饭局，在座的都是熟人。正说笑着，忽然走入一文质彬彬的陌生人，手里端着一台照相机，不大说话，总是笑眯眯的。

主人冯织文向大家介绍："这是我表弟赵元任，刚从美国回来，在清华教书。今天恰巧进城，所以我请他来会会你们，一同吃个饭。"席间，赵先生没参与他们闹酒，讲了几个冷得让杨步伟直打哆嗦的笑话，吃完饭就走开了。剩下的人又七嘴八舌地聊了会儿这个书呆子博士才散去。

翌日一早，宴会上的这个陌生人就来森仁医院做客。从此，天天都是不请自到，来了也没事，就是吃吃零食聊聊天。杨步伟忙于接诊抽不出空，就让老爱装病偷懒的李贯中陪他闲谈。赵先生就这么坐啊坐，坐到饭点儿了也没要走的意思。杨步伟又不能撵客，便出于礼貌留他一同吃饭，赵先生也不拿自己当外人。他特爱吃糖炒栗子，一天，给杨医生也剥了些。可惜殷勤没献对地方，杨步伟一吃淀粉多的东西就胃疼。她又不便拒绝，就把它们攥在手心里，等出来后给护士吃了。如此过去一周，赵先生自己也感觉来得太频繁，有点难为情了，便讪讪地笑着对杨医生说："我恐怕太忙，如以后不能常来，请不要怪我。"女博士听得莫名其妙：哼哼，你不来就不来，我何必要怪你呢？

岂知说完这话的第二天，他又荡啊荡地飘了过来。进院子时，心不在焉地踢翻了一盆黄菊花，盆子也碎了。为此，他每年都得赔杨步伟两盆花，至终不辍。到杨步伟写自传那年，已赔了九十盆。见到杨医生时，赵先生自言自语地念叨着"说不来了，又来了"，仿佛是给自己找台阶下。

从这天起，杨步伟似乎觉察出好像哪里不对劲，心想这人一定有目的，不然离得这样远哪会天天跑来呢？但神经大条的她没摸透赵的目的是对谁。她又想，既然李贯中不愿多做事，还不如早点嫁了好。看她和赵先生聊得火热，何不撮合他俩相好？此后，赵先生再来，她就设法回避，还常在李面前说赵的各种好，也探了探她的口风，李很乐意。自以为胜券在握的杨步伟哪知道，人家赵先生正步步为营地朝反方向进攻呢。他对李医生无感，喜欢的是思想解放的杨医生，她身上那股飒爽的豪杰之气和干练的职业女性风采尤其令他着迷。

转眼到了医院的周年庆。去年因时间匆忙，没来得及举办像样的开业仪式，杨步伟就想借此机会好好宣传一下，当天请来了二百多位嘉宾。赵先生自然也来了。他不仅来了，还倾情献艺，引爆全场。待熊希龄太太做完简短致辞，他忽然一反常态地活跃起来，跳到凳子上又是表演一人分饰数角的方言口技，又是模仿外国人说中文，逗得来宾哄堂大笑。末了，还唱了一曲苏格兰民谣 Annie Laurie（《安妮·萝莉》）。庆典的社会反响极好，众人都夸两位小姐能干，医院办得很不错。

看到这里，你可能会说：哟，木讷寡言的海归博士还真有一套啊！我们以为他只是爱玩自拍的摄影发烧友呢。其实，赵先生的本事远在常人的想象之外。他精通 8 国语言，能说 33 种汉语方言，创作过 132 首音乐作品。他是国语运动和汉字改革的积极推动者，是中国现代语言学的奠基人和音乐学先驱，也是民国学界响当当的枢纽人物。在近现代学人中，像他这样学贯中西的跨界全才，实属罕见。行文至此，有必要交代一下这位誉满全球的语言学天才的成长历程及学术背景。

赵元任是生在天津的江苏武进人。六世祖为清中期著名学者瓯北先生，也就是写下"江山代有才人出，各领风骚数百年"的赵翼。十岁前，赵元任跟着做官的祖父赵执诒在京津冀一带生活，几乎每年都要换个地方，在多方言语境中培养出了惊人的辨音能力。他从懂事起就喜欢学人说话，不管什么方言都过耳不忘，一学就会。赵元任的父亲赵衡年中过举人，善吹笛。母亲冯莱荪擅长写诗填词及昆曲。父亲和私塾先生用常州话教他"四书五经"，母亲讲的是北京话，而他本人则爱学祖父的腔调说带有南音的北方话。为了跟表弟玩，他学会了常熟话。十三岁时，父母双故，赵元任移居苏州大姨母家，很快就能讲地道的苏州话了。在江南高等学堂读预科时，他不仅掌握了南京话，还和室友互教方言，由此福州话水平也大有长进。某次聚餐，一桌人来自五湖四海，他居然能一一用对方的家乡话与八人轻松交谈，而且切换自如，娴熟无碍。

1910年，十九岁的赵元任以总分第二的优异成绩考取庚款留美官费生。在去美国的"中国号"轮船上，与胡适结识并建立起终生友谊，两人一起入读康奈尔大学。赵元任主攻数学，同时选修了哲学、物理学、和声学、语音学、生物实验、系统心理学等课程。他还从每月60元的学费中挤出钱，分期付款买了架220元的旧钢琴自弹自学。获理学学士学位后，入研究生院改学哲学，其后转到哈佛读博，答辩完离开剑桥[1]游学一年。

人太优秀了也是一种烦恼。在伯克利做博士后期间，他拿offer（录用信）拿到手软，不光美国各大顶尖名校力邀其加盟，国内几家高校也

1　剑桥：与后文出现的"剑桥"皆指美国马萨诸塞州剑桥市，即哈佛大学所在地。为避免混淆，特此注明，以与英格兰东部剑桥郡的剑桥市及剑桥大学相区分。

发出一封封诚意满满的越洋聘函。平素就优柔寡断的赵元任被搞得无所适从，常因反复权衡如何写信婉谢而失眠，最后选定母校康奈尔，任物理系讲师。待一年聘约期满，遂告假回国，顺便到清华学校（清华大学前身）执教。刚上岗没几天就认识了杨步伟，然后就不辞路遥地老是跑去森仁"看医生"。说来也巧，那天是赵元任第一次到城内参加国语统一筹备会的会议，讨论了一整天，六点多钟才散。他估计西直门城门已关，无法回校，便往象坊桥的表兄庞敦敏、冯织文夫妇家借宿。而当晚，庞宅正在宴请留日友人，杨步伟即其中之一。若非冥冥中注定的缘分，稍有一个时间节点不凑巧，他和她也未必能相遇。

一天，赵元任兴冲冲地跑到医院，向杨步伟报告喜讯（可算是有了名正言顺的借口）："好了！以后我更有机会在城里了。因为讲学社请了英国的大哲学家罗素来中国讲学，请我做翻译。"心直口快的杨步伟立马接起话茬："可以住医院了。"说罢朝李贯中诡异一笑，女伴回瞪了她一眼。次日，赵先生一身新装前来辞行，说即将去上海接罗素。恰巧李也需南下办事，杨便强烈建议二人搭伴同往。赵不表态，打了半天哈哈，独自走了。李兴味索然，更懒得动了，身为"电灯泡"而不自知的她心里还很有些怨念。

又过了一个月，赵先生的机会来了。拖延症李贯中不知怎的突然开了窍，打算动身去南方，赵、杨一早去送站。回程时，赵先生提议不坐包车，散步走回医院。到了医院以后，整个上午杨步伟都在看病人，他就一人枯坐客厅等她下班。两个人中午一块儿吃了顿羊肉汆火锅的外卖，晚上又同去听了罗素的演讲，结束后赵先生主动把她送回医院，还是坐着不走。杨步伟生性好动，手脚总不能闲着，她就一边陪他说话，一边踩缝纫机做衣服。而他话不多，她又生怕冷了场，就不停嘴地聊了三个多小时，说得口干舌燥。临走时，他对她说了句"与君一席话，胜读十年书"。杨步伟窃笑，这家伙可真会捧人。

李贯中不在的日子里，赵先生照例天天来医院。隔了两天，他急急忙忙地跑来问杨医生，他要不要辞掉清华教书的事，搬入遂安伯胡同罗素寓所与其同住，免得两头跑。杨步伟诧异得不得了，觉得她与赵先生的交情还没到回答这种私人问题的份上。几天后，他还真搬过去了。房间装上电话，第一个就打给杨步伟。此后，每早必通一次话。除了去医院和杨步伟见面、吃饭，他还常把话筒放在钢琴边，隔空奏曲，借音符传情。一次，两人饭后聊天聊到兴头上，竟忘了正事。待回过神来，马上就要迟到了，他连忙拉起她火速冲向现场。会堂里座无虚席，罗素干站在台上发愣，见赵元任偕一女士姗姗来迟，压低声音对他说："Badman, badman!（坏蛋，坏蛋！）"

三周后，李贯中要回京了。接站时，赵、杨自正门入，与从旁门出来的李擦肩而过。李前脚先进医院，见着随后赶到的两个人，怀疑他们根本没去接她而是约会去了，不禁醋意大发，把赵叫到房间数落杨的种种不是。赵听完没说什么，默默地走了。过了几天，李给赵写了封信。哑谜不能再打下去了，是时候摊牌了，赵便在回信中以友好的语气陈述了他的本意。李看不懂，或者说是不甘心。赵只得当面对她说自己的目的不在此而在彼，李继续装不懂。赵没法子，只好放狠话让她死心："你安知你的仇人不是我的爱人？"李听后大受打击，遂假装闹病，也不肯和解，还威胁杨说如不答应与赵断绝往来就停办医院。

杨步伟从来没受过别人挟制。你蛮横不讲理，我只会更强硬，散伙就散伙，谁怕谁。反正友谊的小船已经翻了，医院便交由同学朱徵接办。最令她失望的是，原以为的好姐妹竟会在暗中频耍心机。后来赵元任告诉她，李陪他聊天时，不知说了她多少无中生有的坏话。而杨步伟是个通达爽朗之人，她的自传里有一句写得很经典："我除了当面也能骂人的话，背后从来不骂人。我既然有时候是要说人坏话,所以我就赶快找机会自己告诉他,免得旁人加油加醋地告诉他。"人和人的差别,确实挺大。

这场爱的误会过后,杨步伟就从旁观者变成了当局者。她不能不承认自己对赵先生已暗生情愫,于是在中央公园[1]接受了他的表白。他和她,变成了"咱们"。

随着了解渐深,爱意日笃,二人一致认为他们感情和信用的性质及程度已足以保证此情此爱可无条件永久存在。换句话说,可以缔结偕老之约了。但前提是,赵元任必须先把他那桩棘手的"历史遗留问题"处理好。

原来,他也是封建礼俗的受害者。赵家人怜其早失怙恃,又是独子,在他十四岁那年,就大包大揽地给他安排了一门亲上加亲的婚事,未婚妻是江阴的一名陈姓女子。"婚姻不自由,我至为伤心",赵元任从此背上沉重的精神负担。留美期间,他曾给舅父冯聃生写信请求退亲,没得到明确答复,后又求助于远房叔祖赵凤昌。赵凤昌相对开明,对其处境深表同情,也理解他的想法。但赵元任身在国外,无合适时机亲办此事。直到1921年5月中旬,经亲戚多次协调,陈家才同意解除婚约,但需男方支付两千元"教育费"(说白了就是青春损失费)。赵元任一个星期跑了四座城市才筹齐"赎身费",通过赵凤昌交给女方,彻底了断了此事。回京后,他在日记中如释重负地写下那句在心里憋了十五年的话——"Myself was my own.(我是我自己的了。)"

1　中央公园:北京第一座公共园林,现名中山公园。1914年由社稷坛辟为公园向社会开放,一时成为新青年男女约会的风雅场所。

两个只属于自己的自由身，终于可以归属彼此了。1921 年 6 月 1 日，他们举办了一场没有仪式的结婚仪式。婚后，赵元任问罗素这种做法是否太保守，罗素答称："足够激进！"

由于新人不约而同地决意要革新家庭本位的旧婚俗，故而事先未知会亲友。他们暂租下小雅宝胡同的一处房子，一楼一底带露台，精致而舒适。适当布置后，于婚期前一日各自从原住处迁入。西洋、东洋两股不落窠臼的潮流，就在新筑的爱巢汇合了。他们把摄于中央公园格言亭的合影作为结婚照，连同拟好的通知书，印了四百多份分寄亲友。声明为破除俗陋的虚文和繁费的习气，概不收礼，但可有两项例外：一是由送礼者自创的非物质贺礼，如书信、诗文、音乐曲谱等"抽象的好意"；二是以自己的名义给中国科学社（赵元任为该社创始人之一）捐款。赵先生严格遵循自定条例，连他最喜欢的姑母送来的一个花篮也退了回去，为此得罪了亲戚。他事后追悔不已，恨当时未听妻子之劝把它当成贺卡留下来。成婚之日，由新娘掌勺，做了四碟四碗适口家常小菜，邀胡适和朱徵共进晚餐。饭后，新郎拿出一张他手写的结婚证书，请两位客人在上面签名，算是完婚。

胡适不愧睿智过人。虽然他接到赵元任的电话时，对方并未透露请他当证婚人的消息，但还是有备无患地带了份礼物赴宴。因为据他观察，先前常来家里找他长谈音韵学和汉语罗马化问题的赵元任渐渐地来得没那么勤了，讨论也没那么深入了。而他同时注意到，赵元任和杨步伟时常往来，走得很近。凭直觉推测，很可能两人有好事了。他便带了一本自己注的《红楼梦》，把它像礼物一样包起来。为预防猜错造成尴尬，又在外面加了一层普通的包装纸。真可谓细针密缕，周全之至。这样，胡适也就成了给赵元任夫妇送贺礼的第一人。

两人力求极简，本打算连这点手续都省去的，但好友任鸿隽以款语

图 8　杨步伟与赵元任结婚照

图9 杨步伟与赵元任婚后在屋顶露台宴请罗素等英国友人并合影留念

温言劝道："你们成熟的人这样子不要紧，不过防着不懂事的年轻人学着瞎闹，你们最好用最低限度的办法找两个证人签字，贴四毛钱的印花税，才算合法。"这才找来胡适和朱徵证婚。6月2日，《晨报》即以特大字号标题《新人物之新式婚姻》，报道了他们惊世骇俗的婚礼，但把结婚地点错写成中央公园。胡适立即去函更正，隔天该报又登出《再志新人物的新式婚姻——证婚人给记者的信》一文，再次刊载二人举办新式婚礼的消息并全文照登胡适来信。此举引发的广泛关注，产生了出乎当事人意料的轰动效应。

赵元任在威斯康星州有个天文学家朋友乔治·范·比斯布罗克（George Van Biesbroeck）。他收到英文版喜柬后，看见大喜之日是"西历一九二一年六月一日下午三点钟，东经百二十度平均太阳标准时"，就将它贴在叶凯士天文台（Yerkes Observatory）布告牌上。他们的婚礼便成了一种"天文现象"。

杨步伟自称不少新青年都想模仿他们的婚礼仪式，但几十年过去了，没有一次学像了的，即使她的女儿们也学不像。当初他俩决定以这种方式结婚，并不是想搞一场标新立异的表演秀，而是发自内心地认同婚事只与两个人关系最大，而与家族无关，别人不过是加入热闹而已。既如此，慢慢地请朋友们来，让热闹持续的时间长一点岂不是更好。故此，尽管婚礼简单得不能再简单，婚后的宴饮活动却是丰富多彩的。他们分批在自家的屋顶花园宴请了深相知契的挚友、中国科学社的同人，以及罗素和他的女友勃拉克。

这一年，赵元任三十岁，杨步伟三十三岁。俗谚云：女大三，抱金砖。璧人一双，佳偶天成。他们勇于抛开物质与世俗的负累，回归爱情本身。又是姐弟恋，又是裸婚，放在百年后的今天，依然前卫十足。

新人婚后的第一件事，多半是甜甜蜜蜜地去度蜜月。赵元任和杨步伟却不按常理出牌，结完婚第二天就闭门谢客（恐来人太多，耽误宝贵的时间），躲在家里同食"苦蜜"。

他俩各忙各的，争分夺秒地把去美国前的千头万绪一样样理顺。医院虽已由朱徵接管，但杨步伟却坚持要对那些常来复诊的老病号负责到底，直到他们好转或可换其他医生诊治才算收尾。赵元任则边修订他的《爱丽丝梦游仙境》译稿，边着手准备与商务印书馆就担任《国语留声片课本》发音人的签约之事。

关于带着新婚妻子远渡重洋的动机，赵元任在到美国后给亲友的绿信[1]中用了一段很哲学化的语言来解释，坦言并不很确定自己的真实目的，

1　绿信：赵元任在国内外同行、朋友甚多，函件往来频繁，占去不少时间。后来他就索性采取用英文写成长信群发的形式向亲友报告自己在生活和科研工作等各方面的近况，或就某些学术观点、事件发表议论，打印出来装订成绿色封皮的小册子，故称"绿信"，也就是通函。其第一封绿信写于 1921 年 1 月底，印装后于 3 月 19 日分寄 164 份，其中 79 份寄国内，余致国外。此段文字见于第二封绿信，于 1923 年 4 月 15 日发出，全文共 40 页，分为 66 节，约 15000 字，内容丰富，妙语连珠，延续了其一贯的幽默文风。赵元任平生共发出五封绿信，所存手稿现藏美国加州大学伯克利分校班克罗夫特图书馆（Bancroft Library）。

翻译成中文大意为:"我实际上是想通过环球旅行回到中国,却在美国搁浅了。直至写此信之时,我仍看不出何时可重启余程。在这里待得越久,就越能丰富我深感贫乏的知识,但同时又意味着回航之日的延宕。离生活目标渐远便为搁浅,这是一件很难说清楚的事情。"其实,我们可以帮他更简洁地作答:此行既为工作,也为度蜜月。康奈尔准假的一年期将满,他接下来要去哈佛任哲学和中文讲师,并专攻语言学。

当初讲学社之所以请赵元任给罗素当口译,是因为除了他,几乎无人可胜任。罗素研究面很广,不仅在哲学、数学、逻辑学上多有创获,文学、教育学、社会学、政治学等也都是他关注的领域,还喜欢动不动就玩双关语或连用三个同义词的文字游戏。通才对通才,赵元任无疑是不二人选。其时,杜威也在华讲学,胡适有事不能出场翻译时,便由他的好兄弟赵元任代劳。随罗素到全国巡回演讲,考验的不单是精深广博的学识和敏捷的语际转换能力,还有对各地方言的驾驭水平(彼时国语尚未普及,人们主要以方言交流),而这恰是赵元任的拿手好戏。

为了能让更多听众听得懂,每至一地,赵元任都尽量用本地话转述。比如,罗素在浙江省立第一师范学校(杭州师范大学前身)讲教育问题,他就用杭州话翻译。在去长沙的江轮上,他跟杨端六学说湖南话,不到一周,当谭延闿会见罗素时,他已能现学现用地把谭公的家乡话译成英文。以至于罗素演讲完,竟有听众冲到台前问译者是哪县人。赵元任具备一种快速穿透语言的声、韵、调系统而直抵其内在规律的卓越能力,短短时间内就让湖南人错认老乡了。不独如此,国外也有人亲切地跟他攀老乡。二战后他参加学术会议洲际旅行时,就用纯正的巴黎土语和带有柏林口音的德语跟当地人聊天,人家都以为他是土著。

赵元任应该感谢罗素。在将近一年的相处中,他们这对配合默契的完美搭档结下了相见恨晚的跨国友谊,成就了一段中英文化交流史上的佳话。更重要的是，赵元任发掘出了自身潜藏的巨大能量场，其语言天赋得到社会各界的公认和赞誉，进而促使他下决心将语言学从自己的诸多兴趣点中优选出来，定为今后的研究方向。

能携手终身伴侣去追求终生志业，何其幸福。此次再出发，赵元任踌躇满志。能与理想伴侣不期而遇，杨步伟喜出望外。而面对家庭和事业的冲突，她也不是没有过犹豫和纠结。但"最要紧的，我就是我，不是别人"，她清楚自己该怎么做。

从上海出发时，为顺利入境，他们买了两张头等舱船票。[1] 但在旧金山上岸后得知，由于国内经济萧条，教育部的旅费补贴和北大薪金 [2] 一时都兑现不了，二人陡然陷入窘境。在去波士顿的火车上为了省钱，他们就只买些罐头陈皮鸭吃吃，勉强对付过去。要不是赵元任在哈佛学医的老乡胡正详揣着仅有的三十美元来接站救急，两人连住旅馆的钱都拿不出。

他们到达剑桥时已接近开学日期，找房子很困难。好不容易才在英国客座教授威廉·麦克杜格尔（William McDougall）的住处分租到一层带七个尖角阁的房子（House of Seven Gables），月租金六十美元，倒是不贵。入住时，除了他们带去的十几件随身行李和手提包，屋里没有任何家具，是真正的"家徒四壁"。房东老太太麦克杜格尔夫人见状，说晚上休息总得要张床啊，就先借给他们一只褥垫，这才免于睡地板之苦。至于吃饭，

---

1   当时美国移民法限制华人移民，对三等舱乘客的歧视性检查尤为严格。

2   北大薪金：蒋梦麟答应赵元任可以出国进修身份领工资。

就铺张报纸席地而坐，竟在家"野餐"了两个多月。他们风趣地自我开解，说是效仿日本的生活方式。

话说当年杨步伟留学时，都没这样艰苦朴素过。身为皖南望族大小姐，四位父母的掌上明珠，烧菜、做家务这类基本生活技能本无须她操心。只因初到日本吃不惯日料，才寻思着学自炊，一个人琢磨出了很多烹饪方法。

毕业那年，刚好赶上父亲病逝，按习俗应由女儿送"六七"祭席。家人考虑她未嫁，又没下过厨，提议由五叔家的四妹代做。执拗的杨步伟坚决不肯，夸下海口："我要自己弄一桌二十四样孝席。"众人以为天方夜谭。大姑母嘴最尖，阴阳怪气地捏着嗓子嗤笑道："对了，你做的菜也只好请死人吃。并且你父亲爱你，一定不会怪你的，难以下咽也会觉得很好吃的。"杨步伟没吭声，拉起二表姐和四表妹就要上街买菜去。长辈们提醒她，孝子不能离开灵堂，可列张清单让厨子去买。杨步伟一听，糟了，这可不行，西洋镜被拆穿就丢人现眼了。因为她不记东西的名称，见到实物才会买——对着货摊指指点点，给我来些这个，再拿点儿那个。不管三七二十一，她麻利地脱下孝衣，借了件表姐的白夏布褂子，穿上表妹的白球鞋，叫了三辆洋车便直奔市场扫货，干的鲜的买回来几十种。

到下厨的当儿，她吩咐表姐妹只洗菜就好，其余一切不必插手。忙了大半夜加第二天一上午，共做出三十三样。有些菜从前吃过，但没做过，她就按自己的想法进行探索。比如素鸡，是要将豆腐皮用清水喷软、摊平、叠好卷起，放在一块干净的布上包成圆棍形，用细麻绳捆紧下锅煮透，取出冷却后切块备用。杨步伟不晓得这个做法，就把干豆皮放入锅中煮软了再加作料，味道也一样好。她还喜欢打破常规，异想天开地利用不同的食材组合，大胆创新。用她自己的话说就是，"我再用这个加那个，那个加这个做出一大些叫不出名字来的菜，像发明 Chop Suey（杂碎）样的，可是都很好吃"。上祭时，本来母亲和弟妇都得放声大哭，但她们被杨步伟这一盘盘应接不暇的丰美菜看震惊到了，也顾不得专心哭了。祀毕，三十多道菜分成四桌，全家人坐下来逐一品尝，边吃边赞。大姑母第一个表扬，最欣慰的当然是母亲。这是杨步伟学会做饭以来首次精彩的厨艺展示。

随赵元任来到剑桥后，杨步伟原打算考取行医执照，继续追逐梦想。未料两度怀孕，三年内接连诞下两女，为一心一意照顾小孩，遂放弃医学本行，成为相夫教子的家庭主妇。她从小都没过过穷日子，但遇到难题总能用她的智慧迎刃而解，从不怨天尤人。刚来美国最缺钱，她就处处节省，最大限度地控制生活成本。

周六下午，她会和房东老太太到批发市场去拿些免费蔬果。那个时候电冰箱还没有普及，而美国人的规矩是，只要有几片黄叶子的菜或稍烂一点点的水果就不允许出售。因此，总有成箱成箱连好带坏的瓜果蔬菜堆在批发市场路旁供大家随意捡拾。人一怀孕，嘴巴也变馋了。一次，她特想吃猪蹄，这东西很便宜，花五十美分就能买一大锅。红烧剔骨做成肉冻，吃时取出一大块，切薄片，以美式花生酱蘸食，甚可口。再啃啃骨头上的筋，就很有饱足感，吃完一顿，三天都可以不用再碰荤菜。

等了一个多月，国内那两笔钱还是没着落，而哈佛的薪水除去交房租、添置书桌书架已所剩无多，赵元任急得火烧火燎。杨步伟说："你就不要痴汉等丫头了，咱们还是自己想法子吧。"两人一合计，来钱最快的方案就是先把国语留声片的材料整理好，去哥伦比亚唱片公司灌制出来，便可得合同上相应进度的款项。而往返纽约的川资加两日食宿费需四五十美元，杨步伟毫不犹豫地拿出金翠首饰想让他去典当。最后二人经过商议，拿了三条狐皮去当，凑足了旅费。赵元任走前留给她几美元作为零用，待第三天午夜灌好片子回到家，迎接他的却是一张五百余美元的支票。杨步伟开心地说："不要急钱了，有了。我没出门赚到的！"看他吃惊得说不出话来，她又补充了一句："放心，不是做坏事得来的。"便把这两天发生的事情一五一十地讲给他听。

丈夫走后当天，杨步伟就托胡正详分期（每月三美元）买了台缝纫机，用从国内带来的丝绸刺绣品和衬裙布料，一夜没合眼做了八只手提包。麦克杜格尔夫人见了爱不释手，问她卖不卖，杨步伟点点头。恰逢周末，老太太要在家里办下午茶会，说愿意帮她向来客们推销。这些独具东方韵味的手工艺品很快就被抢购一空，杨步伟顺手把几件皮衣也卖了。赵元任听后，又喜悦又伤心，自愧计划不周连累了妻子，而杨步伟并没有觉得做这些事委屈了自己。不多日，商务印书馆的酬金也电汇过来了，经济危机就此度过。

赵元任的同事们又陆续送来些闲置的桌椅等物件，但没有一样不需要修修补补就能直接使用的。杨步伟最初误以为这些大教授瞧不起人，总拿破烂东西施舍。回访后才发现，他们都不宽裕，自用品也如此，并不是她想象中那种考究的成套新式家具。因而她常说，嫁给一个教授，不管在哪国，都是吃不饱、饿不死的。女儿们出生后忙累加倍，但由二人世界到多人世界的快乐也翻番，因为一切与外界无关。每年除去四五次大的应酬，平日里他们关起门来，尽享亲子之乐。况且，两个有趣的灵魂碰撞在一起，天天宅家也不会无聊的。

1924年夏，赵元任辞去哈佛教职，扬起"搁浅"三年的归舟之帆再次起航。夫妻俩欧游一年，环绕地球一周后回到祖国。此时，清华学校刚设立国学研究院，胡适建议采用导师制，聘任最有名望的学者用现代科学方法整理国故。赵元任的新身份便是清华国学研究院最年轻的导师，

家宴

与梁启超、王国维、陈寅恪并称"四大导师"。

他们的新居是南院 1 号，四口人住局促了点，赵元任的好多书只能暂时不拆箱堆在用人间。第二年陈寅恪到任，把他的 2 号院匀给他们一半，书籍和家用器物才各就各位。赵元任旅欧期间就与陈寅恪过从甚密 [1]，两人既成同事又比邻而居，自然更方便相互照应。

哦不，确切地说，是陈寅恪被照应。陈是典型的"官三代"，虽没染上骄纵习气，但满心满脑除了学问啥都装不下，属于智识早慧但情感晚熟的那类。他只喜欢用真本领说话，欧美游学十五年，连一个半个硕士或博士学位也不屑于拿。所以说，无著作、无文凭的他起初被梁启超（一说吴宓）举荐为导师时，清华校长曹云祥是拒绝的。但事实是，这位"二无导师"时称全中国最博学之人，只要他开课，许多教授也要来听讲。当年华北学术圈分土、洋两派，谁也不服谁，但都服陈寅恪。他回国教书时已三十六岁，却还没谈过女朋友。住在赵家隔壁，工作上可随时与赵元任切磋，日常琐事则由赵太太代管，衣食住行样样不愁，大龄单身汉对此相当满意，他说："我愿有个家，但不愿成家。"看来他已把赵家当成了自己家。

可是他老爹陈三立年事已高，经常为他这个不开窍的儿子着急上火。[2]

· ·

1　虽然赵元任与陈寅恪是在海外相识的，但杨步伟比他认识陈寅恪更早。陈的父亲陈三立是杨的祖父杨仁山的老朋友，陈寅恪与杨步伟从小就在一起玩耍。

2　其实陈寅恪也不见得真不开窍，只是认为人生大事有主次轻重之分。在他眼中，学术是第一位的。关于爱情，他早有自己的一家之言。1919年在哈佛读书时，他曾对吴宓和梅光迪谈起他的"五等爱情论"：一、情之最上者，世无其人，悬空设想，而甘为之死，如《牡丹亭》之杜丽娘是也。二、与其人交识有素，而未尝共衾枕者次之，如宝、黛等，及中国未嫁之贞女是也。三、又次之，则曾一度枕席而永久纪念不忘，如司棋与潘又安，及中国之寡妇是也。四、又次之，则为夫妇终身而无外遇者。五、最下者，随处接合，惟欲是图，而无所谓情矣。

屡屡好言催促,不见动静,只能发出"尔若不娶,吾即代尔聘定"的最后通牒。陈寅恪只得先稳住老爷子,请他再宽限些时日,嘴上保证一定抓紧落实,心里压根儿没谱,但也并不急。在他看来,"娶妻仅生涯中之一事,小之又小者耳"。

而赵氏夫妇这边,他们都是热心肠,两家搭伙过日子当然甚是和洽。但是一年两年过去了,眼看陈寅恪马上奔四的人了仍不想着娶老婆,就这么单下去终究不是回事儿啊,便也不时地旁敲侧击一下。可陈寅恪未觉不妥,云淡风轻地嘿嘿一笑:"虽然不是长永之计,现在也很快活嘛!有家就多出一大堆麻烦事了。"赵元任哭笑不得,随即打趣道:"呃,总不能老让我太太管两个家啊。"陈寅恪一听,如久梦乍回,老父亲的疾言厉色顿时浮现在眼前,他意识到有些事真的是避无可避。家人的施压加上朋友的"嫌弃",终于把他拉回现实。经同事郝更生牵线,陈寅恪与清末爱国将领唐景崧之孙女唐筼结为连理,他成天"赖"在赵家"蹭吃蹭喝"的无忧时光也画上了完满的句号。

哈,说起吃饭做饭这档子事儿,当然得隆重介绍介绍杨步伟的"小桥食社",她因此还成了清华园的风云人物。

赶快!赶快!快来吃——小桥食社的南边"小菜"。我们有馄饨,我们有烧麦。还有麻糕、汤包、汤面饺子等等的南边"吃局",什么都卖!我们办整桌儿的酒席,我们做家常儿的饭菜。价钱格外的克己,味道更是不坏。小心"掉了眉毛",注意豁了皮带。少则三两毛也吃个够饱,多也何在乎花个几块?我们对先生们特别欢迎,对学生们更加优待。我们的招待员都是眼观四面,耳听八方,我们的总烹调无异于

家宴

易牙、Vatel[1] 又活到现在。"唉！我早就想来试试了，可是还没知道食社在那块儿？"真的吗？连地方都不认得吗？"阿要"希奇古怪！你要是借问小桥何处？有巡警遥指大门外。

这是 1927 年小桥食社开张时登在《清华周刊》上的广告，从这活泼的口语化笔调不难判断，文案写手应是赵元任。这么说，他应该很支持"文君当垆"咯？不不不，恰恰相反。但没法子，拗不过夫人啊。而杨步伟开馆子的初衷，只是为了照顾好先生的胃，以及解决待客之需。

当时清华校园里设有两个大食堂，各家请客时，吃来吃去总是那几样单调的菜。而赵家的家厨换了好几个，也都做不出什么新意，没几天赵元任就吃厌了。杨步伟便找来教授太太们商议，想共请几名能做不同菜系的好厨师，联合开办一个公共厨房，由每家轮流管。这样既能大大提升菜品的多样性，又能省去各家单独雇厨子的麻烦，除去房租和工资，也花不了多少本金。大家听了觉得可行，就七嘴八舌地建言献策。但事情一挑头儿，人多主意也杂，敲定细节太费神。

杨步伟一向强势，决定自己出资，统领全局，便说："干脆这样吧，我先拿出四百块来做。好的话再扩充，不好也罢，就当玩玩呗。"太太们无异议。于是，她从城里聘来三位五芳斋的大厨——一个做菜，一个做麻糕，一个做汤包和点心，雇了两名女佣打杂，在南院对面、学校大门外的小桥边租下三间屋，粉刷一新后就风风火火地开起了食堂。

从广告词可知，赵太太的餐厅主打南方风味，供应家常菜并兼做酒席，价格也公道。据王国维长女王东明回忆，这里的点心很有特色，餐具也漂亮。

1　Vatel: 指法国名厨 François Vatel。

我就是我，
不是别人

092

她最爱吃一种香酥松脆的烧饼，长得有点像蟹壳黄，与硬韧的北京芝麻酱饼截然不同。吴宓是光顾最频的"铁粉"，不管独自吃便饭，还是约人聚餐，小桥食社总是他的首选。周诒春、梅贻琦、何林一、朱自清夫妇等都是座上常客，李济之的老太爷过寿也来这里。胡适吃过后，戏言这家美味的教员餐厅恐怕开不长久。

渐渐地，小食堂的事情传到了学生耳朵里，他们纷纷要求"入伙"，杨步伟则以遵守校规为由挨个儿劝退。但学生们执着得很，说要找校领导请愿。杨步伟估摸着准没戏，就随口送了个空头人情——若校方批准她就准，但包饭人数以三十人为限。不料开评议会时这帮学生还真去了，曹校长也还真答应了。处处爱省事的赵元任最怕夫人乱出点子瞎折腾，他本不赞成开什么食堂，现在听说又要向学生开放，气呼呼地跑回去跟杨步伟理论，叫她快快停止，不然不知要生出多少事端。然而杨步伟胸有成竹地说："不要你费心，有麻烦全归我，你只管吃好菜就是了。"他了解她的脾气，谋定要干的事绝对不会打退堂鼓，便也不再阻拦。

第二天，学生们就交来450元（每人15元）饭费，那些没抢到名额的只能向隅而叹。学校特为此将关校门时间后延至十点，方便他们从容吃晚餐。结果，慕名而至的师生越来越多，连燕京大学的学生也来凑热闹。每顿饭二百多人的客流量让跑堂的忙断腿都接待不过来，上菜的速度越来越慢，几位教授还派出家佣增援。到最后，食客和看客索性都当起了服务生。杨步伟每天喊得嗓子沙哑，半夜才能收工回家。只是她交游太广又太热情，凡稍熟的人到店用餐，总嚷着"稀客，稀客，今天我请客"，必自掏腰包款而待之，导致餐厅入不敷出，一分钱没赚到不说，还贴进去不少。强撑数月后，这家造福师生的公益餐厅就在清华学子的如潮好评与老板娘不绝于耳的请客声中关张大吉了。"生意茂盛，本钱干尽"，杨步伟写了副对子总结这次高开低走的"闹着玩"。

当全职太太的可自由支配时间多，办校园餐厅之前，闲不住的杨步伟还开过一个诊所。平日里，教授夫人们常来找她看点小毛病，而她也正觉得成天无事可做很空虚，便在景山东大街租了一所三进宅子。第一进当诊所，主要从事"生产限制"（即节育）的工作，为穷苦百姓服务。她每周来两天，其余时间有专职护理人员值班。第二进做"数人会"[1]的活动室，赵元任和国语统一筹备会的委员们时常在这里联谊聚谈。第三进做她三哥的住家，方便他在他们不去的时候打理房子。诊所一直开得挺好，直到"三一八"惨案发生后，因掩护和收容受伤的示威学生才无奈被迫关停。多年后，她反思自己做事老是有始无终时，也忍不住要自我辩护一下，毕竟它们"大都是因为遇到意外的情形不得已而停止的"。

婚后的杨步伟尽管没有固定工作，却没少参与公共事务，她一直都以新女性要求自己，为社会改良发光发热。

刚回国时，她办过一家"三太公司"（朋友送的诨名）。招来附近的女孩子，照着她从国外搜集的各色图样，教她们做些桌布、床单、手巾等卖给日用百货店，北京的"东升祥"布店还借去她的样品仿制过。那时清华人进趟城全靠洋车，非常不便，冬天更甚，她又动了募股开公共

1　数人会：该会为北京几位研究音韵学学者的联谊会，兼作讨论学理的聚谈会。由"国罗派"于 1925 年 9 月 26 日在赵元任家中发起，得名出自陆法言《切韵》序中的"我辈数人，定则定矣"之句。据《国语罗马字公布经过述略》载，该会于 10 月 17 日正式成立，推举刘半农为主席，包括在京成员钱玄同、黎锦熙、汪怡、林语堂、赵元任，以及厦门的周辨明，共七人组成。数人会以赵元任提出制定的国语罗马字原则为蓝本，成立后一年间，开会二十二次，九易其稿，最终议定《国语罗马字拼音法式》。1926 年，教育部国语统一筹备会通过。1928 年，由中华民国大学院作为"国音字母第二式"公布。这套汉字拉丁化方案取得官方认可后，虽有"国罗派"积极宣传推行，但使用面并不广，自始至终都没有走出精英文化圈。

汽车公司的念头。这一想法后来得到了大陆银行经理的支持，由银行接过去办，往返于清华和城里的公交线路这才正式开通。她还以教职工家属代表的身份，与顾左右而言他的曹校长强硬交涉，为子弟小学的改革申请经费。除此而外，她还帮清华的学生们化装、排戏；在女子大学体育系教生理和解剖学课；到各类妇女会、母亲会、女青年会演讲，普及避孕节育知识。这些活动都极富意义，只是比起轰动一时的小桥食社，可能显得略低调了些。

有趣的是，开餐厅的失败经历并没有打消杨步伟的下厨积极性。相反，她越发迷上了烹调。赵元任爱吃偏甜的家乡菜，她则喜好腌腊咸食，二人口味完全不合。第一次到美国时，胡正详教了她几手无锡菜，她说那会儿是纯凭感觉乱做乱吃，没什么章法，也谈不上系统性学习。而在日本因生活所需初入庖厨，则更是野路子。杨步伟真正受到专业烹饪技艺的熏陶，也就是在她雇佣五芳斋厨师经营小桥食社的那几个月。再后来，她又随着赵元任的学术活动轨迹走遍祖国大江南北及海外多国，领略到了不同地域的饮食风貌，也积累了充足的第一手素材。再加上她爱动脑筋，不墨守成规，十几年摸索下来，竟也颇窥堂奥，还把自己的做菜心得写成了一本食谱。

她这书可不得了。由一代宗师胡适作序、诺奖得主赛珍珠（Pearl S. Buck）撰写导言，一经面世便登上《纽约时报》畅销书榜单，十几家报纸争相刊出书评，很快在美国掀起一股中华美食文化热。从 1945 年初版到六十年代已再版 26 次，被转译为 20 余种文字，风靡欧美至今，是众多中餐馆老板、厨师和西洋太太们的必读书。

家宴

杨步伟的这本处女作也是成名作叫 *How to Cook and Eat in Chinese*，2016 年简体中文版首次发行时，译名为《中国食谱》。她先用中文写成（英文不大好），再由长女赵如兰译成英文，赵元任审稿、润色并作注。显然，这是一本全家人共同努力的结晶。

不过，赵太太似乎对父女俩的功劳并不"领情"。虽然她在书前"作者笔记"的开头谦虚地称此书并非她写的，她只是"述而不作"，结尾却出其不意地把两个人狠狠"黑"了一把。她爆料，合作进程中写者与译者彼此承受的代际压力差点使母女关系破裂："摩登的女儿碰上自以为摩登的妈妈——你明白的。"好在完稿时，双方已化干戈为玉帛，她便可以放心地向读者声明："本书的所有优点都归功于我，所有对缺点的指摘都归于如兰。"哈哈哈，绝对是亲妈。

接下来，她又不留情面地吐槽老公，责备他把女儿的好英语改成了他认为公众会喜欢的糟糕的英语。杨步伟是医学科班出身，做菜注重营养搭配，不求奢华。她研究起食谱来的细致和严谨程度堪比做科研，书中每道菜的烹法都是她反复实践若干次的经验总结。这倒不是职业病在作怪，主要是此书的目标读者为西方人，须照顾他们讲究量化的习惯。如按国人只可意会的"少许""一些""适量"等概数来描述原料配比，这样的菜谱对他们而言没有实际指导意义，看了等于白看。为此，杨步伟特意买来一套量具，每做一次"厨房试验"都精准称重、计时，在卡片上写下配料的种类、分量及味型等信息并建档分类整理。最后，每一道菜，都只取口感最优的那一次记录数值，将其做法写进书中。

图10　写作中的杨步伟

地球人都知道，失败乃成功之母。那么问题来了，成功之父是谁？就杨步伟此书的成功而言，恐怕当是硬着头皮把那些失败的夫人牌"阶

家宴

段性成果"吃掉的赵先生。但这也成了赵太太的"槽点",她抱怨每当一道菜做得不好或次数太多,他就不想动筷子。作者宣称,只要给她足够多的时间试验,凡是她吃过的东西没有做不出来的。她还自豪地说,通过不断试错,已攒了三四百道拿手菜。但是每样菜少则做两三次,多则十次以上,保守估计,赵先生应该吃了不下一千次不拿手的菜。尽管一直很卖力地吃啊吃,可怜的他还是成了老婆的受气包。但明眼人都看得出来,以上这些批评不是真的不满,不过是赵太太的高级"凡尔赛"和赵家幽默的惯常口吻罢了。

胡适在书的序言中提到,自他给赵元任和杨步伟当证婚人以来,至少吃过一百席赵氏家宴。作为心怀感激的品鉴者,他亲眼见证了赵太太成长为一名出色厨师的过程。作为徽州文化的代言人兼炫妻达人,他还本能地从老乡做的菜中品出了剪不断的乡情,在支持杨氏新书时都不忘美言几句江冬秀的徽州锅。序中是这样描述的:一天,他在赵家随手翻阅《中国食谱》的校样,读到一个菜谱的结尾突然倍感亲切,不用看小标题就知道是在写他的老家菜,而且认定"这是赵太太从我太太那里学来的"。

赛珍珠的导言则颇多溢美之词,她把杨步伟视为文化调解人,还要为其提名诺贝尔和平奖,序中写道:"因为要取得世界和平,还有比围坐一桌享用鲜美菜肴更好的方法吗?即便我们没有吃过,但我们注定会享受并喜爱那些菜肴的。"联系该书的写作缘起及成书背景,她这话也不是没道理。

先来说说杨步伟为什么又到了美国。

1928 年,赵元任转到中央研究院史语所工作,从两广方言开始,赴多省开展语言田野调查及民间音乐采风。"九一八"之后,中研院南迁,他和杨步伟便在蓝家庄置业,盖了有好几间书房的大宅子,打算永久定居金陵。讵料风雨如磐，外患步步逼近。南京沦陷前夕，车船票极紧张。"刚强得像个男子"的杨步伟不顾个人安危，毅然让病中的丈夫在如兰的陪伴下先撤退到长沙。她则带着三个幼女，率领唐钺、李济、董作宾、梁思永的家眷一路辗转，安抵大后方与赵元任会合，再随大队伍流徙昆明。后因史语所的一些人事矛盾和行政纠葛闹得不甚舒心，赵元任便在夫人的劝说下接受了夏威夷大学的邀请。杨步伟的原计划是等他身体恢复过来就回国，但出于种种原因未能遂愿，此后便长居美国。

这是一段难以抹去的痛苦回忆。如杨步伟所言，去国并非情愿，只是感到有种"无形的压力"迫使他们不得不暂避风头，否则她担心丈夫"精神上恐有无穷的损失"。而不是别人误解的那样，他们不负责任地到远方逃难去了。离滇前，蒋梦麟夫妇专程从蒙自赶来，送给他们一只刻有"故国可家"字样的汽锅，叮嘱莫忘其意。四十余年间，夫妻俩在美国搬了好几次家，始终将它带在身边，后由如兰继承，这只锅也成了赵家的传家宝。

赵元任一辈子淡泊名利，不愿做官，对各种行政职务避之唯恐不及，光是请他回国当校长的事就"逃"了四次。但对政治和人事不感兴趣，并不等于不关心祖国。珍珠港事件后，美对日宣战，与中国结成抗日联盟，赵氏夫妇经常参加中华赈济联合会（United China Relief）组办的活动。赵元任多次应邀做有关中国文化的报告；杨步伟则定期举行中式午餐会，每次都亲手张罗几百份盒饭，将募集来的款项寄回国，遥为抗日出一份力。

彼时因为战争，美国大量适龄青壮年应征入伍，农场出现用工荒，乳肉制品产量降低。加之为保障前线战斗力，物资被优先运至海外战场，国内食品紧缺，但美国人的"浪费"之习并未改观。中西饮食文化传统的差异首先体现在对食材的去取上，"美国人能扔多少就扔多少，中国人能吃多少就吃多少"，我们视作美味甚至是珍味的动物内脏、鱼翅之类，

图12 杨步伟一家合影

他们是不吃的。杨步伟常和周围的美国太太们聊起她的感受，说把这么多能吃的东西丢掉真是太可惜了。而现实情况也急需她们转移对牛肉的偏爱，学着料理一些平日接触较少的肉类。赵元任的师母艾格尼丝·霍金（Agnes Hocking）便倡议杨步伟写一本教美国人如何节约食物的书。

不久，林语堂在纽约举办大型宴会，赛珍珠和丈夫理查德·沃尔什（Richard Walsh）也参加了。听说赵太太要写食谱，在座的人都大加赞赏，沃尔什当场表示出版的事情他包了，林语堂和胡适则自告奋勇地要写序。这还没动笔呢，后续事宜已安排得明明白白。杨步伟回去之后，庄台出版公司（The John Day Company）总是接二连三地来催稿。矢在弦上，不得不发，她已经没有退路了。

这一时期，赵元任受燕京学社社长叶理绥（Serge Elisséeff）之邀，又从耶鲁回到哈佛，参与编写汉英字典。另外，他还有主持美国陆军特训班中文教学的任务。尽管忙上加忙，但他干得非常起劲，也很愉快。由于他超高的国际声望和太太超强的亲和力，他们住在哪儿，华人学者的社交活动中心就在哪儿。国内友朋到了美国，只要有可能，一定会去探望或短住，使得赵家天天迎来送往，门庭若市。金岳霖、费孝通、周培源、张彭春、赵忠尧、钱学森等上世纪一大批杰出的知识分子都是行人街27号（27 Walker Street，剑桥赵宅地址）的座上客。杨步伟一生交往过近三百位国内外名流，当时活跃在各学科领域的顶级学者如李约瑟、费正清、卜弼德（Peter Boodberg）、维纳（Norbert Wiener）等人也与赵家来往密切，他们无不对赵太太的厨艺印象深刻。至于登门拜访的波士顿地区的留美学子更是不计其数，不管谁来了，好客的女主人总要治馔款留。同时，终日不断地有十几名学生来当"小白鼠"试菜，有的还帮着洗洗切切打下手。人这么多，根本不愁消耗菜品，杨步伟做起试验来也就更加大刀阔斧，开合自如了。

图12 赵元任放下手头工作为两只猫咪调解矛盾

傅斯年赴美就医，听说赵太太买了一大篓鱼翅在练习做清汤鱼翅，便赶紧前来报到，吃了三碗才意犹未尽地去住院。当时陶孟和刚好也在剑桥，得知她还采购了不少海参，便点名要吃参翅席。杨步伟说："这有何难，你记着多叫些人来。"那天，二女儿赵新那和夫婿黄培云正要去佛蒙特州度蜜月。杨步伟送走他俩之后，就忙着备宴。谁知一大桌人刚坐定，新郎新娘又回来了。女儿说："出去吃住一定很苦，成天不是热狗就是汉堡，哪有中国的鱼翅燕窝好吃。我们两人就商量了一下，还是想吃完妈咪的大餐再走。"大家听完都笑得合不拢嘴。

胡适在哈佛讲学的那阵子，住在离赵家仅隔半条街的一个旅馆，几乎每天都会过去吃一顿，不是午餐就是晚餐。有时忙不开"缺勤"，试菜的学生们回校时，杨步伟就做好夜宵让他们给胡适捎过去。反正都是交情深厚的老朋友了，胡适也不客气，想吃什么就径直提要求。他爱吃肉，不管是猪肉还是牛肉，越大块越好，一次能吃两三块。但此物当时甚难买，且凭票限购。一日，杨步伟在市场上看到有马肉卖，惊问店主："马不是用来打仗的吗，怎么能杀了吃？"对方笑道："这不是骑的马啦，就和养的牛一样，是加拿大饲养的专门用来吃的马。"杨步伟眼前一亮，瞬间产生了一个大胆的想法。

她抱着试试看的心态，买回去一大块，依红烧牛肉之法，做好端上桌。除了赵元任，没告诉任何人用的是什么肉。

正好那天胡适在，见之大喜："韵卿，你又从哪里弄来这么多票子，听说牛肉更难买啊。"杨步伟不露声色地说："快坐下来吃吧，我今天的这个肉放了八角，味道更香。"大家尝后无人生疑。只见适之先生左一块右一块地吃得很高兴，又夹起一块说："做得真好！我要再来第三块、第四块了。"杨步伟强忍笑意："你爱吃就尽管吃。"说完，从冰箱里取出一块生肉拿到他的面前："看，还有这么多呢，两三天都吃不完的，你天天来吃两餐吧。""太好了！"他又瞧瞧那生肉说，"真好，你做得也好。"杨步伟快憋不住笑了，话里有话地说了句："你真觉得好吗？好就最好了。要知道我做什么肉都可以一样地好吃。"大家都不明就里地笑了起来。赵元任虽知款曲亦不作声，他也觉得口感确实很棒。于是就这么以假乱真地连着做了几天红烧马肉，杨步伟还把剩下的生肉炒成肉松给胡适带回去下酒，他依旧吃得不亦乐乎。

大约过了两三个星期，杨步伟见哈佛教职员俱乐部餐厅的菜单上有一道"马肉扒"，服务生推荐说好吃得很，不次于牛肉。她和赵元任便邀胡适去品尝。适之先生怀疑自己听错了："马肉？那怎么能吃呢！"杨步伟说："没关系的，咱们去试试看再说。"吃了一口，胡适说："好倒是好，只是有酸味。"杨步伟回他："你这是心理作用。"晚餐时，她又烧了马肉。胡适吃得喜笑颜开："还是牛肉香！"杨步伟实在不忍心继续蒙混下去了，遂为他揭开真相："给你吃了这么久的马肉你都没觉出来。"胡适瞪大眼睛，说什么也不信。反复确认了几遍，才摇头晃脑地喃喃着："还是中国菜好吃，而且你做得更好。"他把这桩趣事讲给很多人听，在哈佛一时传为新闻，还登了报。适之先生"牛马不辨"从一个侧面也说明杨步伟的手艺之好与调味之妙。

千呼万唤始出来。经过三年精心打磨，《中国食谱》总算脱稿了。但麻烦随之而来，一大帮人争着要写序。出版社征求作者的意见，杨步伟霸气地回了句："这么多名人的序放在上面，是卖我的书，还是卖他们的序？我的意思是一个也不要。"赛珍珠劝她，序还是要有的嘛，中国人和美国人各选一个好了。人家都说到这份儿上了，杨步伟必须得给个面子呀，毕竟这书要在她老公的公司出呢。书出来之后，反响热烈，第一场签售会就卖掉三百多本。应读者要求，杨步伟还是用毛笔签的，这可把她给累坏了，后悔真不该出什么劳什子书。然后麻烦还在继续，来找她演讲和上美食节目的媒体邀约纷至沓来，杨步伟霸气地回绝了："这本是厨子该做的，而不关写书人的事。若看不懂我的书，那就是我写得不够好了。"言语间，作者对自己的著作充满自信。那我们就来看看她到底写得怎么样。

这是一本从普通主妇的厨房出发，融食材、食理、食趣于一体的，旨在引导美国民众了解并尝试烹制中式家常菜的美食书，而非满足西方世界对东方猎奇心理的作品。杨步伟明确表示，她写作的首要目的是"让人理解，而不是让人钦佩"。对科学试验精神的认真贯彻和交际调节理论的适度运用，是此书最突出的特色。作者一方面以尽量顺应美国读者的表述方式来讲解每一道菜品的食材甄选、烹调原理及制作步骤；另一方面，在涉及跨文化传播的差异时，则会保持本色，不过分迁就，并耐心剖析她对于比较视野下的餐桌礼仪及其传递的价值观、本民族食俗在异质文化中的处境、动乱年代中西家庭饮食变迁的思考。例如，谈及吃饭发出的声响时，她写道：

> 有一些菜最好趁热吃。吃它们的诀窍是略微张嘴吸入空气，使得蒸发加快，香味弥漫。在吸气使得液体的表面波动时，此法尤为有效。因此，热汤、汤面、热粥等最好以尽可能大的声音吸入嘴里。这件事上，我又一次面临内心的冲突，因为我想起曾被教导，在外国喝汤必须尽可能安静。虽然如此，我从来无法像美国人那样，在公共场合擤鼻涕。因为这一动作往往在声音上比吃面条更大，在诱人程度上却大为不及。

105

家宴

将喝热汤和擤鼻涕诙谐对比，态度鲜明地捍卫放声"吸溜"的快感。又如，关于分餐制与合食制、公筷公勺的使用、该不该用手剥带壳海鲜等牵涉中外饮食文化冲突的话题，她都有客观理性的认识和自己的坚持。表面上看，这是一本向西方人传授中国菜烹饪技巧的实用美食教程。其深层寓意则在于，食谱作为一种集体记忆与自我身份认同的外化形式，反映了作者在跨越文化边界的同时对固有边界的守护及其对远逝的昨日世界和生活方式的追忆与想象，也暗示了新移民家庭在文化适应过程中所面临的困惑与挑战。放在更广阔的人文语境下来解读，此书未尝不可看作是一部书写乡愁的怀旧文学。

尽管杨步伟一再发牢骚，嫌赵元任给她的书帮了倒忙——一开始推托没空，不介入其事，女儿译完之后却突然横插一脚，说一定要经他过目才能寄出稿子。但如果没有这位语言学大师的热诚参与和严格把关，《中国食谱》首创的很多精妙且富有成效的汉译英表达，恐怕难以实现。

譬如，炒菜是中餐特有的菜式。如何让外国人理解他们语言中没有的"炒"呢？杨步伟为其下的定义是，将切好的食材用大火浅油连续快速翻炒并加入调味汁（a big-fire-shallow-fat-continual-stirring-quick-frying of cut-up material with wet seasoning），而英语中与之最接近的一个词是源自法语的"sauté"（嫩煎）。书中用表示炒之动作的"stir"（搅拌）与炒之条件的"fry"（油炸）合成一个新词——"stir-frying"，达意准确且生动可感。炒菜的关键在于把控好时间，不仅烹制用时短，出菜后也应尽快食用，书中就很形象地将之称作"闪电做饭"（blitz-cooking）和"闪电吃"（blitz-eating）。类似地，还有"烩"（meeting）、"汆"（plunging）、"干煸"（splashing）等，也都译得灵动传神。

胡适序中对此有极为允当的评价。他说，赵太太在书中创造的一套新术语有助于将中国的烹饪艺术恰如其分地介绍到西方。他揣测，这些词会留在英语之中，成为赵家的贡献。事实证明，胡适的预言很准，出自《中国食谱》的诸多新创语汇已被欧美英语世界广泛接纳并采用，其对中华饮馔传播的影响力自不待言，而其中赵元任的生花妙笔功不可没。

此外，赵博士还会时不时地冒出来"敲一敲黑板"，以絮絮叨叨的学究口吻炫一炫他的渊博学识。要么是"借菜发挥"地强行安利音韵学知识，要么是冷不丁地来一句亦庄亦谐的自说自话，要么是抓住某道菜的某个字眼不放跟作者死抬杠，要么是猝不及防地给你撒一把"狗粮"。总之，杨书中的"赵注"是不可错过的一大看点，它让此书的文风更加跳脱有趣，引人入胜。在这些被赵太太称作"离题万里"的注释中，笔者以为写得最好的一条是用音乐类比家常便宴中的"四菜一汤"与中式酒席。他说前者是"有一个持续音部的四部复调"，后者则是"一长列独奏旋律配上有许多和弦的序曲和终曲"，十分贴切。

他刷存在感的方式，包括但不限于以上小打小闹的只言片语。而他在书中写的篇幅最长的文字，是炒鸡蛋的做法。考虑到这是赵博士唯一会做的菜，杨步伟便大方地授权给丈夫来完成。这一节，也就成了全书画风最清奇的部分。看到他把锅铲说成是"一个带手柄的平薄金属片"已忍俊不禁，如果再读一读敲鸡蛋的烦冗叙述，怕是要笑岔气——

> 准备：中等尺寸的鲜鸡蛋 6 枚（因为这是我一次炒过的鸡蛋的最大数量）……按任意顺序用一枚鸡蛋敲击另一枚，以便将蛋壳剥下来或者剥下去。（脚注：因为当两枚蛋相撞时，二者之中只有一枚会打破，于是有必要用第七枚蛋来打第六枚。如果一切顺利，但第七枚蛋先破而第六枚反而没破，变通之法是直接将第七枚蛋用于烹饪而将第六枚蛋撤下。一个替代程序是延迟你的编号系统，并将在第五枚蛋之后打破的

那枚蛋定义为第六枚蛋。）

嚯！赵先生，您确定不是来砸场子的？看完突然有点明白杨步伟为什么老嫌他"废话连篇"了。好在这份炒鸡蛋食谱的结尾还是写得蛮漂亮的："要检验烹饪完成得是否正确，请观察享用这道菜的人。如果他以缓慢的降调发出双唇鼻音的浊辅音，这是好菜；如果他以重叠形式发出音节'妙'，这是极好的菜。"没错，还是原来的配方，还是熟悉的味道。赵博士充分发挥其非凡的语言专长，用精确到近乎滑稽的措辞，把一道人人司空见惯的、最易做的家常菜变成了极具陌生化效果的"新菜"。

不知是"手残党"太笨，还是赵元任"捣乱"的负面贡献太显著，无形中增加了菜谱的操作难度。反正就是有些人看了书之后，虽跃跃欲试但不太做得来，大家伙儿就期待杨步伟再写一本中餐馆点菜指南。于是乎，《中国食谱》的姊妹篇《怎样点中餐》（*How to Order and Eat in Chinese*）便应时而生，由兰登书屋（Random House）于 1974 年出版。此书的译者换成了三女儿赵来思，不过仍未能躲过赵博士"画蛇添足"的注释。

杨步伟在书中进一步阐明了中国人的饮食习俗及进餐惯例，分专章介绍了粤、川、鲁等南北菜系之代表佳肴，深入浅出地为读者讲述了如何能在海外不同类型的中餐馆吃到心仪的食物。她掷地有声地称，"中国人不需要专门的健康饮食，因为中餐本身就是健康饮食"。她还坚定不移地认为，"筷子比刀叉灵活，筷子应该统治世界"。可见，身为美食畅销书作家的赵太太早已自觉担当起了中国饮食文化宣传大使的光荣任务。书中有句响亮的推广中餐的口号，放到现在，也不落伍——"选择健康饮食并且爱上它"。

人生不设限，精彩才无限。杨步伟身体力行地颠覆了人们对于"贤

图 13　杨步伟、赵元任打鸡蛋漫画（似为林语堂所绘）

妻良母"概念的传统认知,向我们展现了一位在其生命旅程诸航段,皆能率性地挥洒自身的无穷可能性、尽情诠释真我无限魅力的光辉女性形象。斑斓夺目的阅历无从复刻,私房美馔的奥妙则触手可及。

如果你问赵太太:"您是怎么学会做这么多菜的?"翻开《中国食谱》,她的答案是:"敞开心胸,也敞开嘴。"是啊,物质与精神本就同构互补。张开嘴,打开心,你的世界也就联通外面的世界了。

要干大事，
没有饭量可不行

· 袁世凯 ·

钓翁之意不在鱼

光绪三十四年（1908）冬，两宫先后宾天，醇亲王载沣监国。军机大臣兼外务部尚书袁世凯如坐针毡，心里颇不是滋味。

他深知西太后这座靠山既倒，自己的处境也将变得岌岌可危。光绪对他恨之入骨，乃弟载沣能放过他吗？朝廷里的冤家对头和被他出卖的维新派，早就搬好小板凳、切好西瓜，坐等诛贼臣以安社稷的年度大戏开演呢。

果不其然，醇亲王上台的第一件要事就是收拾袁世凯。尚在"百日大孝"期间，便以袁世凯足疾为由，着即开缺，回籍养疴，以示"体恤"。之所以没有法办而改为从轻发落，是因为听了张之洞"主幼国疑，不宜轻戮重臣"的忠言。张、袁二人虽有隙，出于时局考虑，又同为汉人，他还是在关键时刻帮袁世凯捡回一条性命。但载沣此举无异于放虎归山，自贻后患。而老袁安排好行止，便赶紧进宫谢恩，之后回锡拉胡同宅邸简单收拾了下东西，于罢斥后的第五日仓皇出京，乘京汉线火车回到河南。初暂居汲县（今河南省卫辉市）数月，待洹上村扩建修缮完工，遂举家迁至彰德。

年逾半百万事休，是时候过一过逍遥江湖的赋闲垂钓慢生活了。袁氏别墅占地二百余亩，他雇人在其中遍植果木，开凿水塘，栽荷种菱，养鱼饲蟹，名之曰"养寿园"。月夜偕美人清波荡舟，游观自得，三姨太手挥七弦，六姨太拨弄琵琶。此情此景，谁还敢说袁某人是不可一世的枭雄，人家分明是息影林泉的风流韵士。

青年时代，老袁考了两次乡试都名落孙山，盛怒之下将诗文付之一炬，愤然道："大丈夫当效命疆场，安内攘外，乌能龌龊久困笔砚间，自误光阴耶！"归园田居以来，他又重拾雅兴，常邀故旧诗酒酬唱，后由二公子袁克文编为《圭塘倡和诗》。抛开"刘项原来不读书"的定式思维，别以为军阀大佬只会练兵打仗，看看人家的号——洗心亭主人，你能想到他是袁世凯吗？

"昨夜听春雨，披蓑踏翠苔。人来花已谢，借问为谁开。"这是闲情之作。"楼小能容膝，檐高老树齐。开轩平北斗，翻觉太行低。"这是述志之作。老袁的诗确实作得不算好，但从中可以读出一股桀骜不驯的自负之气。如"投饵我非关得失，吞钩鱼却有恩仇""寄语长安诸旧侣，素衣蚤浣帝京尘"等句，明显是表达对清廷的不满情绪。而"漳洹犹觉浅，何处问江村""野老胸中负兵甲，钓翁眼底小王侯"等句，则分明道出了其韬晦待时、伺机出山的真实意图。

袁世凯奉旨养疴期间，朝廷对他还是不大放心，就派出步军统领乌珍暗中监视。乌珍让副将袁得亮带一队人马驻扎洹上，随时汇报其一举一动。小袁哪能玩得过老袁？正好他俩都姓袁，老袁便以本家为名热情拉拢，不仅给他安排了精美舒适的住所，还三天两头地馈赠不断。经不住物质诱惑，小袁很快就忘了初心，与老袁打成一片。如此一来，朝廷的侦察小分队反倒成了袁氏庄园的护卫队。当然，老袁日后当上总统，也没亏待他，这是后话了。

1910年冬，袁世凯头戴斗笠、身披蓑衣，一脸淡定地cosplay（角色扮演）了张《胤禛行乐图册》中的同款渔翁垂钓图，并把照片洗印几百张分送戚友。另一张他撑着船篙和三哥袁世廉的合影，于次年以"养疴中之袁慰廷尚书"之名，登上当时首屈一指的大型综合性刊物《东方杂志》。从此，全国人民都知道老袁在乡下忙着钓鱼呢。"苍松绕屋添春色，绿柳垂池破钓痕。"一图抵千言，无声胜有声，老袁为自己塑造的超然无争的公众形象借此深入人心。而事实是，他身隐心难隐，养寿园中不时有朝野显要出没。为便于与各方取得联系，他还专设一电报房，每天都要花一两个小时回复电报和信件。他的人生字典里其实从来没有收录过"淡泊名利，宁静致远"八个字。

宣统三年（1911）阴历八月二十日，也就是阳历 10 月 11 日，正值

老袁回到彰德的第三个生日。与前两年相比，这回来贺寿的北洋亲信不少，借机烧冷灶的昔日僚属也络绎不绝。正在主客推杯换盏之际，传来了武昌起义的消息。众宾先自骇然，继而弹冠相庆，老袁脸上闪过一抹喜色，示意中止寿筵。敏锐的政治嗅觉告诉他，明年他可以不必再在老家庆生了。

前方军情紧急，清廷一筹莫展，不得不请袁世凯出山，任命其为湖广总督，督办剿抚事宜。老袁对载沣既用又疑的做法（只是让他当荫昌的副手，并未授予独立指挥权）感到很不痛快，也看不上这么一个小小的总督，便以"旧患足疾，迄今尚未大愈"回敬。但他也没把话说死，随即又在奏折中补充道："一俟稍可支持，即当力疾就道，藉答高厚鸿慈于万一。"未言受命就任，亦不坚辞，无非是想索要更大的权力。在此期间，他一边明着向清廷提出若干重要条件，包括开放党禁、划拨充足饷需、军咨府及陆军部不可遥为节制，以及起用王士珍、倪嗣冲、张锡銮等心腹将领；一边暗中操纵北洋军消极执行荫昌之命，迫使其举步维艰，前线一路溃败。

眼看燎原之势愈烈，大清危在旦夕，载沣慌得直跳脚，再三敦促他赶紧赴任。但急病遇着慢郎中，老奸巨猾的袁世凯稳稳地沉住气，继续作壁上观，在养寿园不疾不徐地钓着鱼。直至朝廷步步妥协到他满意的程度——10 月 27 日，清政府发布上谕召回荫昌，任命袁世凯为钦差大臣，集水陆军权于一身，全权处理战事，并拨出内帑一百万两白银做军费。老袁这才扔下钓竿，穿上戎装，粉墨登场。等了好久，终于等到今天。接下来发生的事情，人所共知，不必啰唆。

载沣当年不是有过在老袁面前拔枪威胁的纯爷们儿场面嘛，那不过是班门弄斧罢了，他还是太嫩，缺乏驾驭能臣的两把刷子。像他这种好逸畏事的佛系少壮派贵胄显然不是心狠手辣的老狐狸的对手。解职回府的那天，载沣如释重负，对妻子说："这下好啦，我可以回家专心抱小孩了。"帝国权力之巅,高处不胜寒,还是老婆孩子热炕头的人间平凡适合他。

姜太公坐在渭水河畔,以直钩无饵的方式钓起了与周文王的风云际会(实际上很可能就是他俩合伙排演的一出双簧戏)。袁世凯垂纶洹上,倒也不单纯是以退为进的作秀,因为他本人确实特别爱养鱼也爱吃鱼。

当上临时大总统后,为倡行节俭,他就以身作则,和军政大员们共进午餐。其实也算不得一起吃,只是故意当着他们的面表演吃饭而已。菜式极简,仅烧鲫鱼一尾、米糊一碗、调料一碟、馒头数个。不明就里的人很受触动,提议全国官员效此清廉之风。他们不知道,这三碟一碗的名堂可大着呢。

袁总统非淇河鲫不吃。这种产自河南淇县的双背鲫鱼体丰脊宽,肉厚刺少,位列"淇河三珍"之首,自古就是朝中贡品。在物流不发达的百余年前,把这些鱼运到京城还是要费一点心思的。尽管距离不算远,但保鲜却不大好办。据说当地渔民在捕到大小合适的鲫鱼后,要立即将其放入灌满液态猪油的桶中,很快鱼就会窒息而死。再给桶降温让油凝固,可使鱼和外界空气隔绝,起到防腐作用。然后装运上路,火速抵京。途中,猪油跟鱼皮接触并缓缓渗入,为其增味不少。这就相当于入庖前的预加工,烹出来的鱼肉自然也更腴美。

一条貌不惊人的鲫鱼,从上岸到上桌,耗费的人力物力不比京城大饭庄的一桌酒席便宜。至于那碟配米糊的灰褐色调料,既非姜粉,亦非胡椒粉,而是上等关东鹿茸研成的细末儿。袁大总统这看似寒酸的一顿饭,其实是低调奢华的食药同补营养餐。

袁世凯是河南项城人,一生热爱家乡美食。在他喜欢的多种豫菜中,首推"糖醋软熘鱼焙面"。这道鱼馔由"软熘鲤鱼"和"焙龙须面"两部

家宴

分组成，所用鲤鱼品种是与松江鲈、兴凯湖鲌、松花江鳜并称"四大名鱼"的黄河鲤。此鱼金鳞赤尾，质嫩味鲜，北魏时就流传着"洛鲤伊鲂，贵于牛羊"的美誉了。

先说鱼。鲤鱼脊背上有两道白筋，即"鱼腥线"，是用于感知水流变化、气味强弱等外部刺激的感觉器官，能通过侧线鳞上的小孔吸附环境中的气味，故奇腥无比。由于黄河水泥沙多，网上来的鲤鱼要先在清水里养个两三天，待其吐净土腥味再割烹。而且剖鱼时，务要抽掉白筋，这样烧出来的肉质才佳。

将黄河鲤刮鳞去鳃，开膛取脏，洗净后鱼身打瓦楞花刀，鱼尾对切十字花刀。油锅置中火，待油温达到六成热时将鱼下锅炸透，其间要注意连续顿火（指炸物过程中，为防止外老内生或硬心，将锅从火上移开，停一会再继续加热）几次，捞出沥油。净锅加清水，入白糖、香醋、料酒、细盐、葱花、姜丝等作料，勾湿淀粉不断搅拌，以旺火烘至油、汁完全融合。再次将鱼入锅，烧开后转中小火，用勺子向鱼身浇汁，使之均匀入味，并晃动锅身以防烧煳。泡完糖醋浴的鲤鱼色泽枣红，甜中带酸，酸中透咸，三味俱全，诱人馋涎。

次说面。起初用的是刀切面"一窝丝"，后改良工艺，现在用的都是细如发丝的拉面。所谓焙龙须面，是将手工抻好的面丝截去两头，取中间一段，炸至金黄。将面捞出，盖在熘鱼上，糖醋软熘鱼焙面便做成了。这道菜的造型很别致：如果用的龙须面较少，就像给鱼搭了条桑蚕丝披肩；面多的话，那就是通体盖了层材质轻薄的空调被。先吃外红内白的"龙肉"，后以面蘸汁食细如发丝之"龙须"，柔滑腴嫩与蓬松酥脆交叠碰撞。一盘菜肴，两种食趣，口感变化曲尽其妙。

据说，1901年西太后回銮时取道开封，府衙以此菜进奉。光绪赞其"古汴珍馐"，慈禧则称"膳后忘返"，随身太监还手书"熘鱼何处有，中原古汴州"一联赏赐开封府以示嘉奖。其实，这道熘鱼焙面在发明之初的名号更响，叫"金龙腾飞"。

后周显德七年（960）正月初二，赵匡胤率军夜宿陈桥驿（今河南封丘东南陈桥镇）。发动兵变前夕，赵匡胤突然犹豫不决起来——虽已谋划日久，但只许成功不准失败，否则后果不堪设想，内心的压力还是很大的。而此时"点检做天子"的谶语已传遍全营。军厨读懂了他的顾虑，就用当地特产烧制了一道寓意深刻的菜。献上来时，只见一条油润光亮的金色鲤鱼昂首翘尾地伏卧在沸腾的红色汤汁中，呈凌空跃起貌，气势卓荦不凡，鱼身上还披着一层黄袍似的炸面饼。赵一看便解其意，这不是正中下怀嘛，但还是笑着明知故问："此何物耶？"对曰："天降吉祥，金龙腾飞！"赵听罢欣然而食，遂决意起事。他黄袍加身之后进入开封，市不易肆、兵不血刃地完成政权的平稳过渡，结束了五代十国的乱世局面。

说来有趣，此军厨真赵匡胤之福星也。前几年攻南唐时，他因操劳过度，数日不思饮食，吃了这厨子做的"大救驾"（今为安徽寿县特色糕点），顿时胃口大开，真气十足，这才有了星夜急行军奇袭清流关的壮举。此役为柴荣彻底消除了淮南威胁，回师后，赵升任殿前都指挥使，不久加授定国军节度使，直到最后成为禁军最高统帅，才有了觊觎皇位的资本。他当上大宋开国之君后，这道"金龙腾飞"就成了流传千载的汴京风味名馔。只是菜名太霸气，大家都不敢用，便依其主料和烹法，取了个中规中矩的"熘鱼焙面"。

明眼人不难看出，这故事大概率是后人附会历史，讨个吉祥好彩头，姑且一听就是了。其实，像这等经得起口舌推敲的美味，无须口彩加持也不会被埋没。如今，熘鱼焙面荣列"河南十大名菜"榜首，是外地游客到开封的必点之菜。如果你错过了它，就跟你来杭州没吃西湖醋鱼一样——真是空跑这一趟了。

家宴

除了爱吃鱼，袁世凯还是个嗜蛋如命的奇男子。

徐珂曾任其天津小站练兵时的幕僚，虽时间不长，但对其饮食癖好还是有一定了解的。他在《清稗类钞》中说老袁"嗜食鸡卵"，嗜到个什么地步呢？早餐六颗水煮蛋，佐以咖啡或茶一大杯，以及饼干数片。午、晚餐各四颗，加起来就是十四颗，一天把常人半个月的摄入量都比下去了。

更妙的是，为节省时间，提高吃蛋效率，他还独创了一种令人叹为观止的快速剥壳法。从盘中一手抓出三颗蛋，放在桌面上用掌心按压着揉搓几圈，此时壳已碎，但看上去却又似完好。拿起来轻揭皮壳，就跟变戏法似的，那圆溜溜的蛋白便显现出来了，颗颗外表光滑，没有半点儿坑洼。接着再取一次，用同样的手法，六颗蛋分分钟就剥好了。然后以每口最少半颗的豪放架势，顺次塞进嘴里，津津有味地大嚼起来。徐珂说的那种土洋混搭吃法属于老袁的非典型早餐，更多的情形是，以鸡蛋配粥和馒头等河南特色主食。他常喝大米稀饭，小米和玉米糁混煮的稀饭，以及用磨碎的绿豆熬制的糊糊等。

袁氏剥蛋法的核心技术在于，以恰到好处的力道把蛋白和卵壳膜分离，看着轻而易举，做起来可没那么容易。好多人都目睹过这波神操作，但就是学不来。要么用力轻了，蛋不脱壳；要么下手过重，蛋被压烂。

如何做到壳碎而蛋全，不是谁都拿捏得来的。人家一天能吃十四颗鸡蛋，你能吗？

光绪年间，北京前门外大栅栏路北曾有一鸦片馆。禁烟关张后，有人在原地开起饭店，名为衍庆堂，又因经营不佳易主。1902 年，中州名厨陈莲堂在此亮出"厚德福"的招牌。自此，京城有了第一家豫菜馆。账房先生苑二爷是陈掌柜的老乡，梁实秋的祖父梁芝山是这家店的大股东。

陈掌柜颇讲迷信，认为原先这块地方风水不错，好多东西都动不得，就没怎么装修，只是在黑漆大门内侧挂了块不起眼的小店招。夜幕降临，门前一盏孤灯摇曳着若隐若现的微光。初次光顾的食客，常常绕着大栅栏走上两三个来回都找不到这家局促在小巷底的店。即使你找到地方了，一眼望进去黑咕隆咚、鬼里鬼气的，胆儿小的也不一定敢一个人走进去。或许是门面过于低调，厚德福开业伊始，生意平平。幸好它有老乡的光可以沾一沾。1907 年，袁世凯调离北洋，入京担任宰辅。因其喜食并爱用乡味待客，久之，同僚亦投其所好，陈掌柜的店遂声誉鹊起，成为京城高官云集的著名饭庄。

渐渐地，厚德福逼仄简陋的小二楼接待不下这么多蜂拥而至的食客了。但固执的陈掌柜因为风水关系决不迁址，也不改装修，一仍其古旧沧桑模样，数十年不变。为扩充营业，他先后在城南游艺园，以及沈阳、西安、青岛、上海、南京、重庆等多地开出分号，厚德福就成了资金雄厚的跨省连锁餐饮品牌。当然，它也没有在饭局达人鲁迅所写日记中的"民国餐馆打卡指南"里缺席。在北京时，鲁迅就爱上了这家店，也爱上了豫菜，时常去吃。晚年迁居上海，他最常去的除了知味观就是梁园致美楼，后者也是正宗的豫菜馆。

厚德福随着袁世凯的得势而崛起，但并未因其称帝闹剧的结束而衰落，毕竟主厨的手艺是十分过硬的。该店除了擅长烹制鹿筋、猴头菇等珍馔，家常风味也是一流。据民国十五年（1926）的北京《晨报》介绍，这里的瓦块鱼、拆骨肉、酥海带、风干鸡、红烧淡菜、核桃腰子等都是看家好菜。又，其自制枣泥、豆沙、玫瑰、火腿等馅月饼味极美，与南方茶店所售者迥不相同。作为把厚德福捧红的大主顾，袁世凯对那些精致细巧的山珍海味兴趣不大，陈掌柜做的"铁锅蛋"——全称"三鲜铁锅烤蛋"，才是他的心坎之爱。

将鸡蛋破壳打入碗内，用竹筷子朝同一方向快速急搅两百下，中间不能停。彼时没有打蛋器等厨房小家电，打发鸡蛋全靠手上功夫。待碗里的蛋液泡沫如云似雾般涨起时，拿一口特制的铁锅在灶火上烧红，将葱、姜在熟猪油中爆香后拣出，放入豌豆和切成丁的虾仁、火腿、香菇、荸荠等辅料，再倒入蛋液。八成熟时，淋少许猪油，用火钩钩住烧红的铁锅盖，罩在锅上。利用盖子的高温把蛋糊烘烤凝结，然后胀透、拔起。待其暄出锅时，再淋一次油，盖上锅盖稍焖片刻，即可揭盖上桌。金色蛋皮泛着红亮的油光，以箸轻挑，露出缀着绿、白、粉、黄等五彩缤纷配料的浅米色蛋脑。上层焦脆，下层嫩滑，香气袅袅，食之令人回味无穷。

梁实秋在《雅舍谈吃》中写他品尝这道菜的感受时，称其"妙处在于铁锅保温，上了桌还有嗞嗞响的滚沸声，这道理同于所谓的'铁板烧'，而保温之久犹过之"。我们评价一道美食，通常用"色香味形"四字标准，其实还应该加一个"声"字。目之所及，能同时充分调动人体视、听、触、嗅、味"五觉"的菜品可遇而不可求。大多数菜烧好上桌时，都是悄无声息地躺在盘子里。而面对一道氤氲着缕缕香雾又吱吱作响的菜，就好比你无法拒绝一个伶牙俐齿的玩伴发出的好客邀请，你也很难抑制住拿起筷子与它深入对谈的冲动。类似于铁锅蛋这种善于和食客积极地进行有声交流的"响菜"，从其他菜系也可以找出一些例子，如粤菜中的啫啫煲、川菜中的三鲜锅巴、苏菜中的响油鳝糊等。慈禧年轻时，最爱吃一味"烧猪肉皮"。因其入口时松脆得可以嚼出清脆悦耳的美妙声响，故别名"响铃"，很有诗意。但这种情况属于借助牙齿配合才听得到的被动发声，与能够自动发声的"响菜"之妙还是有区别的，你细品。

厚德福的这道烤蛋，最初用的是铜锅。缘何要换成铁锅呢？都是因为听了袁世凯的建议。他觉得铜锅上镀着的那层锡对健康不利，就要求陈掌柜想办法改进工具。经过一番尝试，发现用铸铁锅烤出来的鸡蛋品质最佳，导热性虽不及铜锅，但保温效果更胜一筹，便将店里的铜锅通通换掉，"铜锅蛋"也就成了"铁锅蛋"。袁世凯得知，非常满意，以后每去厚德福吃饭都一定会点此菜。再加上陈掌柜的舆论造势，铁锅蛋就成了一道京城食界翕然风从的名吃，但别家做出来的口味终究比不上厚德福。

关于这个锅，还得多说两句。其实袁大头是瞎讲究，一看就是没有化学常识。铜锅上的锡镀层不仅无毒，反而是起保护作用的。铜在潮湿空气中，易发生氧化还原反应生成碱式碳酸铜，俗称"铜绿"，这种物质对人体是有害的。而锡的分子结构比铜更稳定，故铜器皿接触食品部分必须施以镀锡处理，我们常见的老北京涮肉用的铜火锅就是一例。这样做不仅可以阻隔重金属物质，还能避免锅内汤底沾染金属异味而破坏口感。不过话说回来了，这菜因袁世凯而红，管它铜锅还是铁锅，能抓住他老人家胃口的就是好锅。

老袁不是特别爱吃鸡蛋嘛，搞笑的是，当时京城餐馆中还有一道很流行的菜，其名竟出自老袁的训人口头禅——"混蛋加三级"。

第二次鸦片战争过后，清政府特设专办洋务和外交的总理各国事务衙门（简称总理衙门，后改为外务部），使之与军机处并驾齐驱，权力相当大。不少有后台的昏聩颟顸之徒便处心积虑地通过各种潜规则钻进去大捞油水。一位正直的外交官钱恂（钱玄同之兄）有感于此，设计出一款名叫"总理衙门"的杂烩菜，将讽刺的矛头对准跑官要官的不正之风。

在总理衙门做事，不仅钱多事少，而且出洋的机会多，十分体面，因此成为王公大臣子弟们趋之若鹜的美差。况且，首席总理大臣由宗室兼领，恭亲王奕䜣当一把手的时间最长，其后是庆亲王奕劻，他们肯定不乐意肥水流入外人田。为了给自家这些资历不够的年轻人开绿灯，办理人事的官员只能想办法变通，将他们都临时"加三级叙用"，录入任职。钱恂了解到内幕后很不平，但他知道胳膊拧不过大腿，也不好公然抨击，那就还是借馔泄愤吧。

某日，两官员发生口角，其中一个脱口而出吼了句"混蛋加三级"，另一个质问："你为何用此话骂人？"那人说："袁公骂得，我就骂不得？！"钱恂一听，灵感乍现：何不就用袁世凯的这句名言，戏弄戏弄那群倚势谋私的毛头小子？于是，将他的"总理衙门"菜加以改进，以鸡蛋和鸡皮、鸡胗、鸡肉切丝相配（"加三鸡"与"加三级"谐音），制成一款汤馔，取名"混蛋加三级"，是为"总理衙门"的升级版。

此菜一经餐馆挂牌，就以打破陈规的别致名字吸引了众多食客的好奇心。照常理言，凡为菜品取名，都惯用吉祥语，以詈词名者绝无仅有，这肯定是一道有故事的菜。大家便争相点单品个究竟，睹其真容即不难悟其寓意，啖之清香适口，谈之耐人寻味，"混蛋加三级"也就名噪京城了。说穿了，它就是一道鸡丝蛋花汤，但妙在言近旨远——既影射衙署之腐败乱象，又与袁世凯的名骂合拍。这就为群众宣泄情绪提供了一个饶有趣味的途径，喝汤不重要，吐槽才是主题。

　　老袁估计做梦都想不到，他因一句骂人话都能"躺枪"。叙此逸闻一则，聊供诸君解颐云尔。

1913 年 10 月 10 日，袁世凯正式就任中华民国大总统，带着一家老小从铁狮子胡同搬进中南海。从此，还真成了深居简出的"孤家寡人"。也许是上年年初的遇刺未遂事件令他余悸犹存，整个人时刻都处于精神紧绷的高度戒备状态。作为一国首脑、万民之主，他却像蹲牢房一样自我"囚禁"在居仁堂。直至 1916 年 6 月 6 日病逝，在这近三年时间中，除了参加 1914 年的祀孔、祭天大典，他都没出过中南海。虽然没能入主皇宫，他俨然把这里当成了自己的紫禁城。

变化代表不确定性，重复则意味着熟悉，熟悉会给予人安全感和掌控感。因此，最缺安全感的袁世凯特别喜欢按部就班的生活。况且，他又是行伍出身，治军纪律严明，待己也有一套古板、教条式的饮食起居表。

他每天六点起床，先喝一大碗参汤润润喉咙——算是餐前开胃饮品吧，元气满满的一天就此开启。六点半准时吃早饭，照例为一海碗鸡丝汤面。面条是从河南运来的潢川空心贡面，筋通爽口，耐煮不黏，在唐代就已是"风销华夏，夺魁九州"的名食。小厨房有负责熬鸡汤的专人"鸡汤刘"，他从袁世凯还是直隶总督时就为之效力，老刘退休之后，小刘子承父业，继续熬鸡汤。

这里顺带简单说几句总统府小厨房的概况。负责午、晚二餐的主厨徐氏也是从天津跟过来的，冬天上灶时，身穿青缎面狐腿皮袄，其阔可想而知。"典膳"马氏手下有包括刘氏、徐氏在内的二十多名厨役，他们分工协作，各司其职，共同负责总统的一日三餐。某日，袁忽问马每日餐费，告以百元，连声说"要减要减"，后来就成了六十元。

七点钟，楼梯会由远及近地传来铁头藤杖触地时的"哪哪哪"声响，最后以一声中气十足的"哦——"收尾。这标志着总统的下楼仪式完成，一天的工作开始了。

袁世凯的会客原则是看人选址。心腹可进办公室密谈，熟人被带至一楼西侧会客室，生客或身份较低者只能在居仁堂前院一处叫作"大圆镜中"的房子里见面。但张作霖是个例外。张时任陆军第二十七师师长，袁却破格在办公室接见了他，暗示其升官有望。当时两人分坐沙发，不远处有个陈列古玩的多宝格。其中一个丝绒盒里放着四块打簧金表，表盘嵌着一圈珠子，背面饰以珐琅小人，做工极精湛。言语之际，张时不时就两眼放光地偷瞄几眼离他座位很近的那只丝绒盒子。袁看在眼里，不动声色，会见结束时顺手送给他以作收买人心之用。张走后，袁一路笑着上楼给身边人讲赠表经过："他真是没有见过世面，他既然看着喜欢，我就送给他了。"说完不禁又哈哈大笑起来。

当时钟指向十一点整，袁世凯就搁下手头的公务，从总统身份切换到袁氏大家长的角色，等候子女和少奶奶们前来请安。每日答问格式一成不变，晚辈毕恭毕敬地说"爸爸，吃得好，睡得好"，袁回一句"好啦，去吧"。诸如此类的礼节都仿清宫规矩。

十一点半吃午餐。袁世凯对饭菜花样的要求并不高，常吃菜式经久不变，且菜品摆放的位置也是固定的。譬如入冬后，每顿都有的清蒸鸭子，一定得摆在桌子中央，另有韭黄肉丝在东，红烧肉在西，手边是蹄髈和烧鱼。

他不喜欢酱菜，所以总统的餐桌上永远不会看到此类小碟，这一点跟最爱吃腌笋、酱瓜等小咸菜的蒋介石刚好相反。老袁的佐肴主食以馒头居多，一顿能干掉四个。

他还常叫公子们过来陪吃，但他们多会想方设法找借口婉拒，毕竟谁都不想冒着挨打的风险赴一场提心吊胆的午宴。袁世凯教子甚严，孩儿们动辄得咎，皮鞭或棍棒伺候已成家常便饭。他还爱给人夹菜，作为晚辈，是不可以推辞的。一次，袁克文陪父亲吃饭，已经很饱了，老袁又递来一个热馒头。却之不恭，受之太撑，他只好装作掰着吃的样子，一块一块地藏到袖子里，回去发现胳膊被烫伤了一大片。不过，比起拒吃可能引发的体罚，这点皮肉之痛可忽略不计。

餐毕，午休两个小时后继续工作，五点下班。离开办公室的袁世凯会到各处散散步，有时也骑骑马或划划船，前提是得有仆役提前一个小时"净园"——吹哨提醒沿途四周回避，以免闲杂人等无意惊驾。待一切就绪，他才会在小儿女和丫头们的簇拥下出来，其游园排场跟皇家比不相上下。

工作日的晚餐严肃紧张，乏善可陈。星期日则一改常态，不仅丰盛，气氛也轻松许多。这一天，全家人齐聚餐桌，除了厨房供应的菜肴，女眷们也大展厨艺，二姨太的熏鱼、三姨太的高丽菜、五姨太的红烧肉各擅其美。有时，还会叫正阳楼的厨师上门来做烤全羊。开饭时，一家之主袁世凯面南而坐，用的筷子和杯盘也比别人的要大一号。虽说座次是长幼有序，等级森严，但他毕竟还是收起了威严的面孔，能温和地与大家随意说笑。公子们也都神色舒展，不似平日那般拘谨了。周末家庭聚会持续到九点结束，这也是居仁堂里难得的欢乐时光。

儿女眼中的父亲，也许只有在"稻香村"时才是最有爱的。这是一处能远眺中南海绝佳景致的地方，屋顶铺着稻草，门口挂着葫芦，一派田园风情。他们夏日到此乘凉避暑，冬日拥炉赏雪烤肉，袁世凯就像一个含饴弄孙的农家老翁，暂时卸下思想包袱，与家人共享这弥足珍贵的天伦之乐。

袁家人丁兴旺，老袁有十七个儿子和若干[1]女儿，全赖一妻九妾开枝散叶。

元配于氏仅作为象征性符号存在，与袁世凯"老死不相往来"。她出身淮阳乡村财主之家，早年因无心说错一句话，伤了老袁作为庶出子的自尊心，就此被打入冷宫，守了一辈子活寡。大姨太沈氏姿容姣好又有才艺，是老袁青年时代结识的红颜知己。二、三、四姨太均为朝鲜人，是老袁在藩属国当小钦差时的"战利品"。有传言称这三位美妾乃王室公主，大抵是受了袁克文《洹上私乘》中为生母极力渲染的望族背景的影响，实为子虚乌有的小说家之言，不足信也。从光绪十六年（1890）老袁给他二姐的一封家书中就可轻松断案，这三个夫人都是托朝鲜人买来的。五姨太杨氏是天津杨柳青一小户人家之女，长得不漂亮但聪慧过人，具有王熙凤式的治家才干，把袁府上下打理得有条不紊，深受老袁赏识。

六姨太本为袁克文在南方出差时相中的女子。他当时因忙着与这个姑娘约会，竟把老爹托付交办的正事全都忘了。自知回去难以交差，便献上此女相赠的靓照，说是为老爹物色了一枚绝世美女，试图以此将功补过。袁闻之大喜，把照片装进口袋，没过几天，管家就带着银圆从苏州钓鱼巷把人接过来成了亲。女友秒变小妈，求二公子和六姨太各自的

1　若干：或曰十五、十六、十九、二十三，具体数字有待搜集更多资料进一步考证。

家宴

心理阴影面积。七姨太命薄，早逝。八姨太是老袁隐居洹上时，沈氏担心他寂寞，为其张罗的娇妾。九姨太原为五姨太的贴身丫鬟，杨氏见大姨太给丈夫新娶了八姨太，也不甘落后，就牺牲掉自己的人争夺"地盘"，说动老袁将其收房为妾。

每晚，袁世凯的姨太们就会按照排班表轮流值宿。尽管名义上共有十房，除开已去世和分居的，也就只剩五、六、八、九四位。每人轮值一周，刚好满一个月，不争不抢，公平合理。但第二天一早，依然由五姨太伺候一切。她是老袁的体己人，吃穿等各项生活琐事也只有她打点得最周到，在众多佳丽中也最受宠。而老袁暴毙，最先将金银细软席卷一空夺门而逃的，也是她。

虽然已经是走向共和的大总统了，但袁世凯管理家眷的行事风格与封建大家长别无二致。凡被其纳入后宫的女子，都按先来后到论尊卑，新人得服从早进门的姨太太们的管束。大姨太曾把三姨太绑在桌子腿上毒打致残，又和五姨太划分势力范围，形成新老两个阵营各自为政，虐待手下的几个小姨太。老袁只顾自己享乐，对于争风吃醋的后院纠纷从来都坐视不管，任由它去。他还喜欢小脚女子，除了三个朝鲜姨太太是天足，其余所有妻妾皆缠足。朝鲜姨太太们为了取悦他，只得像戏曲演员练跷功那样，在腿上绑着木质小脚"踩寸子"，以致日久都不会正常行走了。由此迂腐的畸形审美及家庭内部结构，不难推想其日后背叛共和的主观动因。

袁世凯还对古老神秘的阴阳术数之学情有独钟。在彰德当洹上钓叟时，曾有堪舆先生看过袁氏祖茔，断言其家必出皇帝。另有一个盲人命理师给他摸了手相，问了八字，卜了一卦，称其"吉人天命，贵不可言"。这么说来，复辟之举未始没有"应天承运"的心理暗示作怪。

他本来是不爱洗澡的，每年只在过年时才洗一次，平时只用湿毛巾擦擦就算了事，据说这样做是为了保存元气。但改制称帝前夕，突然开始天天泡澡，而且每次还要求换不同的仆从给他清理澡盆。何哉？原来老袁戏精附体，要为自己的登基造势。他不是喜欢吃鱼嘛，小厨房天天都要宰鱼。他就吩咐厨子将刮下来的鱼鳞洗干净，从中挑出完整的大块鳞片给他送过来，再三叮咛必须绝对保密，不可走漏一丁点儿风声。咱也不知道，咱也不敢问，厨子只好乖乖照办。老袁就把搜集起来的"龙鳞"放到澡盆里，让不同的人见证真龙天子出世的异象，好让他们传出去炒热舆论、欺罔视听。明明是蠢得让人心疼的掩耳盗铃式自嗨，却体验到了把别人的智商摁在地上使劲摩擦的快感，真是可笑复可悲。

老袁自知称帝后很不得民心，就诉诸怪力乱神给自己打气，命人将花园中的七只大宝缸排成北斗七星状，还发展出一种极端的饮食癖好——绝不放过任何能红烧的食材。原因很简单，"红现"与其中华帝国的年号"洪宪"同音，听着吉利，看着顺眼，吃着舒心。于是乎，老袁的每日餐桌上都红彤彤一片，除了他一直就爱吃的红烧肉和红烧鱼，又多了红蟹、红壳龙虾等海鲜水产，头菜也变成了由火腿丝拼成"洪宪万岁"字样的四盘冷荤。

总是不安，只好强悍，谁谋杀了老袁的浪漫？答案确实"没那么简单"。

不吃鹿茸长大的雄鸭
不配入锅清蒸

袁世凯说："人生如梦，当效帝王家。"终其一生，他都保持着暴发户式的土包子作风，当国后更是在生活的点点滴滴上都对标皇室，效仿慈禧。他是清宫菜的绝对拥趸，凡太后中意的，他没有不爱的。

众所周知，老太太对鸭馔青睐有加，鸭舌、鸭掌、鸭杂都来者不拒，各有各的吃法。居仁堂家宴的 C 位大咖——清蒸鸭子，就是他糅合慈禧的"清炖肥鸭"和乾隆的"糯米八宝鸭"，创制出的一款颇具"共和"意味的美食。

裕德龄的《御香缥缈录》中有一节专讲老佛爷爱吃的各种菜肴和小食。其中记载的清炖肥鸭的做法是，将鸭子煺毛、去内脏后洗净，加作料装入瓷罐。再将它放在一个盛着清水的坩埚内，盖紧锅盖用文火连蒸三天，鸭肉便会酥烂脱骨入味，不用刀割，筷子轻轻一夹就开。鸭皮是这道菜的精华，慈禧很少夹肉，专挑皮吃。

清代温病学家王士雄的食养专著《随息居饮食谱》中讲到鸭肉时，说它性甘凉，能"滋五脏之阴，清虚劳之热"，还特别强调"雄而肥大极老者良"。这就印证了李渔所说的那句话："诸禽尚雌，而鸭独尚雄；诸禽贵幼，而鸭独贵长。故养生家有言：烂蒸老雄鸭，功效比参芪。"既然鸭肉这么补，又是慈禧太后的宠儿，袁世凯当然不会放过。为使滋补功效最大化，他发明了一种"壕无人性"的袁氏填鸭法——将捣碎的鹿茸拌在高粱里，天天给雄鸭吃这个，把它们喂肥。烹制时，先在鸭肚中塞入糯米、火腿、冬菇、笋丁、莲子等，再隔水蒸。就连蒸锅里的水，他也要升级一下——把清水换成鸡汤，也是蒸三天。

这样做出来的清蒸鸭子，且不论口感和营养如何，至少在气势上就盖过慈禧和乾隆的了，所以袁大总统每天都要吃。与其说他吃的是鸭子，毋宁说是在反复品味那种唯我独尊的满足感和自我陶醉感。他爱吃的部位是鸭肫、鸭肝和鸭皮，吃时的手法也异常熟练，用象牙筷一掀，三拨两卷就将整张鸭皮扒拉了下来。只是用餐速度飞快，根本没耐心细嚼慢咽，赳赳武夫确实模仿不来皇室贵族的慢条斯理雍容范儿——说好听点是"大行不顾细谨"，说白了就是吃相叫人着急。一海碗面几口就能下肚，喝汤时弄得胡子、衣领周围到处都是，嘴角的饭粒和油渍用袖子一抹就完事。他自己从来不带手绢，害得姨太太们还得跟照顾熊孩子似的天天跟在后面帮他揩拭衣服。

按清宫食制，皇帝每餐四十八味，称全份；皇后半份，二十四味；妃子再半，十二味；其余依次递减。一般情况，端上来的这四十八道菜有看食，有吃食，肯定不会全吃，也吃不完的。比如乾隆，一顿饭也就吃二十来种。道光这个老抠门儿，除非遇到什么重大庆典，常年雷打不动都是每餐五个菜。同治小皇帝贪吃，冲龄践祚就要全份。清宫信奉"四时欲得小儿安，常要三分饥与寒"的抚养理念，而祖宗食礼又不能破坏，四十八道菜是必须得做的。于是摆好又不让他看到，让御前太监张文亮替万岁爷用膳，每次吃完还要向两宫太后禀报——皇上进膳好。

当然啦，奴凭主贵，像李莲英、小德张这类权倾朝野的大太监，也能享受到半份的待遇。如王公重臣因要事觐见，又恰在饭点儿，也有半份之赐，多了可不敢领受。一来出于谨慎，免得落人口实。更主要的是，付不起打赏钱。慈禧训政时期，清宫已成大贿赂场，连同治或光绪向她问个安，都得给太监五十两银子的宫门费。若臣属求见，被勒索多少可想而知。这股不良之风在她死后依然盛行。大家都懂得钱要花在刀刃上，这么一笔不菲的开销算下来，不知能在宫外撮多少顿大餐呢，所以他们宁可饿着肚子。袁世凯则不然。

宣统末年（1911），他经常进宫见隆裕太后，小德张为了讨好他，赐食时破例供全份。老袁竟也毫不客气，面不改色地照单全收。每次享用完御膳，赏钱皆以千金计，非常豪横。此举固有僭越之心作祟，但也不难看出其趁机占便宜的小市民心态和贪食心理。

袁世凯自幼厌文喜武，好读兵法，十分向往绿林好汉那种"大块吃肉，大碗喝酒"的快意人生。满清入关，带来了游牧民族嗜肉的饮食风尚。乾隆办过以火锅为主角的"千叟宴"之后，涮肉锅子便在京城流行开来。加之慈禧也是资深火锅控，上行下效，它就成了高端饮食的代名词。袁世凯小时候曾对母亲说："等儿子当了大官，一定让您每顿饭都能吃上涮肉。"发迹后，他还真是餐餐不离肉。到了晚年，更是放开肚皮猛吃，把自己吃成了肥头大耳、低头看不见脚尖的胖子——153厘米的个头，体重有83公斤，BMI（身体质量指数）高达35.5，是典型的重度肥胖。

《泰晤士报》驻华记者莫里循参加完袁世凯宣誓就任临时大总统的典礼后忍不住写道："袁世凯入场，像鸭子一样摇摇晃晃地走向主席台，他体态臃肿且有病容。他身穿元帅服，但领口松开，肥胖的脖子耷拉在领口上，帽子偏大，神态紧张，表情很不自然。"清蒸鸭子不离口，到头来把自己吃成了一只五短身材的"肥鸭"。攀上政治生涯顶峰的他，身体却已走在了不可逆转的下坡路上。

通过照片对比可知，去朝鲜之前他的身材还算说得过去，尚可用"健壮"

二字形容。归来之后，尤其是训练新军初期，肉眼可见地一下子胖了好几圈。想来可能是他觉得必须得有一个有分量的身躯才撑得起"北洋军阀开山鼻祖"这顶有分量的帽子。他常说："要干大事，没有饭量可不行。"随着事儿越干越大，他的食量也越发惊人，吃鸡蛋的数目再创新高。

据总统府的机要秘书张一麐称，某天清晨，袁找他问事。方坐定，邀其共餐，张答已用过，袁就自顾自吃起来，"先食鸡子二十枚，继而进蛋糕一蒸笼，剖食皆尽"。这一幕把张秘书看得目瞪口呆，心想：难怪老袁精力过人，二十颗鸡蛋加一大笼蛋糕足够我吃十天了！

饭量大的人一般酒量也小不了。老袁喝酒嘴刁，最喜山西汾酒。六十度的汾酒每次都是一斤起步，下酒菜也相当豪华：鸡腿两只，鲍鱼、熊掌各一例，牛肚、鸭肫各一盘，外加白煮蛋四只，一品锅殿后。这个量，很难想象是一人食，不知道的还以为是三四个人一起吃。

对袁世凯而言，二次革命是危机，更是天赐良机，他借此实现了"削藩"大计。晋系军阀首领阎锡山怕丢掉山西都督的位子，多次派人秘密进京，以大量钱财贿赂总统府秘书长梁士诒，让他在袁面前为自己多多美言。此外，为表明绝无不臣之心，阎还不惜把父母安顿到北京做人质，逢年过节更得挖空心思送礼，光是上好的汾酒就数不清孝敬了多少坛。袁图谋称帝，阎表示坚决拥戴，首先向筹安会送上两万大洋，还特地赶制了双龙玻璃瓶，内装极品汾酒以为贺礼，换来了一等侯的封爵。袁世凯之于山西汾酒的最大贡献，就是让它走出国门，荣膺首届巴拿马万国博览会甲等金质大奖章，书写了汾酒史上光彩夺目的一页。

老袁的日常饮膳，除了"狂吃海喝"四个字，还有一个关键词——猛补。说到这一点，想必各位看官从前面的鹿茸米糊和填鸭之法就已初见端倪。

据袁府管家陶树德回忆，袁世凯在年富力强的时候就开始天天吃补品了。上午十时左右，进鹿茸一盖碗；十一时许，进人参汁一杯；下午服自制活络丹、海狗肾。更绝的是，他喜欢将切成片的人参和鹿茸大把大把地当零食嚼着吃，而不是像常人那样用水煎服，即使把自己吃得流了鼻血也毫不在意。且不说暴殄天物，经年累月这么过度进补，必然会适得其反。他兴许是这么想的：俺家的鸭子都是吃鹿茸长大的，俺拿鹿茸当小零嘴儿过分吗？嗯，一点儿也不。更荒唐的是，他还雇用了两个奶妈，每天都要喝人乳"养生"，这种陋习恐怕也是从慈禧那儿学来的。

长期暴饮暴食加嗜补无度的结果就是牙痛、便秘、高血压接踵而至，每隔两三天就得唤医生登门诊治或灌肠。而且当上总统之后日理万机，每天不是批阅文件就是接待访客，绝少运动，体质大不如前。五十六岁那年，他不无沮丧地对儿女们感叹道："我的身体不行了，参茸补品不能接受了。"惜乎晚矣。最后他死于尿毒症，终年五十八岁，还是没能逃出袁氏家族男丁活不过花甲的"死亡之谶"。

袁世凯临终前留下的最后一句话是"他害了我"。这个"他"并没有确定的指称对象，因而言人人殊。有的说是杨度，有的说是蔡锷，但更多人认定是指大公子袁克定。此人虽有残疾，但野心勃勃，一心想着世袭皇位，于是策动老袁称帝。他不仅培植了一帮私人势力，还偷铸"大皇子"金印，有人溜须拍马，写信时径称"大皇子殿下"，亦居之不辞。他干的最龌龊的勾当，就是冒天下之大不韪，串通袁乃宽等人编印了一份天天刊载拥护帝制消息的假《顺天时报》专供袁世凯阅览，误导他老人家沉溺在复辟的迷梦中一条道走到黑。由于老袁一直宅在居仁堂不出门，公暇之余了解外界新闻的主要渠道，就是这份他很重视的日本外务省在华办的中文报纸。此时，被极度膨胀的权力欲冲昏头脑的老袁已不具备理性判断力，竟信以为真，直到这个惊天秘密被袁叔祯（袁世凯第三女，后改名袁静雪）捅破。

某天，她的一个丫头回家省亲，次日回"新华宫"时给她买了她爱吃的黑皮五香酥蚕豆。细心的袁叔祯发现，包蚕豆用的纸是整张《顺天时报》，但论调跟她平时看到的可不一样，就赶忙找来同天的"宫廷版"报纸核对。结果令她大惊失色，除了日期相同，内容完全不同。当晚，她就将这张正版报纸拿给父亲看。真相水落石出，老袁噬脐莫及。他眉头紧蹙，强压怒火，淡淡地说了四个字"你去玩吧"，就把女儿打发走了。第二天大清早，袁叔祯被一阵歇斯底里的叫骂声和凄惨欲绝的求饶声吵醒。起床一看，她大哥正狼狈不堪地跪在地上，老袁手提皮鞭狠狠地抽着，边打边骂"欺父误国"。其实，伪造报纸一事也不是袁克定凭空想出来的鬼把戏，老袁逼迫隆裕下退位诏时就和徐世昌联手搞过这么一出。所以说，大公子完全是以其父之道还治其身的"拿来主义"，想想真是天理昭彰、报应不爽啊。

　　"洹上老人"当年出山时，全家欢欣鼓舞。临行前的饯别宴上，他叹了口气，说："你们不要太高兴了，我是不愿意出去的。这次出去了，怕的是不能够好好回来啊。"这话最终应验了。五年后他重归故里，是穿着龙袍被装在棺材里抬回去的。也好，83天的帝王梦既已黯然破灭，那就让它随肉身一起被埋葬吧。

　　"起病六君子，送命二陈汤"，北洋幕客星散，昔日好友绝交，外部四面楚歌，后宫频起内讧，行将就木的袁世凯饱尝众叛亲离的酸爽滋味。毋庸置疑，恢复帝制是其一生最大的败笔和污点，但他在清末新政期间积极推动近代化改革的功绩不可抹杀。当开创共和的千古功臣，还是作法自毙的独夫民贼，只是一念之差；从"中国的华盛顿"到被永远钉上历史耻辱柱的"窃国大盗"，也仅一步之遥。要言之，接受共和乃顺势从流之举，一旦时机成熟，他身上扎根于封建专制土壤的反动性就会死灰复燃，促使其倒行逆施，上演这场令他身败名裂的称帝丑剧。

　　关于袁世凯功过得失的评判有太多说不完的话题，以及尚待进一步探讨的空间，目前可以肯定的是：他并非蛤蟆精转世，亦非五爪金龙化身，只是一个权欲熏灼的实用主义野心家，也是一个臣服于过度旺盛食欲的嗜鱼成癖、嗜蛋成瘾、嗜鸭成狂、嗜补成魔的大胃王吃货。

布衣四海一家愿，
瓦屋三间二陆风

· 于右任 ·

位于苏州光福镇西南侧的邓尉山，是乾隆六次南巡次次都要打卡的胜地。这里不仅是江南颇负盛名的梅花之都，也是让人流连忘返的桂花之乡。孟春探梅，仲秋赏桂，乃姑苏人一大快事也。我国民主革命先驱、爱国诗人于右任，也曾"曳杖行吟香雪海"，还因一段误笔题诗的风雅掌故，使一道"此菜只在吴中有"的当地美食意外走红。

民国十七年（1928）9月，正是荷风方歇、桂香初飘之时。于右任偕友泛舟太湖，甫入光福之境，即被扑面袭来的阵阵暗香所吸引，遂舍舟拾级而上。漫步山间，但见处处浮金叠翠，家家摘蕊盈筐，郁郁斐斐，令人叹止。置身众香国，他们的每一种感官都被香味所统摄：嶙峋有致的山峦是香的，澄澈潋滟的湖水是香的，林间回荡的悠扬吴歌是香的，满载而归的花农脸上漾着的盈盈笑意也是桂花香调的。他们徜徉花海间，寻幽品香，真有些"沉醉不知归路"了。直到渔歌唱晚，枵腹亦大闹"空城计"，才意犹未尽地返棹觅食。

暮色四合中，一行人泊至灵岩山麓木渎镇，饮于叙顺楼菜馆。该店创于乾隆五十五年（1790），由石汉夫妇薄本经营，擅烹太湖鱼鲜等水乡菜肴。到上世纪二十年代，传至重孙石仁安手中。此人精明能干又极具商业头脑，在他的主持下，菜馆生意日隆，形成了以十大名菜为主打的独特苏菜体系，号称"石菜"，在本地小有名气。

当晚，店家以三虾豆腐、松鼠鳜鱼、石家酱方、鸡油菜心等苏式美味招待他们，最后端上来的是镇店之宝——斑肝汤。顾名思义，系用斑鱼肝制成的一款鱼杂汤。斑鱼乃太湖水域特产，形似河豚而小，最长不过三寸，有"小河豚"之谓。此鱼光滑无鳞，腹雪白有细刺，背青灰杂以黑斑。若将其捞出水面，鱼肚即鼓胀如球，因此民间俗称"泡泡鱼"。烹熟后，肉质腴美，口感近似刀鱼而少刺，鲜嫩可匹河豚且无毒，向为当地人所爱。李渔《闲情偶记》中以"几同乳酪"状其质地，颇为传神。

叙顺楼的大厨经过多年实践发现，斑鱼之美不独在肉，更在肝，且中秋前后鱼肝最为肥嫩，约有鹌鹑蛋大小。于是，将其单独取出煨汤，开发出一道独家美馔：以鱼肝为主料，鳍下两侧无骨嫩肉佐之，加香菇、火腿、笋片、豌豆苗与鸡汤同炖而成。斑肝金黄，鱼肉乳白，红绿相映成趣，有如韦苏州的山水诗——清丽之外，格在其中，寄至味于淡泊。此菜宜慢品，讲究"冷肝热汤"四个字，先将鱼肝拣出，晾之碟中。边观察鱼油渗出的过程，边徐徐呷汤，细品其鲜。吃鱼肝时，只能轻抿不能嚼，用舌尖与上腭抵吸，触之即化，满口馨香，妙不可言。

于右任连罄三碗才舒之坦之，口福饱足。食毕，叫来堂倌细询其名，听罢连连赞叹。酒过三巡，忽诗兴大发，索笔在墙上悬挂的旧年画空白处，题诗道："老桂花开天下香，看花走遍太湖旁。归舟木渎犹堪记，多谢石家鲃肺汤。"同行者见之，无不击节称赏，独店主面露不悦。

他看到有个醉醺醺的大胡子老头儿在其壁饰上旁若无人地乱涂鸦，心里很不爽，站在一旁瞪得眼珠子都快蹦跶出来了。见状，于右任的友人王启黄赶忙出来解围，向他解释道："于先生是政界要员，又是书法大师，他的字千金难求。贵店有此题诗，定会生意兴隆，所谓'一经品题，

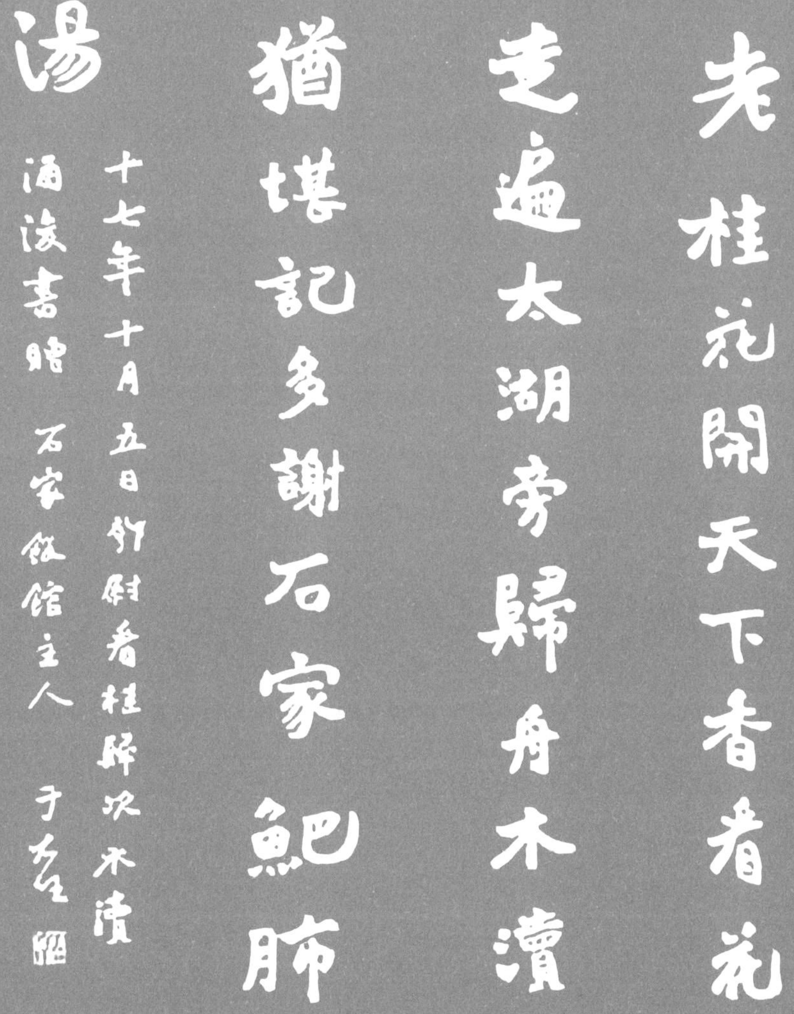

老桂花開天下香看花

走遍太湖旁歸舟木瀆

猶堪記多謝石家鮰肺

湯

十七年十月五日偶憩看桂歸次木瀆

酒後書贈 石家飯館主人 于右任

图15 于右任为石家饭店鮰肺汤所题之诗

身价十倍'就是这个道理。"主人始悟，喜之不尽，阴云密布的脸色随即也艳阳高照了。于右任因创立标准草书而独步书坛，有"一代草圣"之誉，凡持有寸缣尺楮者，不啻珍若拱璧，店家算是逮了个大便宜。

且慢，明明他们吃的是"斑肝汤"，缘何摇身一变成了"鲃肺汤"呢？

原来，在苏沪一带民间，习惯上称鱼肝为肺，用鱼肝做成的菜肴亦沿此命名。如传统上海本帮菜"炒秃肺"，用的就是青鱼肝。因此，斑肝汤又叫斑肺汤。于右任是陕西三原人，对吴侬细语听不真切，误将堂倌答话时说的斑肺汤之"斑"听成了"鲃"，壁上题字时便据谐音"杜撰"出了"鲃肺汤"。孰料此事不胫而走，于诗被上海《新闻报》刊于头版，还因误字引发了一场聚讼纷纭的笔墨官司。有人讥评，有人辩护，争来争去最后不了了之，却使鲃肺汤"坐收渔利"，由是名号大噪。翌年，隐居苏州西郊穹窿山别墅的"山中宰相"李根源光顾叙顺楼，看到好友于右任的题诗，乘兴振笔大书"鲃肺汤馆"四字，并写下"石家饭店"的新招牌。

果然，名人效应不可小觑，有这两位的墨宝加持，石家的生意十分兴旺。大江南北的饕客纷纷直奔鲃肺汤而来，竞相一快朵颐。在苏州城内做寓公的达官显宦，也多派人到店购买。叙顺楼本是一个门脸不大的小铺子，后竟盖起楼房，俨然一大饭店。斑肝汤原先只是太湖东岸的乡野俚味，也被顺理成章地推到了蜚声中外的苏州名肴之首。店家索性把这道菜更名为"鲃肺汤"，店名也由"叙顺楼"改为"石家饭店"。至今，木渎镇上仍盛传着"先有鲃肺汤，后有石家饭店"的说法，凡供斑肝汤的苏菜馆也一律约定俗成地将"鲃肺汤"作为通名。

严格来讲，斑肝入馔非石家独创，早在袁枚生活的时代就已盛行于三吴。《随园食单·江鲜单》即载其做法："班（斑）鱼最嫩。剥皮去秽，分肝、肉二种，以鸡汤煨之，下酒三分、水二分、秋油一分；起锅时，加姜汁一大碗、葱数茎，杀去腥气。"除此之外，《调鼎集·江鲜部》亦记有斑鱼羹、炒斑鱼片、脍斑鱼肝、斑鱼肝饼等数种烹法。

物以稀为贵，鲃肺汤是季节性很强的秋令时鲜，真正能吃到的时候并不多，必须得在特定的时空交叉点上才能与它相遇。斑鱼在每年桂花开时形成鱼汛，花谢则去无踪影，农历八至十月为上市旺季，如若错过，只能留待来年，故有"秋时享福吃斑肝"之谚。

周劭在《莳溪寻梦》中，说他虽曾负笈吴门，却因未得天时而与鲃肺汤失之交臂，然并不引以为憾且冷眼观之。何也？他信奉一条"吃不如吃不着"的理论，并援引登徒子的名言——妻不如妾，妾不如婢，婢不如偷，偷不如偷不着——论证其观点。他认为，老饕与登徒子原是一丘之貉。真正吃到了也未必就好到哪里，还不如吃不到，留个美好的念想。嗯，也不是没有道理。

食无定味，适口者珍。同是一碗斑肝汤，有人视为难得的"肺腑之味"，有人嫌它腥气重而"停杯投箸不能食"。显然，于右任属于前者。何况一道美味在一个人的记忆中能刻下多深的印痕，与跟它邂逅时的心境大有关系。

"宁汉合流"后，于右任到达南京，没多久便去了上海。彼时国民党内部派系斗争激烈，政局变幻莫测，于右任耻于逢迎，有意规避。加之他在驻陕总部和武汉政府中任职的经历，不为南京一些人所"谅解"，颇感彷徨压抑，遂以山水遣怀。1927 年秋，他与二夫人黄氏[1]结伴同游邓尉山，那里世外桃源般的迷人景致和漫山遍野的桂花给他留下了深刻印象，

<hr />

1　二夫人黄氏：于右任早年在苏州时，被黄氏抛绣球招亲选中。当她得知于已有妻室时并不介意，仍愿与他相伴终生。婚后二人感情甚笃。

家宴

现实中的官场烦恼亦随之暂抛脑后。

翌年，蒋介石复出，与力倡"五院制"的胡汉民达成联合执政协议。于右任颇受冷遇，情绪消极，而黄氏又于是年秋不幸病逝。诸事不惬，万般伤感，遂抵苏为夫人治丧毕，又在林少和、王启黄、张文生、祁筱峰诸友陪同下，故地重游。邓尉之桂，香得还是像去年那样心旷神怡。然而，花相似，人不同，佩环遽归，锦瑟思年。他想到的是"无端梦落关西道"，他看到的是"败苇枯荷满眼哀"。

"旧江山浑是新愁"，何以解忧？唯美景与美食不可辜负。况且他还遭遇了意外之喜。没有什么郁结心情是一碗斑肝汤抚慰不了的。如果有，那就再来一碗。如果还不够，连吃三碗试试看。于右任这次苦中作乐的旅行，不仅无意间捧红了一道乡间土肴，还使得姑苏的山川风物抽象化为他日后不时反顾的精神净土。"桂花香里鲃鱼肥，载酒行吟归不归？秋老太湖人醉也，江山满目雁南飞。"两年后，他在《苏游杂咏》中健笔再赋鲃肺汤。据熟悉于右任的朋友回忆，每当秋日桂子花开之际，他总会深情高咏《邓尉看桂》和那首题在墙上的诗。

邓尉的桂花香、石家的鲃肺汤、木渎的美丽黄昏、佳人的窈窕情影，这一切，已恒久定格在他心底，并不会随时光流逝而被抹去。十余年后，于右任在其重庆官邸亲手培植了几株桂花树，寄托对亡妻的追思与眷念。只是，欲撷桂花同载酒，终不似，当年游。

美食心经

『题匾王』的

一袭宽袍，一双布鞋，一支竹杖，一缕招牌长须，一派仙风道骨。这是于右任的经典形象，人称"髯翁"。1943年，于右任发文主张以"太平海"取代"日本海"之名，得到学术团体的认同。高兴之余，他为自己取了"太平老人"的雅号，后数年，所书字幅多钤此印。但"太平老人"的日子，从来都过得不太平。

自1931年起，于右任当了三十三年的"监察院院长"，但他始终不满意这个角色。"监察院"虽是"五院"之一，但在"宁国府"乌烟瘴气的环境中，他非但有职无权，还处处横遭掣肘，着实没少受窝囊气。因看不惯蒋介石的机谋权变和衮衮诸公的丑陋嘴脸，他曾几番拂袖出走"养疴"，屡经慰留或促驾始休。

谚曰：唯食忘忧。

作为国民党政治核心圈内一枚进退失据的闲散大员，于院长平日里除了习帖练字、莳花弄草，剩下的乐子就是带着朋友们到处探店了。当美食家遇上知名书法家，大概率会衍生出另一重身份——"题匾王"。毫不夸张地说，于氏"金字招牌"妙笔点化并护持了上海、南京、重庆、台北等地一大批百年老店，同时代恐无出其右者。

图16　于右任长袍拄杖照片

　　类似叙顺楼这样的例子举不胜举。南京有家清真老字号马祥兴菜馆，该店熔伊斯兰风味与江南食材为一炉，有美人肝（鸭胰爆鸡脯）、松鼠鱼、蛋烧卖、凤尾虾四大当家菜，堪称南派清真回食之魁首。尤其是那道让汪精卫爱不释口的美人肝，更是冠绝金陵。于右任久闻其名，欣然前往，一尝，果真没有让他失望。几杯酒下肚，一副名联又诞生了："百壶美酒人三醉，一塔孤灯映六朝。"横额："看有风味。"于氏免费广告一出，政界人士纷至沓来。李宗仁、白崇禧、孔祥熙、邵力子等无不闻香下马，知味停车，张治中还曾邀周恩来到此用餐。马祥兴在当年是国民党大员屡屡光顾的宴饮之地，现已成为南京城市文化名店之一大地标。

　　每到一处，于右任必品尝当地特色佳肴，题匾无数的同时也结交了不少海内外各流派的中餐名厨。他和他们之间的友谊，不亚于同政坛耆宿及书画同道的交情。他们纵谈各地名肴，切磋治馔之道，他对中华烹饪的迷恋和专业程度，常令行家里手自叹弗如。作为一名土生土长的陕西人，他对于家乡的饭店，自然照拂有加。

　　关中名酒，首推黄桂稠酒，其前身为先秦醪醴，原汁不加浆者名曰"撇醅"。盛唐时，已在长安市肆普遍售卖，时称"玉浮梁"。长乐坊出产的稠酒色白如玉，绵甜适口，朝野上下，莫不嗜饮。相传，"贵妃醉酒"和"李白斗酒诗百篇"的酒，就是这种酒。民国初年，徐仁福改进祖传酿制工艺，添入蜜糖拌和的黄桂酱，所得稠酒风味殊美，在长乐坊一带一枝独秀。

　　1921年清明前后的一天，上午十点多，徐记酒肆来了位神秘人物。徐氏虽与其不熟稔，但从相貌打扮判断，知是贵客，便拿出家藏陈酿款待。此人频频举杯畅饮，大赞"果真名不虚传"。末了，唤随行从车上取来纸墨，笔走龙蛇地写下"徐家黄桂稠酒"六字并落款赠给店主。但徐氏不识字，也就没太当回事地把它收起来了。过了几天，刚好一个中医朋友来串门。徐氏心想，此人常与有身份的人打交道，不妨让他瞧瞧那几个字，也好搞清楚那人到底是个什么来头。朋友看后惊呼："这是陕西省省长于右任先生的墨宝！老徐啊老徐，这是你祖上的莫大荣光啊！"徐氏似梦初觉，赶紧将题字制匾高悬店门。

　　自此，徐酒声誉大增，甚至与近代西安发生的一些大事件也产生了关联。如1927年1月，西安之围解除后，于右任以东道主的身份宴请四方豪杰，用的是徐酒。1937年2月，为解决西安事变后续问题，周恩来专门在西安饭庄设下和平宴，也是以徐酒招待张学良、杨虎城及抗日民主人士的。

家宴

于右任每次回三原省亲，必去一家叫"明德亭"的餐馆。

这家店的干煸鳝鱼、白封肉、疙瘩面、泡泡油糕、金线油塔等名菜名点，都很对他的胃口。而与此店结缘，是因为厨师张荣由煨鱿鱼丝改良出的一道"辣子煨鱿鱼"，于右任吃过第一口之后就终生难忘，挥毫写了店名匾额，并特题"名厨师张荣"以示对其技艺的由衷赞赏。其后，二人一直保持着交往。张荣去南京看望于右任时，特地为他做了煨鱿鱼和疙瘩面，以乡味纾解其乡愁。

疙瘩面是三原的传统面点，也是明德亭的看家名吃。将煮熟的面条缕缕绕圈叠拥成团，摆入盘中如簇簇蓓蕾，形既诱人，味更馋人，可干、汤二吃。张师傅所做之面，其形纤细且匀长，其质软糯又柔韧。浇上酸而不烈、瘦腴得当的臊子，搅拌后用筷子高高挑起。只见面丝根根可数、条条分明，肉粒均匀粘于面条上，似猴子爬杆，不坠不落，盘底也不会留下断条和肉末儿，堪称绝技。

此外，于右任与传奇名厨李芹溪的行谊也值得一提。

清末民初，西安流传着"要找蓝田乡党，大小衙门厨房"的说法。蓝田烹饪文化源远流长，蓝田"勺勺客"名家辈出，李芹溪就是其中的佼佼者。李氏原姓薛，名松山，因母改嫁姓李。十三岁时因遭继父责打，愤然离家，只身投靠在兴平县衙主厨的舅父，随其学技。一年后可执炊，十六岁便能独力操办筵宴。李氏长于陕甘官府菜及地方小吃，且旁通川、豫、鲁等派，人称"全呱呱把式"，拿手菜有汤三元（由刺参、鱼翅、鱼肚合烹）、温拌腰丝、炸香椿鱼、金钱酿发菜等。其中，尤以奶汤锅子鱼为最。这道菜被称为"西秦首席名菜"，是由唐代烧尾宴食单中的"乳酿鱼"发展演变而来。

光绪二十六年（1900），庚子拳变，慈禧西狩。李氏被征入行宫奉驾，其精湛厨艺大受慈禧褒奖，获赐"富贵平安"亲笔手书中堂一幅，然并不引以为荣。他目睹朝廷奢侈堕落的腐化生活，产生了坚定的反清思想。辛亥革命中，李氏曾率一支被誉为"铁腿铜胳膊的火头军"的厨师队伍参加西安起义。及至陕西军政府成立，拟因功授官，坚辞不就，唯愿当局能资助其重操旧业。后在张凤翙等人的支持下，李氏于西安钟楼东南角开了家曲江春酒楼，因上乘的菜品和出色的管理，很快声名鹊起，引来众多革命人士聚饮捧场。

听闻李氏的英雄事迹，于右任钦佩不已。在他回陕主持靖国军期间，特慕名拜访并与李氏结为挚友。他不光为曲江春题写了"晋卧刘居"和"唐醉白处"两块匾，还据杜甫《崔氏东山草堂》及《诗经·泮水》之诗意，为李氏取了字（芹溪）和号（泮林）。此后，李松山便以字名世了。李氏亲手栽培高徒近三百人，经其指点出师者不下千人，蓝田之所以能成为全国著名的"厨师之乡"，陕菜大师李芹溪功不可没。

公务之余，于右任把写字看作天下最快乐的事。其作书不择笔砚，不论旦夕，兴至则一挥而就。他常以纸烟盒子贮墨，每罄一罐，辄大呼"取墨来"。"此是前生欢喜债，行藏围满索书人"，由于求字者众，于右任每天得写三四十张，却也乐此不疲。他曾对人说："我生平没有钱，年轻时以教书为生，现在仅拿公务员的薪水，所有办公费、机密费一概不收。袋里从不带钱，身上只有一个褡裢袋。别人的袋子是放银子的，我的褡裢袋只放两颗图章。参加任何文酒之会，或者有人馈赠文物，我别无长物为报，只好当场挥毫，盖上两个印就算了。"

于右任参加"副总统"竞选时，对手不惜掷金大肆公开贿选，于各酒楼轮番宴请代表拉选票。有人风趣地打问："于院长，人家送金条，你用什么打发我们？"髯翁诙谐地说："我也可以送条子给你们。"他便花一个星期写了近两千幅"为万世开太平"的墨条，同时在家中客厅备好签名照片，由代表们上门自取，人手一份。投票前一天，于右任突然派人给各代表送去请柬，也"随波逐流"地置办了几桌酒席，对前来参加者言："我家中没有一个钱，所以没有办法和各位欢叙一次。今天的东道，实际是老友冯自由等二十位筹集，我只是借酒敬客而已。"但是，"纸弹无论如何是敌不过银弹"，败选的结局原也无甚悬念。

书品如人品，心正则笔正。于右任题墨有个习惯，不看对方身份尊卑，唯一标准是自己喜不喜欢、乐不乐意。宋子文曾特置一把金贵扇面托人索书，被髯翁不客气地拒绝了。但他却为秦淮河畔大集成菜馆一位以酒量闻名的女侍雅云，很巧妙恰切地引用唐人司空图《二十四诗品·典雅》中的句子，即席书赠"玉壶买春，赏雨茅屋。坐中佳士，左右修竹"。

饶有趣味的是，南京某宴会上，有个附庸风雅之辈死缠烂打，执意求字。于右任不堪其扰，微醺中信笔敷衍"不可随处小便"六字了事。谁知第二天，此人又出现在于府，乃专程前来道谢："承蒙先生赐教，此座右铭必终生谨记。"边说边抖开已装裱好的字幅，只见先前的戏谑之言已被移花接木地重新排列组合成了"小处不可随便"的精辟箴言。于右任看罢，不禁哑然失笑。

"题匾王"大嘴吃四方。上海的法国大餐、东京的正宗日料、苏联的俄式西餐等，似乎都没有成功俘获他的味蕾。他还是那个对中华饮食文化推崇之至的忠实"中餐党"，且尝对人道："吾国治膳远胜西方。单就烹调手法言，西人无外乎煎、烤、煮三样，而我们就有熏、蒸、焖、拌、炒、熘、炝、汆等几十样，可谓小巫大巫之别。"有人开玩笑说："您老干脆把这劳什子院长辞掉，改当烹饪院院长吧。"于公掀髯大笑，不以为忤。

不会做菜的诗人不是好的书法家。

髯翁虽爱下馆子，但不是光说不练、纸上谈兵的美食家。他喜食蒜和辣椒，几乎顿顿必备，曾自创蒜头煮石首鱼、于氏辣椒炒肉丝两款私房菜，连"食神"谭延闿吃了都赞服不已。他还是个羊肉控，自谓曾亲炙俄蒙名肴，擅做高加索羊肉和成吉思汗羊肉，也很乐于动手烹羊飨客，常邀二三友来家小酌。

某日，于公馆家宴。酒过三巡，主人道："诸位，今天有道菜是老夫做的，现火候已到，请品评。"少顷，家厨端来一只大砂锅。开盖后，香气四溢，里面炖的是鱼和羊肉。此菜汤醇肉酥，入口甚美，客人从未吃过这种双鲜合璧的搭配，莫不赞其独创巧思。"哪里哪里，将陆地之羊与水中之鱼同烹，原是种古老吃法，算不得老夫的发明。"众人不解，终席之时，请于老揭开谜底。只见髯翁来到书案前，展纸挥毫，写了个大大的"鲜"字。笑言："古人造此字，不就是最好的证明嘛。"

的确，鱼羊合烹之来历已太过久远而不可考。徐州有道古老的名菜——羊方藏鱼，竟与尧帝的御厨、中国古代"四大厨神"之一的彭祖有些"渊源"。彭祖之子夕丁喜欢捕鱼，但彭祖恐其溺水而坚决不允。一日，夕丁偷偷捉到一条鱼，害怕父亲责备但又舍不得丢掉，便央请母亲将之藏入她正在烹煮的羊肉罐内。烧好后，母子二人津津有味地共食"销赃"。不料，彭祖此时恰巧返家，闻有异香，尝后更是感到滋味不凡，弄清缘由后如法炮制，便使此菜流传开来。不过，这只是个言以助味的有趣传说罢了，姑且听之但不必信之。

徐海菜中的"羊方藏鱼"是将羊肋方煮至断生，四边修齐后从侧面用平刀推进一洞，将剔骨腌好的鳜鱼填入同炖。而安徽萧县的特色菜"鱼咬羊"，则是把切成小块的羊腰窝肉煸炒后，装入洗净去掉内脏的鳜鱼腹内，用麻线捆住刀口一起烧煮而成。不管是羊藏鱼，还是鱼套羊，它们同属"套菜"，都是经得起时间检验的厨人智慧的结晶。

稽之饮食史，以"套"法做菜，见诸文字者至迟不晚于唐朝。卢言所撰《卢氏杂说》中，有一味以羊套鹅的烤菜，但羊肉仅作容器，取其鲜，烹毕即弃而不用，专吃鹅肉。清人蓬园《负曝闲谈》第一回，写到一道鹅、鸡、鸽、黄雀相套的"四套头"。以上二例，仅属个案，不具有广泛的群众基础。禽类套菜中声名最著者，当推淮扬菜中的"三套鸭"——一款由家鸭、野鸭、菜鸽互相赋味而成的冬令滋补隽品。总之，鱼羊合烹也好，三禽相套也罢，目的只有一个——鲜上加鲜，好吃才是王道。

一次，于右任与胡宗南同席。胡因战事失利，悻悻不乐，无心下箸。于宽解再三，胡才勉强动了动筷子，攒着眉叹了口气："吃吧，吃吧，人生莫过如此。一饮一啄，各有定数，吃一口便少一口。"于正色道："宗南，不可这般颓唐哟！战场失败乃天意，非人力可为。……人生就像饮食，每得一样美食，便觉生命更圆满一分。享受五味甘美，如同享受色彩、美人一样，多一样收获，生命便丰足滋润一分。"这番话暖心又富含哲理，胡夫人也劝丈夫多听听于老的忠告。不过，胡还是难以释怀，最后悒郁寡欢而终。可见，生的智慧并非旁人点拨几句便能开悟，关键还得看自身修为。

白衣苍狗无常态，璞玉浑金有定姿。于右任一生饱经沉浮，备尝酸辛，却始终乐天安命，宠辱不惊。他曾撰一联云："不思八九，常想一二。"人生不如意，十固常八九，何不心怀感恩地去享受那一二分的如意？记住该记住的，忘记该忘记的，改变一切能改变的，接受所有不能改变的。"题匾王"的美食心经足堪矜式后人。

風流人物數今朝，
收復山河正當時

1945 年 8 月 10 日晚，日軍乞降的消息傳遍重慶，舉城歡騰若狂，萬家爆竹通宵。于右任欣然命筆，激動地一口氣連作十首《中呂·醉高歌》。當他寫下"百壺且試開懷抱，鏡里鬢翁漸老"這句時，可能想不到，不久之後，在他那桂香滿園的官邸，將迎來一位同他把盞論詩詞的貴客——那位曾吟出"恰同學少年，風華正茂"的詩人政治家。

人類祥光乍曉，大任開來繼往，歷史的車轍又一次將國共兩黨的談判推向前台。蔣介石連發三電，假意邀請毛澤東莅渝"共商大計"。毛澤東無懼龍潭虎穴，以"彌天大勇"慨然赴約，於 8 月 28 日親率中共代表團飛抵山城。

談判期間，毛澤東除了廣會國民黨左派及各界人士，還主動造訪戴季陶等頑固右派分子。大家都感到很意外，毛澤東開導他們說："不錯，這些人是反共的。但我到重慶來，還不是為跟反共頭子蔣介石談判嗎？國民黨現在是右派當權，要解決問題，光找左派不行，他們是贊同與我們合作的，但他們不掌權。解決問題還要找右派，不能放棄和右派接觸。"一代偉人曠達坦蕩的胸懷，為後世樹立了將革命的原則性和策略性統一的光輝典範。于右任作為最早主張"合則兩益，離則兩損"的國民黨元老，

家宴

毛泽东更是三晤其面。

先是8月30日晚,张治中于私邸桂园为毛泽东接风,特邀于右任、孙科、邹鲁等参加。毛泽东还先后两度亲临于府拜会,初次未遇,复至始得见,二人久别重逢,洽谈甚欢。于右任表达了不愿内战、亟盼和平的真挚愿望,表示竭诚拥护中共的和平方针。9月6日,于右任在上清寺陶园隆重设午宴,热诚款待毛泽东、周恩来和王若飞,并邀丁惟汾、叶楚伧、张群、邵力子、陈立夫等出席作陪。

于右任和毛泽东相识于有共产党人参加的国民党一大。当年,二人分别以陕西代表和湖南代表的身份出席。会上,于右任当选为中央执行委员,任上海执行部工农部部长。毛泽东为候补中央执行委员,任组织部部长胡汉民的秘书。在沪共事期间,二人时相过从。虽说毛泽东与不少国民党要员都有接触,但最敬重的还是于右任,不仅欣赏其文才,对其书法作品亦爱不释手。而这种仰慕之心,早在他学生时代读过于右任创办的《民立报》后,就已萌生。[1]

作为国民党进步人士,于右任富有民族气节,为人清刚,敢讲真话,与中共老一辈领导渊源颇深。第一次国共合作时期,正是其政治生涯大放异彩的高光时段。他曾受李大钊之托,潜赴苏联敦促冯玉祥归国参加革命。出任国民联军驻陕总司令时,他认真执行孙中山的三大政策,与共产党人保持肩并肩的统一战线,使陕西的工运、农运、妇运、青运等

---

[1]　"那是一份民族革命的报纸,刊载着一个名叫黄兴的湖南人领导的广州反清起义和七十二烈士殉难的消息。我深受这篇报道的感动,发现《民立报》充满了激动人心的材料。这份报纸是于右任主编的,他后来成为国民党的一个有名的领导人……"毛泽东在1936年接受美国记者埃德加·斯诺的采访时如是说。

民众运动开展得如火如荼，蓬勃高涨，为长期沉寂的北方革命注入了前所未有的活力。抗战爆发后，他数次在公开场合慷慨陈词，旗帜鲜明地宣扬自己的爱国热忱，力倡国共再度携手，勠力共御外侮。

当天的午宴菜单是于右任根据毛泽东的饮食喜好精心选定的。有红烧肉、火焙鱼、炒苦瓜、糖醋藕片、泥鳅拱豆腐等，当然也少不了毛泽东餐餐不可无的两样小碟——爆豆豉和焙辣子。席间，宾主谈笑风生，气氛融洽。因是以私人名义宴请中共领导，为了避嫌，他们不提政治只聊文艺，话题很自然就转到了二人都擅长的诗词领域。于右任对毛泽东戎马倥偬间仍不辍创作的精神深表折服，盛赞其《沁园春·雪》的恢宏气势和豪迈胸襟，尤其激赏结句"数风流人物，还看今朝"，认为是激励后辈的千古绝唱。毛泽东则自谦道："何若'大王问我：几时收复山河'启发人之深也。"言罢，二人拊掌而笑。

1941年初秋，蒋介石曾指派于右任为"宣慰使"，名曰赴西北视察，实则想借其人望安抚笼络青海的土皇帝马步芳。于右任乘便游完敦煌石窟后返回兰州，来到榆中县的兴隆山，敬谒成吉思汗陵[1]，触景生情地写下一首小令《越调·天净沙》："兴隆山畔高歌，曾瞻无敌金戈。遗诏焚香读过，大王问我：几时收复山河？"毛泽东和于右任两人都满腹经纶，有相当深厚的古典文化功底，如将古人名句信手拈来唱和一二倒也不足为奇。可他们却彼此熟悉对方的作品，且是在毛词尚未公开发表的前提下，其文缘不可谓不深厚。文人兴会，文心欢洽，自是一段文坛佳话。

在渝期间，毛泽东曾把此词抄赠给南社诗人柳亚子，这是人所共知

1　成吉思汗陵原在内蒙古，因恐特殊时期被日军利用，乃暂移兰州东郊之兴隆山，1954年回迁。

家宴

的事。柳得之，视如珍宝。随后几经传抄，被重庆《新民报》捷足先登，于 1945 年 11 月 14 日率先刊发，一时间轰动山城，万人吟诵，"雾重庆"变成了"雪重庆"。中华人民共和国成立后，这首词才在 1957 年 1 月的《诗刊》创刊号上正式发表。此词确经柳亚子揄扬而得以广泛传播，但首位品鉴者，却另有其人。于右任也只能居其次。

这日赴宴前，毛泽东先走访了他在湖南第一师范附小任教时的同事孙俍工。当年，谦虚好学的毛泽东经常向孙老师请教书法，二人便结成了一种特殊的"师生"情谊。可以说，他日后苦练书法并能独成一家，很大程度上得益于孙之启沃。此次，毛泽东特意带来亲笔手书横轴赠予自己的书法老师。孙俍工徐徐展卷，但见笔势酣畅淋漓，词作气吞云梦，欣喜地说："好！好！仿古而不泥古，尽得古人神髓，而又能以己意出之，非基础厚实者莫能如此。况你由行而草，竟能卓然自创一体，真不简单！你笔底自由了！"

咏雪词的传抄稿被重庆《新民报》发表之时，毛泽东已签署完《双十协定》返回延安，不料这首词却激起了惊涛拍岸般的巨大反响。

蒋介石找来"御用"笔杆子陈布雷，对他讲："我看毛词有帝王思想，他想复古，想效法唐宗宋祖，称王称霸。"便责令其赶紧组织人马，以论词名义捏造批判毛泽东"帝王思想"的讨伐文字。蒋介石还直接指挥国民党宣传部组织一批会填词的文痞，每人都步毛词原韵来上几首，遴选精彩的发表，企图从气势上压倒毛词。结果是，尽管搜遍枯肠、绞尽脑汁，这班平日里只会写写党八股的腐儒，直到逃离大陆时也未能拼凑出一首可堪与领袖词媲美的《沁园春》。这场由蒋公牵头策划的"雪仗"，最终以一出搬石砸脚的反革命文化大"围剿"闹剧落幕。蚍蜉撼树何易，徒增笑耳。

全面内战爆发后,时局维艰,于右任常夜不能寐。及至李宗仁代理总统,积极"谋和",酝酿推于为特使协助张治中谈判。老人家十分兴奋,提前打点好行装。谁知启程前夕,李宗仁将此事电告张治中,对方复电:"请于暂缓来平。"北上之行,顿成泡影。于闻此懊丧万分,跌足长叹:"文白(张治中字)误我!"他在诗中发出痛彻心扉的诘问:"彩凤身无双羽翼,雕笼何日启重关?"

尽管周恩来特请于右任的女婿屈武,代为转达毛泽东关于其日后去留的安排:"我们渡江占领南京时,希望于先生在南京不要动,到时候我们会派飞机接他来北平,将来同张澜、李济深和沈钧儒等先生一道,组织新政协,我们一同合作。"话是传到了,但此时于右任已处在特务的严密监视之下,根本身不由己。

1949 年 11 月 29 日,即重庆解放的前一日,年逾古稀的于老被胁迫至孤岛,开始了他"夜夜梦中原,白首泪频滴"的羁台垂暮生涯。

台北和平东路二段青田街 9 号，油漆斑驳的绿色大门内，是一幢破旧的日式木板房小院，几株老树、几盆海棠点缀其间。这是于右任在台湾的寓所。虽身处昼夜熙攘的闹市，但他泰然自得。夏则挥扇驱暑，冬则拥炉煮茶，终日手不释卷。除应邀题词作序、为亡友写墓志铭、参加诗会等活动，其余时间最大的乐趣便是晤客会友。

于宅不设警卫，不用名刺，来者概以礼相待。他那间兼作会客室的书房"老学斋"中，常常男女长幼咸集，座无虚席。于先生谈吐不俗，妙语连珠，自有一种令人景仰的名士风度。言者谆谆，听者切切，春风化雨，乐而忘返，大家戏称于府乃一临时学术讲习所。

访客太多，开销不小，又不时有穷友求援。于公古道热肠，从不稍吝，宁可自己闹饥荒也不忍心让对方失望。当时台湾的工薪阶层月薪千元上下，四十台币兑换一美元，于右任每月工资五千台币，按说不算少，可他却是典型的"月光族"。其收入除去家庭日常开支部分，其余交给他的老副官宋子才保管。宋常接到于的"提款单"，不是用于接济僚属，就是给了找上门来求助的人。到月底，偶有余钱就请朋友们吃饭。但多数情况是，每月下旬薪俸即用罄，宋子才还得想办法出去借钱周转。

一次，因有急需，宋也一时拿不出钱，便找人借了只金手镯，拿到典当铺押了一千元，每月付息一百元。凡事越怕人知道，反而知道的人就越多。墨菲定律再次应验，此事很快被某杂志抖了出来。于老得知，自觉颜面扫地，同时也深感对不住宋副官。谁知宋理直气壮地说："借高利贷并不是一桩见不得人的丑事，要看借钱作何用途。且身为院长，居然拮据到这步田地，足证您为官清廉，于您的院长名誉何损之有呢？""嘿！照你这么说，我是不是要来感谢你啰！"说完捋髯哈哈大笑，此事也就翻篇了。

早年居沪时，于右任喜好园艺，常怡然探访名圃观览奇花异草。来台后，心境渐老，抚今追昔最易伤神，朋友家种的菊花也能拨颤他的心弦。一次赏花归来，于右任情不自禁地写道："篱间尽是中原种，要我赏之赠我看。我本关西莳菊者，海天万里一凭栏。"但他自家庭院中的花木却无心修剪，一任其自由生长。从屋前通往大门的那条水泥小径因年久失修，一到雨季就布满滑漉漉的青苔。好在老人常年穿布鞋，随从又为他的手杖做了个胶皮套，因此不曾跌过跤。步履尚健时，每逢节日或寿辰，他就在这条小径上一一迎送前来道贺的各界友人，小院里也充溢着比往日更多的欢声笑语。慢慢地，腿脚不灵便了，他也就不多起立。来者点头微笑，去者挥手目送，一派令人肃然起敬的长者之风。

于右任的一生，允文允武，波澜壮阔。无论是"西北奇才"、书坛翘楚、诗界泰斗，还是叱咤风云的辛亥元勋、威震三秦的靖国军总司令，包括作为国民党政权点缀品的所谓院长头衔等，种种称誉中，他最看重"元老记者"。"先生一支笔，胜过十万毛瑟枪"，一路走来，最令他难忘的是自己的报刊活动家身份，最令他怀念的是清末那段轰轰烈烈的办报事业。于老喜欢结交年轻人，尤其是记者，对他们有天然的好感。1958年5月8日，台湾当局在台北中山纪念堂设宴，为于右任庆祝八秩华诞。而此前二十多天，几位青年记者凑份子准备了一桌菜，提前为老人称觞祝嘏，过了一个有趣又有爱的生日。

开始，谁都没有"剧透"，于老以为只是普通聚餐。席间，气氛活跃，大家你一言我一语地说个不停。老寿星心情大好，也海阔天空地侃侃而谈。最后，他们竟聊到了一个人人关注但平时又不好意思细问的话题——于老先生的胡子。

于老壮年蓄须，久之，修髯绕颊及胸，成其醒目标志。靖国军解散后，他黯然离陕，备极凄险辗转抵沪，一度鬻字为生，所作书品常钤"于思"二字印。于思（sāi），多鬓之貌也。《左传》有"于思于思，弃甲复来"之句，意思是：络腮胡子一大把，弃甲丢盔逃回家。鲁宣公二年（前607），宋国大夫华元率军与郑国作战，其车夫羊斟以私憾（交战前夕，华元为鼓舞斗志，杀羊犒劳将士，忙乱中忘了给羊斟分一份，他便怀恨在心）败国殄民，故意把战车开至敌军阵地，导致华元轻易被俘，宋军惨败。华元后得脱回国，又作为总监工去巡视筑墙，被干活儿的老百姓编了首民谣嘲弄了一番，"于思"句即出于此。于右任借这一典故，自嘲壮志难酬的苦闷心境。然其以一人之力率陕军抗八省十万之众，虽败犹荣，与华元之弃甲于思不可同日而语。

有趣的是，上世纪二十年代，他还曾与曹亚伯赛过一次胡子，由吴稚晖当裁判。于胡丰茂修密、润泽俊美，以长度、数量、质地上的压倒性优势胜出，从此驰誉政坛，稳坐"国民党第一美髯公"之宝座。迨及暮年，银髯飘逸，风仪不俗，神貌状若仙界中人。

于是，席间有人便趁机借着酒意问："您老晚上睡觉，胡子怎么办？是放被窝里还是搁外面呀？"髯翁朗声大笑，绘声绘色地给他们讲起了自己那把无处安放的胡子的遭遇："这个问题，在重庆时就有人提过。我当时一愣，思索半晌，竟答不出来。跟对方说，改天再告诉你。就这把胡子，当晚害得我差点整宿失眠。一会儿放进去，想想不对，唯恐折断几茎；

一会儿又拿出来，挽个结，但总觉得别扭。如此这般，数番折腾，感觉怎么摆都不对劲。后来干脆不去想，睡到半夜醒来，发现胡子是在里面的，可天亮时准备起床，却见它又跑到外面去了。终于悟出一个道理，顺其自然最好啊！"听毕，举座为之粲然。其实，髯翁特别爱惜自己的胡子，步入老年，保养更为精心。每晚都要先用热气熏蒸，再以温水拂洗，指尖轻柔梳理整齐后，放入一布袋中装好，挂于胸前。胡子先安寝，自己才就寝。

又有人问："古人以美须为荣，凡古书上描写一个男人相貌英武，好像都会用'美须髯'三个字来形容，比如刘邦、太史慈、关羽、程昱、郗恢、李元谅等等。胡子作为美男子的标配，自古受人称赞，那有没有骂胡子的呢？"

"当然有啊，《笑林广记》里就有不少。"于右任略思片刻，笑道，"来，我给你们讲一个。话说在天堂里，关公正坐着看书，关兴笑嘻嘻地从外面进来。关公放下书问道：'你小子乐和什么，说来听听。'关兴说：'我和刘禅、张苞两位哥哥谈天来着。''小鬼头瞎聊些啥？''我们说自己爸爸的长处。刘哥哥说，大伯父德才兼备，宽仁爱民。张哥哥说，三叔父的丈八蛇矛神勇绝伦。'关公急切地问：'那你呢？'关兴悠悠地说：'我说您老人家的胡子……''好看'二字尚未出口，关公勃然变色，怒吼道：'你个糊涂蛋！老子许多长处你不提，偏说胡子作甚！'"话音稍落，大家早已被逗得前仰后合，笑弯了腰。讲笑话的人则一边将着他那银丝垂腹的大胡子，一边满眼慈爱地看着他们。

欢快的时光总是显得短暂，不知不觉两个钟头过去了，小友们担心老人家身体劳累，尽管不舍，还是打算结束宴会，便从里屋端出提前准备好的惊喜——寿桃和寿面。于右任这才明白他们此行的用意：为了能多和他欢聚一阵子，特提前安排庆生，否则到了正日子那天，家里贺客络绎不绝，他们也只能寥寥寒暄几句了。老人很感动，湿着眼眶连连拱手道谢。

髯翁虽贵为国民党元老，但自奉甚俭，毫无官僚习气，一生保持着平民作风。尽管他对烹调之道颇有见地，也曾遍尝京苏大菜及不少奇珍异馔，其日常饮食却相当简朴：早餐是豆浆配油条，中午吃两个馒头、两碟蔬菜，晚饭是一碗面条。他还经常拉着宋副官到青田街上的小馆子里吃夜宵，与底层民众打成一片，宛然一位和蔼可亲的邻家老大爷。

"风雨一杯酒，江山万里心。"客寓台北期间，于右任对关中味道的眷恋依然如故。除了玉米糁粥、红豆稀饭、焦香的烤馍和手擀宽面条，还有一种陕西小吃——地软包子，他不但自己常吃，还喜欢拿来待客。

地软，学名普通念珠藻，民间有地膜、地衣、地耳、地皮菜等别名。这种藻类生命力顽强，常生长于阴凉潮湿的坡地和河沟，一经雨淋，便迅速吸水涨大，色形绝似木耳。待云销雨霁则蜷缩萎黄，很难被人发现。地软富含蛋白质、维生素及人体必需的微量元素，营养价值甚至超过木耳和银耳。这种来自大自然的馈赠，深受陕西人民喜爱。他们常把雨后展身的地软拾回来，洗净晒干贮藏，吃时用热水泡开，将之和豆腐、粉条、韭菜、鸡蛋等配在一起做馅，制成一种极富乡野气息的面食——地软包子。"地软地软，美味佳餐，天天吃地软，胜过活神仙。"据说，如今陕西农村流传着这样一首"地软歌"。不知于公生活的年代，这首歌谣是否已经被人吟唱。不知他在台北重温家乡风味时，内心又有几般惆怅。不知他吃着地软包子时，是否会回想起多年前那个载欢载笑的午后。

那是 1947 年夏，陕西省立师范专科学校（陕西师范大学前身）首届学生毕业，校方组织毕业生赴东南各省观摩学习。于右任闻讯师生已抵南京，便邀请他们到于府会餐。大家没想到，于院长竟准备了一场别开生面的陕西小吃主题自助餐。只见大院之内，花坛四周，摆满了各式摊担：甑糕、锅盔、酿皮、凉粉、扯面、元宵、醪糟、腊汁肉、月牙饼……诸味纷呈，叫人目不暇接。于右任招呼大家想吃什么就自己拿，放开了吃就对了。师生也就不再拘谨，说说笑笑、热热闹闹地度过了一个相当愉快的下午。于右任的平易近人、亲切质朴，他对家乡教育事业的关注和对下一代的关怀，都深深地打动了他们。

俱往矣。囿台十五载，耄耋老人的生命在有家难归的怅憾中渐近终点。

他是年高德劭的"监察院院长"，几次住院却都因负担不起医疗费而忧心忡忡，天天嚷着："太贵了，住不起，我要回家！"而早先秘书每每报告有海外华侨汇来巨款赠他时，他总是回一句"转给大陆救灾委员会"，连钱数都不过问。

弥留之际，老先生头脑清醒但口不能言，他先伸出一个手指头，后来又伸出三个。近侍猜测，这是还有三事要说？老人摇头。三民主义？还是摇头。对三公子放心不下？仍旧摇头。众人不得其解，最后一刻都没能悟出其遗愿。后来，柳亚子想到于右任曾生活多年的老宅，言道："三间老屋一古槐，落落乾坤大布衣。"原来，那两个手势指古槐和老屋，先生是在思念故乡，他望穿秋水地盼着祖国统一后能落叶归根，回到三原。

据陪侍者称，老先生病重时曾试图写一份遗嘱，因心绪不宁，写了撕，撕了写，无人知晓最终是否写成一言半句。于是，他们打开那只他随身携带的小铁皮保险箱。赫然呈现在大家眼前的，有书札和日记，有为三子于中令赴美留学筹集学旅费的借据，还有平日挪借宋副官的若干张金额为数不小的账单，再就是结发老妻早年为他一针一线缝制的布袜和布鞋。见者无不潸然。

1957年，于右任在与高仲林结婚六十周年纪念日到来之际，他从保险箱中取出这两样东西，摩挲良久，写道："两戒河山一枝箫，凄风吹断咸阳桥。白头夫妇白头泪，留待金婚第一宵。"十数年来，伉俪山海相隔，音讯杳然，他只能睹物思人，暗倾情愫，其晚境之萧瑟不言而喻。

福州鸡鸣，基隆可听。海天在望，身遐心迩。这位银发鬖鬖的三原游子，把他朝暮萦怀的思乡情，都浓缩提纯在了那首著名的仿楚辞体哀歌里：

> 葬我于高山之上兮，望我故乡；故乡不可见兮，永不能忘！
> 葬我于高山之上兮，望我大陆；大陆不可见兮，只有痛哭！
> 天苍苍，野茫茫，山之上，国有殇。

一咏三叹，荡气回肠，这是祈望两岸和平最感人心脾的诗句。

谭延闿 ·

『甘草先生』的
调和鼎鼐之道

湘菜不辣，何以称霸

俗话说：四川人不怕辣，贵州人辣不怕，湖南人怕不辣。

这句同义反复的互文式绕口令，无非就是想表达三省人民都以吃辣闻名且在嗜辣程度上难分轩轾的意思。综观湘菜三大流派，无论是湘江流域、洞庭湖区，还是湘西山区，的确皆以辣味和腊味著称。但官府菜中的极品——组庵菜，却极少用到辣椒，那它又是凭借什么过人之处赢得"湘菜鼻祖"之美誉呢？这还得从其创始人谭延闿的生活经历说开来。

谭延闿，字组庵，号畏三，湖南茶陵人，谭钟麟第三子，人称"谭三爷"。他是清末民初政坛上集文士、政客、军阀于一身的风云人物，一生虽短但精彩十足。贵为封疆大吏之公子，他并未堕入纨绔"官二代"一途，而是幼承家学，默守书斋，在光绪三十年（1904）的最后一届"全国统考"中拔得头筹，填补了有清一代湖南无会元之空白。

被点为翰林后，谭延闿并没有就此一心效忠清廷，而是与时偕行，成为立宪运动的积极推动者。辛亥鼎革，他登上湖南都督宝座，成为民国政坛要员。他不是故步自封的书呆子，而是通达权变、善测风向的老练政客。从三主湘政的省长兼督军到孙中山的心腹爱将，从建国军北伐总司令到南京国民政府首任主席，从拥护汪精卫到结盟蒋介石，形成"谭

图 17　谭延闿

内蒋外"的合作机制，谭延闿以其灵活圆融的折冲智慧，驰骋官场二十年。在云谲波诡的政治风浪中载沉载浮，在派系斗争的夹缝与分合不定的权力真空中岿然而立，实属动荡时局中凤毛麟角的"不倒翁"。他的一生文武兼资，柔愎自用，左右逢源，上下合辙，为人为官毁誉参半。褒者赞曰"一时人望""党国柱石"，贬者谓之"八面玲珑的水晶球""伴食画诺的活冯道"，唯独没有争议的是他"民国第一吃家"的这个称号。

组庵菜虽以谭延闿之字命名，但其父谭钟麟的发轫之功实不可没。

谭钟麟迭任陕甘、闽浙、两广总督，谭延闿自出生之年起，便随父宦游四方，遍阅各地美味。谭翁雅好食艺，晚岁仕粤时，府上家厨大半来自潮州。所谓"食在广州，味在潮州"，潮菜作为与广府菜并称的粤菜主干，以选料考究、刀功精细、口感清润香醇见长。待其乞休归里，精研美食，乃命家厨将潮、湘二系融合，参以"滚、烂、淡"三字诀，使油重色浓、味厚汁稠的传统湘菜有了新面目。有家学渊源在前，兼之谭延闿对美食之狂热更胜其父，谭氏私房菜遂渐渐踵事增华，得以传承光大。

组庵菜的诞生，主要得益于谭延闿的两位家厨——谭奚庭和曹敬臣。

来自江苏的谭奚庭，本是扬州某盐商私厨，做得一手好淮扬菜。众所周知，淮左盐商富甲一方，其生活之奢与饮馔之精亦一时无两。由钱多嘴刁的土豪调教出来的厨子，无一不是身怀绝技的调鼎高手，谭奚庭也不例外。该盐商过世后，谭奚庭不甘埋没，由谭延闿重金礼聘入府，1920年辞厨，转而主理玉楼东，以其独到的"奚菜奚点"使该店成为长沙食坛之执牛耳者。

谭氏辞厨之后，谭延闿积极物色新人。在上海做寓公期间，他频频宴游，与湖南籍名厨曹敬臣相会。曹敬臣小名曹四，原在湖南布政使庄赓良府上掌勺。后因水灾引发抢米风潮，庄罢官回乡，曹便去杭州自营饭店。庄为江苏武进人，也是个脍不厌细的官老爷。即使晚岁生活渐窘，归居常州时，依然治馔召客宴饮，常靠借贷或典质衣裘换钱。可以想见，在藩台衙门司膳几年，曹四的技艺也精进了不少。除老本行湘菜之外，他还旁通粤菜，兼又研习江浙菜，是官庖里数一数二的全能手。早在谭延闿任湖南咨议局议长时，就多次领教过曹氏的厨艺，对他极为称许。十年后再相逢，谭延闿果断将其收入帐下，留之治庖，两人的精诚合作就此开始。

曹四与谭三爷分工明确，一个只管做，一个只管吃。外出赴宴凡遇到心水的菜品，三爷才不管"君子远庖厨"那套陈词滥调，总会钻进后厨仔细讨教一番，回来再跟曹四复述比画一下。曹四也确实聪明又有悟性，听了便心领神会，足不出户就能做出三爷想要的效果。他艺高人谦，善于揣摩三爷的脾性和食好，千方百计地满足其饕餮之欲。菜成则侍立于侧，静候三爷举箸评骘。每次谭府大宴或私房菜上新，曹四必于帷后窃听诸公臧否，默记于心，或改之或加勉，在追求卓越的道路上从不止息。

当时南京城内流传着一句话："若要宴请谭院长，需先邀请谭厨师。"足以说明三爷对曹四的信赖与器重。曹四也深孚众望，为谭府主厨十年间，兢兢业业，博采众长，凭借其超群的手艺，设计出多款别家没有的美馔。凡品尝过组庵菜的军政显要无不称赏，谭公馆家宴因此成为二十年代顶级官府菜的代表。

组庵菜中，最脍炙人口的莫过于"组庵乳猪鱼翅席"，兹列食单如下，略窥一斑：

> 四冷碟：云威火腿、油酥银杏、软酥鲫鱼、口蘑素丝。四热
> 碟：溏心鲍脯、番茄虾仁、金钱鸡饼、鸡油冬菇。八大菜：
> 组庵鱼翅、羔汤鹿筋、麻仁鸽蛋、鸭淋粉松、清蒸鲫鱼、组
> 庵豆腐、冰糖山药、鸡片芥蓝汤。席面菜：叉烧乳猪（双麻

饼、荷叶夹随上）。四随菜：辣椒金钩肉丁、烧菜心、醋熘红菜薹、虾仁蒸蛋。席中点心：鸳鸯酥盒。席尾甜品：水果四色。

谭延闿酷嗜鱼翅，据说每日必进，几至成癖。某次，胡汉民请客，有意想戳一戳"鱼翅司令"的这根"软肋"，便故意让厨子把鱼翅安排在最后。席间还一本正经地大谈鱼翅味同嚼蜡，不足食也。谭也不反驳，但唯唯而已。酒过数巡，翅瘾难抑，只得轻声央求："如蒙不弃，请赐嚼蜡如何？"胡见逗趣得逞，狂笑不止，旋令人端来早已备好的鱼翅。谭大喜，整盘立罄，饱饫而归。

有"鱼翅司令"就有"鱼翅副官"。谭延闿是吃鱼翅的专家，曹敬臣是烹鱼翅的圣手，组庵菜中也以鱼翅之名最著。

鱼翅按鱼之体型、部位别高下，有尾翅、翼翅、勾翅、脊翅等。大鱼胸脊翅丝特长，叫排翅，乃上品，短而疏的散翅必不会出现在谭府餐桌。"组庵鱼翅"即红煨鱼翅，选脊翅泡发，与肥母鸡、猪前肘、云南宣威火腿合炖，佐以虾仁、干贝、香菇等助味。俟火候一到，鱼翅除外的食材一律夹出，全不登盘。若见谭府用人仆役之饭菜中有鸡块、火腿之类，不劳问询，皆知谭院长宴罢客也。

湘菜的烹饪技法中，本就注重"煨"的功夫，在曹四手下，更是发挥得炉火纯青。用唐鲁孙的话说，就是"以岭南焗焖为经，淮扬煨炖为纬，再掺糅谭氏两代'熟烂唯上，助味无杂'的无上心法"。谭府这道大菜，除深秋改用蟹粉鱼翅外，其余季节例以红煨之法烧制。上桌时，但见满盘净翅，别无枝蔓。观之针长质软、清亮剔透，入口则甘腴淋漓，其美无以名状，只晓得醰醰之味，永驻舌尖。

"组庵豆腐"又叫"畏公豆腐"，也是足堪与鱼翅并举的谭府一绝。

别看它用的是稀松平常的食材，所费心思可不比鱼翅少。做法有二：或将豆腐打成浆，竹箩筛滤，另取捣碎的鸡脯同拌，上笼蒸透。冷却后，切骨牌状，入锅略炸片刻。取出，用瓦钵加鸡汤蒸熟。临上桌前，再以鸡汤收汁装盘。或先用吊好的黄豆芽汤煮豆腐，待其表面出现蜂窝眼，转以清鸡汤文火煨炖。吃之前，配料下锅烧，绝无豆腥味。蜂窝眼的作用是蓄收汤汁，并阻挡最后一步炒制过程中渗入多余的油，使豆腐的口感柔而不腻，滑爽绵润。畏公对这道菜很满意，他说豆腐虽属寻常物，但佐治之料却不便宜：这里面口蘑是必不可少的，不能用香蕈替代；鸡必须用土鸡，过老过嫩都不合适，雄鸡、抱蛋鸡也不行；豆腐得小磨细研，盐卤轻点。另外，制作豆腐的豆子要选用颗粒饱满、大小均一的"六月爆"或"十粒五双"。你看，明明是一方价格亲民的豆腐，愣是做成了让我们吃不起的样子。

论谭厨物耗之精奢，就不能不提几句他们家的"烧菜心"。此菜主料为白菜，用量需两担，层层剥皮，仅取中间几小片嫩叶。据说每做这道菜时，周边百姓可以省下好几天的买菜钱，因为他们能不费吹灰之力就从谭家的垃圾堆里拣出许多菜叶子。白菜又叫黄芽菜，它在古代有个很清秀的名字——菘。南齐周颙隐居钟山，终日以"赤米白盐，绿葵紫蓼"为食，文惠太子问其何味最胜，答曰"春初早韭，秋末晚菘"。尔后，"春韭秋菘"或"早韭晚菘"便成为孔老夫子主张的"不时不食"之绝佳注解，且多了层文人雅士的清旷脱俗之味。若知道谭三爷家是这么个吃法，周颙肯定会瞠目咋舌继而嗤之以鼻。你看，明明是一盘不染尘滓的山家清供，愣是做成了奢侈精细的显贵佳肴。

在曹四的众多拿手菜中，最能体现其火功到家的是"溏心鲤鱼"。取深褐色土种大鲤鱼，掐头去尾直接整条煨熟。因未经铁器（一般厨师烧鱼时，通常要先用刀在鱼背上划出花纹，便于炖烂入味），烧出来的鱼肉状如羊脂，质感又似半凝固的溏心蛋，接舌而化，鲜嫩无匹。你看，明明是一条人人都吃过的家鱼，愣是做成了让谁也认不出来的样子。

谭府还有一道鱼馔，更是神乎其神。先用砂锅炖土鸡，大火煮沸，转小火炖三四个小时后将鸡捞出。在鸡汤正上方悬挂一条鲫鱼，用锡箔纸或牛皮纸把锅和鱼密封好，经足量的热气熏蒸，鱼肉会一点点变熟，脱骨坠入鸡汤中，直到骨肉彻底分离，锅上只留一副空骨架。然后，再继续炖四五个小时，待鱼肉完全融在鸡汤中，这道兼具水陆之鲜而不见其肉的"神仙鱼羹"就做成了。

曹四绝技傍身，身价自然就高。1929年，中东路事件发生后，负责该路的督办莫德惠到南京汇报情况，提出要借曹厨子一用，谭延闿欣然应允。按当时的物价，一桌顶级鱼翅席至多不过二三十银圆，莫德惠却豪掷一百块大洋让曹四置办。那天出席宴会的蒋介石连连叫好，直言日后若有重要"国宴"，一定得请曹氏去露一手。莫德惠见状，当即又赏给曹氏五十块大洋。

有人曾问曹四："你办的席子，怎么比别家要贵很多？"小老头儿谦虚地说："其实也没什么特别的，只是选料不同。"接着给那人举了个"麻辣子鸡"的例子。别人炒一盘用一只鸡，他得用三四只，仅取胸脯肉；从几斤辣椒里专挑全红的，红中带绿或半绿带黄的全不要，先用猪油炸香，再下锅加盐、酱等拌炒；不管是主料还是辅料，都一概亲手切配，不假于人，保证起锅时鸡丁和辣椒块的大小、薄厚相同。他还补充了一句："做菜时要注意火候和烹法的配合，煎炒用武火，煨煮用文火，急火起味用熘，慢火浸味用煨；柴薪、木炭和煤，各有各的功能；辅料也马虎不得，绝不能将就。"价随值高，原是理所当然，没什么可骇怪的。"无物不堪吃，唯在火候"，所谓火候，就"水火相济"四个字，这也是烹饪的基本原理。不过，运用之妙，存乎一心，可不是靠听别人口授就能学会的。如何让不相容的水、火二物做到兼容，是门玄学，要是那么容易参透，人人都可以当大厨了。

说来说去，组庵菜的精髓无非就是一个精益求精的"精"字。或用精材珍料，或取时鲜精华，不计人力和时间成本，统统以精湛工艺烹之。谭厨恪守"有味者使其出，无味者使其入"的不二法门，在味之出入之间，拿捏得宜。鱼翅和豆腐外，被冠以"组庵"或"畏公"之名的谭府佳肴尚有笋泥、鱼生、燕窝等。我们发现组庵菜还有个显著特征：全是软烂糯口型的，没有一样"硬"菜。原因在于谭延闿中年以后饱受牙病折磨，嚼物很不得力，这些菜都是量"齿"定制的。对牙齿不友好的脆硬菜式，即便再悦目怡口，也难登谭府之席。可见，谭延闿的牙齿并非小事，这把守"城门"的上下两队"卫兵"的体魄，直接关涉到组庵菜之风格。

至于它缘何不具有民间湘菜的辣之共性，则是由官府菜本身的个性化受众需求使然。况且，组庵菜的根底在淮扬，手法又借鉴岭南，与其将它囿于一省一地，倒不如说是融湘、粤、苏三菜系之美于一来得恰切。这也就不难理解"组庵乳猪鱼翅席"食单中，除"辣椒金钩肉丁"一味，你根本看不到辣椒的影子。谭厨把它安排在"四随菜"中亮相，也只是聊备一格而已啦。

"湖南人吃饭，筷极长，碗极大，无菜不辣，每味皆浓，颇有豪迈之风。"这是金庸在《飞狐外传》中，写胡斐在衡阳的餐馆里吃饭时的情景。除了"无菜不辣"，其他都符合谭公馆家宴的画风。

位于成贤街 112 号的谭府是一幢独院式两层砖木结构小楼，新古典主义风格的建筑制式很是气派，支撑门楼的两根爱奥尼克立柱尤为显眼。院内假山、花园、水塘一应俱全，环境宜人。一楼餐厅里摆着一张超大八仙桌，可轻松围坐十五人。谭延闿还特制了一尺多长的筷子，杯盏碗碟等餐具也比常规型号要大几圈。每晚这里都灯火辉煌，觥筹交错，就像孔融说的，"座上客恒满，樽中酒不空"。因为公余之暇，吃喝就是谭院长的主业。

只是家宴做得再精美，毕竟接待能力有限。况且，身为位高权重的行政院院长，待人得分个亲疏远近，不是所有食客都适合来家吃饭。于是，为了方便会友和公务宴请，谭延闿与湖南老乡何键共同投资开设了曲园酒楼，还亲自题写了店招。他不但从湖南组织精英前来金陵献艺，还把行政院的"天下第一勺"胡少怀挖来坐镇，使湘菜在南京风靡一时，大放异彩。"今天上曲园，谭院长请客"，也成了一些善于夤缘钻刺的角色们最爱吹的牛皮。

这里顺便交代一句，谭延闿的书法之名比他的好吃之名还要大。近代书坛有"真草篆隶四大家"之谓，分别为谭延闿的楷书、于右任的草书、吴稚晖的篆书和胡汉民的隶书。四人都是国民党在朝大员。其中又尤以谭、于二家突出，被称作"南谭北于"。于右任论时人书迹，尝言："谭组庵是有真本领的。"谭氏毕生专攻颜真卿，书风几经变化，其字貌丰骨劲，味厚神藏。黄埔军校大门上的校名和中山陵碑亭内的巨幅石碑刻字均出其手，向为人所艳称。

谭延闿的好吃体现在不拘时地，不论场合，即使行军督战，也得大鱼大肉伺候着。两名厨役踥步不离，随时听凭差遣。由于体态肥硕，他的轿子得四个人才抬得动，两副酒菜担子紧跟其后，其中光是南雄花菇就占了半担。

谭延闿喜食南雄花菇，还要从一次他在韶关吃了败仗说起。他那时心情不爽，大反常态，看着满桌的鲍参翅肚就发脾气，要求厨房立即撤下，改做几样土菜，有一道"清蒸鸭掌炖南菇"意外收获好评。饱餐一通，鼓腹而出，火气也烟消云散。从这以后，他就爱上了南雄花菇，身边人可不是得多备着点嘛，好让他随时解馋。奇怪的是，就这么一个饭量勇冠全军的吃肉大户，为了一个女人竟能连续百天茹素。

这个女人就是他的妻子。谭夫人姓方，名榕卿，出身名门闺秀，系江西布政使方右铭之女。通过父君之命、媒妁之言，谭延闿十六岁时与她结为夫妻。方氏温恭贤淑，柔嘉有章，二人互敬互爱，情深意笃。在南昌完婚的第二年，谭钟麟到广州赴任，小两口儿随行。方氏有经脉不协的毛病，又不肯服药，谭延闿别出心裁，要厨房做一道玫瑰母鸡汤给妻子调养身体。当时谭厨只有一个叫谭荣观的高陇人，是湘东赣西一带颇有名气的厨子，但广式煲汤却是他的短板。三爷说的这汤更是闻所未闻，一时很犯难，也不敢贸然下手，怕搞砸。谭延闿就手把手地教他做，先熬鸡汤，后放玫瑰花瓣，再调入适量蜂蜜。结果，方氏没喝几顿就见效了。此事被总督府的人传了出去，广州人就将它称作"玫瑰情人汤"，迄今仍是粤菜馆里的一道食疗名汤。

然而，天妒良缘。1918 年 6 月，年仅三十八岁的方氏于上海病逝。其时谭延闿人在零陵，家中考虑到他军务在身，迟不敢报。直至当年冬天，谭延闿才得悉凶讯，不禁伤恸万分，引为平生大憾。他发誓谨遵亡妻遗言，不再续弦，并决心在军中吃斋百日以表哀思。这让熟悉他的人感到非常惊讶。眼看年关将近，有个浏阳幕客念及谭公一向很少吃得如此清素，便欲以欢度春节为名，为其解忧。于是，他在会饮之时，自作主张地吩咐庖人治荤以进。谁知开席后，谭公默不举箸，满座大窘。幕客局踏不安，年宴快快而散。谭督军大丈夫柔情似水，借日常饮食以自苦，其情之挚、其痛之剧，外人谅难体会。

不独如此，方氏离去多年后，每到他们的结婚纪念日和中元节，谭延闿都有逢辰触境的怀人之作。或如"洞房帘箔春如旧，华屋山丘恨未休"，或如"暑气阑珊成弩末，晚风依月送琴声"，或如"久病不愁泉路近，初秋才觉葛衣凉"，无不哀婉催泪也。周围不少人出于关心，都劝他再娶，他就引用汉乐府中的"上山采蘼芜"之句婉拒。

1920 年底，谭延闿被赵恒惕、程潜轮番"逼宫"，第三次督湘生涯草草结束。解职后在上海赋闲期间，他深刻检讨经验教训，政治立场发生变化，转而追随孙中山参加革命并以实际行动表忠心。他先是靠私人关系，四处游说财阀，为支持北伐的湖南军队筹集了几十万两饷银。不久，陈炯明发动兵变，孙中山辗转抵沪，他亲到码头迎接，连续几周至孙宅晤谈，殆无虚日。政治处境同样艰难的两个失意人，就这样走到了一起。孙中山见他中年鳏居，顿生同情之心，便亲自作伐，要将已留学回国的姨妹宋美龄续配给他。

谭延闿十分为难。他既不忍辜负孙的一片好意，又不想得罪宋家，更不愿违背自己的诺言，终于想出一个一举三得的方案：以"我不能背了亡妻，讨第二个夫人"为由谢绝了孙；同时拜宋母为干妈，与宋美龄兄妹相称；并为穷追不舍、不惜一切代价非美龄不娶的蒋介石做了个大媒，撮合二人成婚。这么一来，不仅谭宋两家私谊更厚，蒋介石也欠他一个大人情。婚后，蒋宋夫妇认谭延闿之女谭祥为干女儿，对她视如己出，坚持"文要博士，武要将军"的择夫标准，积极为其张罗人生大事。最后选中陈诚，亲自主婚，给她安排了一个很好的归宿，也算是投桃报李。

"故人恩义重，不忍再双飞。"不拈花惹草，不随流俗纳妾，至死为亡妻恪守爱的约定。五大三粗的谭督军原来是个心思细腻、至情至性的暖男。而他之所以终其一生不再续娶继室，既源自对夫人的深沉之爱，也与他的庶出身份有关。

谭钟麟是晚清显贵，妻妾成群，除元配陈夫人外，另有四房侧室。谭翁属于典型的因循守旧顽固派，大家庭中的传统礼教观念根深蒂固。平日用膳，妻入座，妾立食，未生育之妾媵连站着陪吃的资格都没有，只能在杂厅吃饭。谭延闿的母亲李夫人本是丫鬟，后晋级为妾，生了三个儿子，还是没有获得与谭老爷子同桌共食的权利。直到谭延闿高中会元，母以子贵，谭钟麟才宣布她今后可以入正厅就座用餐。谭延闿自幼目睹母亲的不幸遭遇，这件事更使他大受触动，立志将来要建功立业，更好地孝敬母亲。平日里，他在家则冬温夏清，昏定晨省；在外虽政事冗繁，亦常常写信问安。

1916年，李夫人病故。她生前没有地位，饱受冷眼；身后还得按照"妾死不能从族祠大门出殡"的族规，由侧门抬出。谭延闿早已看不惯这一套封建陋俗，一气之下冲上前去，怒卧棺盖，命扛夫起灵。行至族祠门口时，大喝一声："我谭延闿已死，抬我出殡！"族人只好纷纷让路。他宁肯破坏族规，也要为母亲争取最后的体面。

人们总说"英雄难过美人关"，谭延闿是美人关好过，美食关难过。因为他把对女性的爱都给了他生命中最重要的两个女人，并将这种情感供奉在心坎最深处——闲杂人等，一概勿入。方氏去世十二年后的上巳节，也是他们的结婚纪念日，谭延闿写下最后一首悼亡诗："花飞柳蝉乍晴天，上巳风光又眼前。人去也如春可惜，老来犹有爱难捐。永怀禊事谁中酒，坐阅流波感逝川。三十六年容易过，不应改历始茫然。"好一句"老来犹有爱难捐"啊，默诵再三，直叫人泫然欲泣。

1923 年 2 月 15 日，谭延闿在日记中写道："今日壬戌岁除矣，以是日离家亦平生未有也。"这大过年的，能有什么事让他连年夜饭都来不及吃，就匆匆辞别家人远行呢？

原来是因为孙中山的一封急电。前不久，他俩还都在上海。当陈炯明被滇桂军逐走后，孙拟返粤，苦于经费无着，谭就把自己在上海的房子卖掉，资助五万元促其成行。患难见真情，孙因此对谭甚为信任。待回到广州，孙中山重建陆海军大本营，以大元帅名义复职，统率各军，便向谭发出了速去共事的邀约。

谭延闿来不及多想，收拾了几件简单的衣服，怀揣着即将重登政坛的种种憧憬，就乘军舰南下了。海上航行一周后，抵达大本营，任内政部长。居穗期间，谭部长斑斓多姿的饮宴生活又出现新亮点，尤其是他与缔造出"太史菜"的羊城首席美食家江孔殷的诗酒之交，值得花些笔墨称述一番。

江孔殷，广东南海人，别号霞公。因少时好动，终日活蹦乱跳如虾，粤人谑之"江虾"。其先世以营茶致富，有"江百万"之称。霞公与谭公有同年之谊（二人皆甲辰科末代进士），曾入翰林院，时人尊称为"江太史"。此人生性诙谐玩世,疏爽不拘小节。民国肇建,以逊清遗老自居,任英美烟草公司南中国总代理,获利颇丰,得以挥金如土,生活极其奢靡。

图18 江孔殷

霞公精擅美食,与谭公相较,有过之而无不及。其家中雇有中菜大厨、斋厨、西厨、点心师各一,内眷饮食另由"太史第的特级女厨"六婆打理。霞公习惯下午三点起床,晚上八点才吃中饭,太史第日日席开不夜。他还在番禺经营着占地一千多亩的江兰斋农场,为自家供应各种蔬果作物。太史菜是羊城独领风骚的私房菜,也是各大酒家争相效仿的香饽饽,其

家宴

中以"太史蛇宴"最出名。

粤人食域广，天上飞的、地上跑的、水里游的都可做刀俎之物。在眼花缭乱的食材中，他们对蛇情有独钟。蛇馔菜式名堂百出，以做羹最为普遍。蛇羹之中，又以"太史第牌"的为最佳。经典粤菜"三蛇羹"系由"饭铲头"（眼镜蛇）、"金脚带"（金环蛇）和"过树榕"（灰鼠蛇）合烹而成。用三蛇祛风去湿，霞公仍嫌不足，又加入"过基峡"（银环蛇）和"三索线"（白花锦蛇），制成"五蛇羹"。这些蛇中，除"过树榕"和"三索线"，另三种蛇牙都含剧毒腺液，但肉无毒，味道鲜美，营养丰富，是上乘补品。

广东有句谚语："秋风起，三蛇肥。"每年从中秋节到农历年底的吃蛇季，霞公都要三日一小宴、五日一大宴地排蛇宴。午时一过，宰蛇人来到太史第，在厨房外磨刀霍霍，劏毕立刻入锅煮熟，迅速脱皮去骨，以备蛇羹之用。羹之品质由汤之高下决定，据霞公家厨介绍，太史蛇羹的最大特色是上汤和蛇汤要分开煮。蛇汤中加入竹蔗、远年陈皮同熬，汤渣尽弃，再调以火腿、老鸡、精肉做成的顶汤做汤底。制上汤时，刀功尤为重要。辅料中的鲍鱼、广肚、木耳、冬笋、生姜等，俱要切成均匀细丝，再加上未经熬汤的水律蛇丝，全汇合在看似清淡而味极香浓的汤底内，勾薄芡便成。蛇羹汤料幼细如丝、无骨无刺，顶层铺着金黄薄脆，缀以淡紫色的菊花瓣和青翠欲滴的柠檬叶丝，其美不可方物。

准备作料的每一道工序都要一丝不苟。切柠檬叶时，先撕去叶脉，从中一分为二，再卷成一个结实的小筒，随切随用。菊花取自江家花园中的大白菊或名贵品种"鹤舞云霄"。炸薄脆时，须把面团擀薄，撒上粉，用棍子卷起，撤掉棍子压薄面卷，再摊开、擀薄、撒粉、卷起，如此反复数次，直到它变得足够轻盈单薄，才可以切成橄榄形小面片入镬与油共舞。

一席太史蛇宴，先上四热荤。看家名菜"鸡子锅炸"当然是少不得的，还有炒响螺片、炒水鱼丝（纯用甲鱼裙边切丝）、太史豆腐等。再是蛇胆酒和蛇羹。押席大菜为"双冬火腩煨果子狸"，内加陈皮、炸香的蒜头同焖避腥，其汁鲜稠浓郁。最后上饭菜，菜有咸蛋、炒油菜、煎糟白鱼、蒸鲜鸭肝肠等，饭由自家农场的泰国黑米煮成，瓦罉一开，满室飘香，曲终奏雅。

初来广州，谭延闿一心忙于政务，竟不知江孔殷曾两度造访大元帅府皆不遇而归。过了一个多月，他到西园赴宴，同席中碰巧有霞公，两人才算是二十年来首度重逢，相见大喜。次日下午，他登门拜访了霞公的同德里豪宅，娓娓叙旧直到太阳落山，才带着主人赠送的洋酒和酱油道别。嗣后，二人美食互动频繁，广州许多名酒楼都留下了他们的足迹，谭公日记中也多了不少品评太史菜的文字。

认了门之后的第三天，霞公就大摆家宴，款待谭延闿。燕翅鲍悉数登场，蛇肉自然也少不了，还有一条五十多斤的新会鳝王，可以说是极尽餍饫之能事。谭延闿在当天的日记中写道："江自命烹调为广东第一，诚为不谬。然翅不如曹府，鳆不如福胜，蛇肉虽鲜美，以火锅法食之，亦不为异。"

霞公有"百粤美食第一人"之誉，但看谭公首尝太史菜的评价，反而颇多微词。他说鸽蛋木耳和燕菜"仅足夸示浅学"，还说那条鳝鱼烹得过了火，烂如木屑，还不如"肥无瘦肉，食之如东瓜，无油腻气"的"鲜瑶柱蒸火方"好吃。不知是谭公对粤菜无感，还是出于美食家的刁钻视角持论太苛，反正他对太史菜的第一印象一般般，并没有感到很惊艳。如果霞公看到他的这则日记，肯定要伤心死了。

不过霞公送的上等洋酒谭延闿倒是很喜欢，常拿出来与朋友们分享。因得地利之便，广州进口洋酒较易，当地上流阶层也以喝洋酒为时尚。霞公不喜土酒，宴客只用洋酒。倘是嘉宾，他就用最名贵的八十年拿破仑白兰地来招待。霞公还不时派人专赴香港重金搜罗好酒，宅中囤货不下十箱，多则二十箱。

处在事业全盛期之时，霞公夜夜做东道主，大宴闻人绅商和名流政要。他还好偎红倚翠这一口儿，当年的陈塘花事，盛极一时，霞公是那里的大主顾。征歌买醉，一夕千金，都是家常便饭。谭延闿也曾有一次被邀去燕春台"开厅"，感受西堤风月。但他对呼伎弹唱、传芭代舞的"牛鬼蛇神"不感兴趣，关注点始终都在吃上。那日，霞公自带的几样菜就很对他的胃口："有江所携燕菜、翅、鲍及木耳、猪肺，余亦不恶。"有比较才有鉴别，和西堤最有名的酒馆菜放一块儿，太史菜确实还是更胜一筹。

两位美食家同病相怜，牙齿都不好。有一阵子，谭延闿连续好几天牙痛，霞公极尽地主之谊，贴心地带他去治牙，治好了两人就又可以无忧无虑地约饭了。霞公颇嗜榴梿，这种普通人家不大容易吃到的水果（当时只能走海运，从南洋贩至香港再抵广州，大费周折，故市面鲜见），江府却常用来待客。谭延闿"初食颇不耐，后乃类无花果"，在霞公家吃了不少榴梿膏。另外，江兰斋农场出产的梅子、橄榄、荔枝、夏茅芒、吕宋菠萝、檀香山木瓜等岭南珍果，也让他过足了水果瘾。

在广州生活了一段时间，谭延闿摸出个规律：要想吃好吃的，还是得去"咄嗟之办，甚颇精洁"的霞公家。虽然他还是自负地认定其品质"不及吾家"，但比外面酒楼实在高出太多了，这是不争的事实。而且，霞公家的荔枝菌是他在自己家里也难得吃到的绝妙时菜。

夏至之夜，吃着江府送来的荔枝菌，饮几杯玫瑰酒，赤膊当风而坐，是谭公居粤时期不可多得的美好回忆。荔枝菌有"岭南菌王"之称，生长在荔枝树周围施过肥的泥土下面，可食季节最多一个月，矜贵得很。采摘务必要及时，清晨趁其菌尖紧合未张之时连土挖出，即刻运往广州，午间到达，马上阖府总动员清刮处理。挑出成色好的全供霞公奉客之用，宜汤宜炒，清甜嫩滑；柄高伞张者，就用大火炸香或制成菌油贮存，送粥、下饭、拌面都是一绝。荔枝菌在江府家馔里的地位，足与珍馐百味等量齐观。

然而天下没有不散的筵席。

1926年，霞公的烟草代理权易手，江家走向败落，曩日盛况难以为继。可他仍慷慨好客如故，众妾只得变卖珠宝暂撑门面。当谭延闿收到霞公的信，见他说已拮据到有求于人的地步了，不禁心里一紧，在日记中反思道："吾亦当时食客也，甚愧对之。"他觉得霞公窘迫至此，自己也要负一份责任的，毕竟吃过人家那么多顿大餐呢。次年春，谭延闿赴武汉，他与霞公的美食交往也就画上了句号。

霞公老年以鬻字维持生计，口味也渐趋清淡，继而弃荤从素。江府食事虽已凋敝，但粗料细烹之大家风范犹存，所治素席亦颇有可观者。"别久不辞欢宴数，梦回还忆革除前"，绚烂至极后归于平淡也无多遗憾，毕竟曾经绚烂过，就足够了。

谭延闿的美食知己，除了江孔殷，还有张大千的书法老师李瑞清。

李公曾任江宁提学使、两江师范学堂（南京大学前身）监督（即校长）。南京之战后，成遗老流寓沪上，着道服，自号清道人。僚友及弟子知其困顿，多有饮助。又念其喜啖，常邀他至闽菜馆"小有天"帮助改善伙食，道人则以书画报偿。谭延闿是李公的晚年密友，两人除了切磋书艺，酬酢也相当殷繁。从1914年起，只要他在上海，几乎每周都有几次聚饮，他们常去的地方除了因李瑞清而名声更响的小有天，还有一品香、古渝轩、翠乐居、悦宾楼等众多名店。

李瑞清是谭延闿发起的"一元会"[1]中的核心成员，谭延闿也参加了

1　一元会：可能是当时上海流行的一种 AA 制文人雅集形式，以人均一元为标准，颇类今日之团购。

家宴

李瑞清组织的"磨耳会"。谭延闿在 1915 年 7 月 5 日的日记中，详细记录了当晚赴磨耳会的情状："晡……遂偕李、吕，率旭君及惠甫之子至别有天，道士请客也。……凡十三人，所谓磨耳会也。酒则吾所携，又所谓黄汤灌在狗肚矣。菜多而廉，仅七元，道士之调度工也。"道人对各家餐馆的经营状况、招牌菜及价目了若指掌，是调度有方的点单高手。这次他们的聚会地点选在别有天。酒水自带，菜品量丰价廉，十三人才花了七元，人均仅五角多一点，确实厉害。

办起家宴来，道人也很在行。谭延闿说他家的米饭有花露香，肉馅汤圆甚佳，火锅也很出彩，尤以寒冬腊月围锅而食为乐。

1915 年立春日，李公在家中设宴。谭延闿在日记中详细记载道："先出汤圆饭客，箸夹断而馅不出，入口融滑，实美制也，余进八枚。乃设矮桌，置火锅，佐以徐州烧酒，荡（烫）野鸡鸡肉、鱼诸片食之。初尚不觉，久愈甘芳，终以白菜下猪油共煮，腴厚不可言。最后并入饭煮之而事毕矣。既醉且饱，乃归。"先煮汤圆，再涮火锅，佐以徐州烧酒，吃得身心舒泰，字里行间都流露着满足感，怎一个"惬意"了得。

道人仙去后，谭延闿每每吃到汤圆和火锅，总会不自觉地涌起追怀之情。1927 年秋，他带着曹四烹制的祭品，来到牛首山致祭李瑞清，而后行馂余之礼，众在道人墓前得以大饱口福。《礼记·祭统》有言："善终者如始，馂其是已。"谭公之举，既不负李公的饮食品味，也不负二人的深厚交情和上海滩那段疏狂快意的舌尖派对"食光"，确实可谓"善始善终"。

肚量更大，度量够大

"吃喝嫖赌四件事，嫖赌与我无缘，吃喝在所不辞。"这句话，谭延闿常把它挂在嘴边。他素来豪饮健饭，食量兼人，"在所不辞"的结果就只能是一身肥膘也"在所不辞"地越贴越厚。吃得膀阔腰圆，他还蛮有成就感，觉得是营养良好的表现："别看一身肉，骨髓都是满的！"显然，他对自己的身体状况缺乏科学的认知。但他对政局却有难得清醒的判断。

1928年2月，谭延闿出任南京国民党政府主席，只当了八个月就很识趣地"让贤"，退居行政院院长，和蒋介石的关系也由"同僚"转变为"臣僚"。面对蒋之独裁，他抱定"三不"主义——一不负责、二不建言、三不得罪人，以无为之为的人生哲学为指导，恭顺地充当传声筒和护印官。每次开会他都不置可否，唯闭目养神而已。不论遇上什么棘手议题，要么了而未了，要么不了而了，总能避实就虚地敷衍过去。他深知伴蒋如伴虎，宁可无所事事地乐得自在，做个每天只顾吃喝的伴食宰相。

唐生智被委任为军事参议院院长后，颇有些牢骚，谭延闿就给他传授修心大法："古人所谓'允执厥中'，'中'字是人生第一妙诀。此外还有个'混'字，乃人生第二妙诀。"立法院院长胡汉民跟谭公关系很好，但与蒋有矛盾，郁郁不平。一次，胡汉民实在对谭氏橡皮图章的做派看

家宴

图19 谭延闿（右）与伍朝枢（左）合影

不下去了，就在行政院门口截住他，高声质问："你身为院长，尸位素餐，难道就打算这么一直混日子吗？"谭延闿也不管旁边围着许多人，撂下一句"混之用大矣哉"，转身就走了。此语竟成一时名言，他也得了个"混世魔王"的诨号。

其实他也不想混，最初也不服，但客观条件所限，不能跟蒋硬碰硬对着干啊。且从主观上来说，他的个性中还残留着旧式文人懦弱的一面，对权势既渴望又没有与强大对手抗争的勇气。谭延闿不乏实力但无过分的野心，与军人出身的蒋介石有质的区别。孙中山筹建黄埔军校时，是想让谭延闿当校长的，奈何他雄心已泯，拱手让蒋，黄埔遂成蒋氏最大的军政资本。谭氏很清楚有军就有权、枪多者势大的游戏规则，也很明白"赵孟之所贵，赵孟能贱之"这条自古已然的真理。加之蒋桂战争后，谭氏自身实力削弱，而政治地位的升降与军事力量的消长呈正相关。出于明哲保身的考虑，他也不得不依附蒋。

他在日记中喟叹："处世难于蜀道，人心险于孟门。"早年意气风发的谭督军虽曾声言"做惯了婆婆，做不了媳妇"，但是在"婆婆"当不成的情况下，他能伸屈自如，当起"媳妇"来也是有模有样，很讨"婆家"喜欢。由于蒋介石得长期在外指挥作战，谭延闿就全心全意坐镇中枢，在后方代行国府主席职权，综理各项事务。运用他的"中"字妙诀，缓和蒋与高层之间的矛盾，确保内部安定统一。

对于谭延闿的一系列和事佬举措，就连自视甚高的胡汉民也深表佩服，又送给他一个"和"字妙诀："谭先生在我们的工作中，不仅如随便配合的甘草，而且是在配合之后，能使我们的工作发生伟大的效能。"中医处方讲究"君、臣、佐、使"，各药相辅相成才有良效。甘草因其性平，有调和诸药的本领，最能胜任"佐"之角色，因而成为处方中最常用的一味药，是当之无愧的"百搭之王"，又被称作"国老"。胡汉民这个"药中甘草"

的比喻极为贴切。谭延闿的"混",不是"昏",也不是"摆烂",它跟郑板桥的"难得糊涂"有些相似,与宁武子的"邦无道则愚"如出一辙。

谭公五十大寿时,有个叫张冥飞的愣头青老乡,本着"若批评不自由,则赞美无意义"的宗旨,献上一份"厚礼"。他写了篇侮慢备至的寿序登报,此文迅速在南京传播开来。其辞曰:

> 茶陵谭氏,五十其年;喝绍兴酒,打太极拳。好酒贪杯,大腹便便;投机取巧,废话连篇。……堂亦钤山,写几笔严嵩之字;老宜长乐,做一生冯道之官。用人惟其才,老五之妻舅吕;内举不避亲,夫人之女婿袁。……立德立功,两无闻焉。

这家伙的舌头真够毒的,把谭院长比作怙宠擅权的严嵩和被司马光斥为"奸臣之尤"的十朝元老冯道。谭读罢此文,征求鲁荡平(时任南京《中央日报》总编辑)的意见。鲁说:"此等小事不足介怀,见怪不怪,其怪自败。"并给他举了《为袁绍檄豫州文》的例子。当初陈琳效忠袁绍,在檄文中列数曹操罪状,攻击其家世卑污,把曹操的祖宗三代骂了个狗血喷头。后邺城失守,陈琳为曹军所俘。曹操爱其才而不咎,委以记室。也就是说,鲁建议他不妨效法孟德公,约张某前来一谈,教训几句就算了。

谭延闿闻言极赞其见解超人,随即发帖邀张赴当日晚宴,并待之以上宾之礼。他说:"足下是我的好友,当今无人不恭维我,足下独敢骂我,实在难得。延闿如有不是之处,望以书面告之。"张赧颜抱惭,只管低头喝酒。谭接着说:"潇湘之地有足下这样的人才,延闿孤陋寡闻,甚为抱歉。请暂为屈就行政院参议一职,月俸四百,俟有更佳职位,再行安置。"

第二天,行政院就送去了聘书。张羞愧难当,无地自容,立即复信致歉申谢并退还聘书。谭公的以德报怨之举,出于真心也好,表演也罢,反正不仅使当事人感佩交并，也赢得了同僚和属下的赞誉。张冥飞事后逢人便说："谭畏公真是宰相肚里能撑船。"批评的限度就是民主的尺度，张某以过火的尺度探测到了谭公的雅量，他兴许不知道，谭公的肚量比其度量还要大。

说到肚量，就不得不重新审视一下谭延闿备受后人推崇的"美食家"身份。说到美食家，就不得不剖析一下它与"老饕"这个词盘根错节的瓜葛，尽管现在多数人普遍倾向于将二者等而视之。

老饕，别名饕餮、狍鸮，是古代神话传说中一种凶恶贪食的怪兽。它贪吃到连自己的身体都吃光了，故先秦钟鼎彝器上的饕餮纹都有首无身。就像麒麟、貔貅、蛟龙、凤凰，老饕自古只存在于人们的文化想象和语意象征中。北齐有句"眉毫不如耳毫，耳毫不如项绦，项绦不如老饕"的谚语，言老者虽有寿相，不如善饮食也，"老饕"之义遂由贬转褒。东坡《老饕赋》将"老而能饕"之义引申发挥，说要"聚物之夭美，以养吾之老饕"。"老饕"一词便被赋予了文雅的内涵，千载以来成为美食家的代称，专指那些会吃、懂吃的食客。但"饕"字毕竟含有贪婪的意味，给人一种饱食终日、四体不勤、需索不止的负面印象。所以梁实秋说，"美食者不必是饕餮客"，执着于少而精的好味道才是正解，大肚汉与美食家可没什么关系。

汪曾祺有言："浙中清馋，无过张岱；白下老饕，端让随园。"袁枚为举世公认的美食家，他的信条也是"不夸五牛烹，但求一脔好"，与梁实秋所言同义。张岱喜啖四方之物，非佳品不食。《陶庵梦忆·方物》中列举了五六十种他爱吃的各地特产，以瓜果菌蔬为主，河鲜等荤物为辅，膏粱厚味鲜少。人如其食，食如其文，文如其人，他吃的东西跟他的性灵小品一样清逸隽永。他用"清馋"描述自己的口味特点，馋也馋得清雅，其笔下之"耽耽逐逐，日为口腹谋"也因之染上了几分雅韵。他又极精茶道，善辨淄渑，曾创造性地将家乡绍兴的日铸茶以安徽松萝茶之法杂入茉莉炒制，其色如竹箨方解，又如山窗初曙，因名曰"兰雪茶"。

一时间，饮者甚众，浙江人都不喝松萝了，而把品兰雪视作一种身份和时尚的象征。不过四五年，此茶即称雄茶市，以至徽歙松萝为求生存都不约而同地改叫"兰雪"了。张岱认为"乳酪自驵侩为之，气味已失，再无佳理"，便自己养了一头牛。每当他想喝奶茶时，就提前一晚挤好奶，待其发酵涨至尺许高，与兰雪同煮，自是天厨仙供。明代文人雅集盛行，在各式各样的吃会、酒社中，张岱的祖父张汝霖在杭州组织的"饮食社"尤负盛名，他本人还写过一部《饕史》。张岱甚有乃祖之风，在此基础上多所修订，摒弃一切不入其法眼的矫揉之制而作《老饕集》，自言"虽无《食史》《食典》之博洽精腆，精骑三千，亦足以胜彼赢师十万矣"。张公子不愧是知味识味的饮食文化学者，真真是与一般的狂饮大嚼之徒判然有别的。

再看《红楼梦》第三十八回写贾府吃蟹的文字，黛玉只挑蟹螯里清清爽爽的白肉吃一点点。王熙凤则贪爱油腻的蟹黄，还不遵循美食家必须自剥自食的主流吃法，偏让丫鬟给剥好，满嘴流油地吃了一大堆，雅俗对照一目了然。《管子》中早就说过，"訾食者不肥体"，挑食的人便不会肥胖。黛玉本就胃纳小，食力弱，弱柳扶风的病体诚然不允许她多吃，但她这般过于突出的感观选择性拒斥的口刁姿态，其实也隐喻着某种被视作高雅的饮食审美取向。

一句话，食量秀气、身材苗条的，才算是狭义上的美食家。若以此为准绳衡量，一顿能喝掉六碗蛇羹、一口气吃下八只油淋乳鸽的谭胖子，就算不得一个合格的美食家了。那用什么字眼来称呼这种食风粗犷又极具知名度的大胃王呢？也许"吃家"一词更合适些。空口无凭，我们也不冤枉谭公，其日记中就有多处记录了美食家"人设"的坍塌现场。

大家都已知道鱼翅是谭延闿的最爱，但此物总归不能当饭吃，他的日常餐桌上还是以饺子、馄饨、春卷、面条等碳水化合物为主。"食面"二字基本是他日记中每天都会出现的高频词。凡吃面，一般都是三碗起步，如"余归家，食酸汤面四碗"。战绩不佳时，他还要检讨一下——怎么才吃了两碗，太少了！又如"与袁六、细毛吃炸酱面二碗止，胃不适也，岂蟹为之耶"，将表现不好的责任归咎于螃蟹。

再看看他吃饺子。比如，"晚独饭，食荡（烫）面饺四十余枚便止，记往时可至八九十枚，今不能矣"。"便止"二字，很有些廉颇老矣的失落感。于常人而言，一顿饭吃四十枚饺子已经很多了，但对在食量巅峰状态下能吃近百枚的谭延闿来说，确实今非昔比。又如，"晚，买聚成楼蒸饺，食百枚，馅不与皮傅，生馅为之也"。外带蒸饺似乎味道不怎么样，但时值壮年的谭延闿还是把一百枚都吃掉了。后来，即使他装上假牙，还患有胃病，食量也没减多少。如 1925 年 8 月 9 日，"食削面三碗，曹厨新制也"。就一碗汤面而论，汤底的味道比面条的质地更重要，故大户人家的厨子做面，着力点全在汤。这天，曹四尝试了一种新的削面烹法，三爷的评价是"味胜于技，汤胜于面，则大官庖固故此"。看来非常满意，难怪连吃三碗。

有时候，他还爱和人争胜，如果自己吃得更多就很开心。1925 年 3 月 7 日的日记很有趣："余至韵松室，同食水角（饺）九十枚，三人尽之。余不敢自认九分四，而某医云彼三分之一也……与韵松复谈至夜三时，复食水角（饺），大约三四十枚，以号称九十枚，剩不过二十，韵松不能如我多也。"这天晚餐，三人一共吃掉九十枚饺子。其中一人扬言吃了三分之一，谭公没好意思承认自己就独吞了四十枚，算是给对方个面子吧。之后，他又和主人聊到半夜，晚餐消化得差不多了，便继续吃第二波饺子。食毕，默数一下自己吃掉的和盘中剩下的，他心里又是一阵疯狂的加减运算，最后得出“韵松不能如我多也”的结论。好了，这下可以心满意足地回去睡觉了。年届半百的他，和家中晚辈一起吃饭时也不谦让：“细毛来……同食炸酱面，吾乃四碗，彼三碗，老夫尚不让后生也。”这场景真是可爱又可笑。

除了酷爱吃面，谭延闿还好饮，喜欢绍兴花雕。他对自己食量的关注与专注体现在过人的数字敏感度上。每次不光惦记着吃下多少枚饺子，连喝了几杯酒都记得一清二楚——如“饮绍酒二十五杯”，并不厌其详地把一笔笔食账录入当天日记。

周密《癸辛杂识》中，有一则笔记专讲南宋的“大肚宰相”赵雄。此人“形体魁梧，进趋甚伟”，是个走起路来虎虎生风的大胖子。孝宗很喜欢他，也早就听说他饭量超大。刚好有人进献了可盛三升酒的玉海大盅，就想借机测试一下他的这位爱卿究竟有多能吃，便把赵雄召来留在便殿用膳。赵雄谢恩之后，端起玉海，哐哐哐连干了六七大碗。孝宗又让宫人端来一百个用金盘盛着的馒头，赵雄刚开始有点拘谨，只吃掉一半。孝宗暗察其神色，见意犹未慊，因笑曰：“卿可尽之。”皇上一发话，赵雄也就不客气了，片刻间风卷残云，吃了个精光。

赵雄本以为自己是独孤求败，空闲时想找个与他斤两不相上下的食伴儿都难得很。之后，他罢相南下任地方官，有人推荐来一名本州兵马监押陪吃，没想到此人深藏不露。两人从早吃到晚，每人饮酒三斗，消灭掉猪羊肉各五斤，外加蒸糊五十只。此时，赵公已醉饱摩腹，而监押者屹不为动。公云：“君尚能饮否？”对曰：“领钧旨。”于是再进数勺。复问之，其对如初。凡又饮斗余，乃罢。临别，忽闻其腰腹间砉然有声，赵公大惊，想他必定是吃得过饱，腹肠迸裂。自忖“吾本善意，乃以饮食杀人”，懊悔得终夜不得安卧。翌日天刚亮，赵公正要派手下去探望那位陪吃客，哪知人家早已候在府外，特来道谢。一问方知，此人患有“饥疾"，因官微俸薄，终岁未尝得一饱，只能以革带束腹，昨晚那声响不过是皮带绷断了。

谭延闿看到这个故事，不禁两眼放光，仿佛找到了异代知音。或许是为了鞭策自己多吃，他竟将周密的这则笔记专门抄在了日记里。

更令人大跌眼镜的是，细阅谭公日记，发现其日常饮食除了量大，貌似对质的要求也不是很高。酒酸了照喝不误，菜变质了也不甚介意。"饮酸酒，时攒眉也""虽微酸，不害其美""肉已败，然犹尽之""酒酸菜冗，不能甚畅"之类的文字，有好多处。或是他的嗅觉和味觉太过灵敏，能尝出别人发觉不了的些许异常滋味；或是当时的食物保存条件普遍较差，吃到不太新鲜的东西也不是什么大不了的事；又或是因为别人做东，他碍于情面不好挑剔，只得假装没事地该吃吃该喝喝，最多在日记里吐个槽罢了。

总体来看，谭公的饮食趣味与他的性格及人生轨迹一样，充满了矛盾。他是南方人，却比北方人还痴迷面食。他讲究饮膳，却过分看重食量，顿顿都要把自己吃撑。其日记中既有不胜枚举的品鉴应季大鲥鱼等高端食材的记载，又有不惧酸酒败肉的不和谐画面穿插闪过，可谓泥沙俱下，美丑并呈。

谭公之精于美食是以超常规的巨大食量打底的，其吃家面目背后的真相又是什么？如果说他是以吃装憨，作为韬晦之计保护自己，依他的社会地位和经济条件，完全可以吃得更为精致细腻。他这种有意识的狂吃猛喝背后，很难说没有过度补偿心理在作怪。某种程度上，在官场上屡仆屡起的谭延闿和经历了精神与物质世界双重失落的李百蟹，二者虽政治薪向有别，但沉湎于美食的动机却相差无几：食物是他们宣泄苦闷的解压方式，也是妥置身心的安全避风港，他们力图通过量的堆积来挤掉胸中有志不得伸的郁结或是满腔的易代感伤情绪。谢安肴馔，屡费以寄闲情。酸甜苦辣，味在言外者也。又，在仰赖体力生存的食本位农耕社会，大家认为吃得越多的人身体往往越强壮，谭公的惊人食量和豪迈食风也是这种古老思想观念的极端表现。但"能吃者福"的后半句是"善吃者智"，食物在满足了充肠填腹的基本生理需求之后，若仍一味求量，控制不住"馋虫子勾上喉头"的贪欲，最终只会反噬身体。

贪嘴总是要付出代价的，早晚而已。谭公之死，罪魁祸首就是吃。

人到中年，随着身体越来越发福，高血压、高血脂、高血糖都不约而至。自从被诊断出"三高"，保健医生总是苦口婆心地劝谭延闿要合理膳食，多吃蔬菜，少碰荤腥。但他仍是我行我素，对待良言如风过耳。自己还制定了一个评判医生好坏的标准：许他饮食随心的，就是良医；反之，禁这忌那、多立戒条的，全是庸医。每有逆耳忠言，他就大喊委屈："我以前已经吃错喝错了，何必现在戒它，反令我痛苦呢！"到后来症状日渐严重，有中风迹象——右手麻痹无力，探物亦不自如，才不得不每天接受温水浴和电疗。他还有心情跟朋友调侃："我一生好吃，如今每天被清蒸一次，烧烤一次，大概是贪嘴的报应吧。"

他曾到医院做过一次详细的体检，医生很严肃地告诉他："以你现在的病状，将来有两种死法，要么是脑出血，要么半身不遂。"谭胖子不以为然，回去笑嘻嘻地把这个医生的诊断跟胡汉民讲："假使能自由选择，我宁可选前者，痛快干脆。要真让我半身不遂若干年，未免太过难熬。"讵料戏言成谶，他的"从速而去"之愿还真实现了，也可说是"天遂人愿"吧。

谭公平居所好有三，美食、文墨之余，热衷骑射。他有两枚印章，一曰"生为南人，不能乘船食稻，而喜餐麦跨鞍"，另一个刻着"马癖"二字。督湘时期，每早外出骑马是他的必修课。第一次当政时，为了慑服那些骄兵悍将，他还别开生面地举办过一场赛马，规定跑完五十圈决胜负。将官军佐们见他腆着个大肚子，步履迟缓地来到马前，在卫兵的搀扶下爬了好几次才爬上马背，不禁暗笑。谁能笑到最后，谁才笑得最好。二十多圈后，大部分人都累得气喘吁吁，陆续退场，只有谭延闿仍旧稳坐马背，风驰电掣地一路跑到终点，赢得了比赛。赛场内外无不心服口服，对这位胖乎乎的都督再也不敢等闲视之。他后来体质变差，不能再像年轻时那样畅快无拘地扬鞭追风，于是将兴趣转向了看别人骑马。

1930 年 9 月 21 日午后，谭延闿享用完他一生至爱的鱼翅大宴后，带着儿子、女婿到南京郊外的小营观看赛马。因时间较久，忽感不适，急忙对身边人说要去中山陵看看。侍从和警卫立即把他扶上汽车，开到中山门时，已不能言语。只好掉转车头，将他送回成贤街官邸。这时，谭延闿早已失去知觉，陷入昏迷，匆忙而至的医生亦束手无策。次日，谭公撒手尘寰。

那个被谭公的度量所征服的张冥飞，听到噩耗后赶往灵堂吊唁，抚棺大哭不止，其状如丧亲人，知情者亦无不垂泪。正在中原大战前线的蒋介石闻讯不胜悲痛，下令全国降半旗志哀三天、停止一切娱乐活动，并派财政部部长宋子文为治丧办事处拨款一万元善后。时逾一年，谭墓始成，其风水之佳、气势之宏仅逊中山陵。当时正在汉口指挥战事的蒋介石专程返宁，亲往执绋，为其举行了盛大的"国葬"。

谭延闿生前名隆位鼎，逝后也备极哀荣。国民党政要纷纷撰联致祭，胡汉民以"景星明月归天上，和气春风在眼前"赞其平和中正、休休有容的宰辅气度。上海某小报刊出一副"解组"藏头挽联："混之为用大矣哉，大吃大喝，大摇大摆，命大福大，大到院长；球的本能滚而已，滚来滚去，滚入滚出，东滚西滚，滚进棺材。"这是拿谭延闿"混世魔王"和"水晶球"的绰号大开其涮，虽有些不厚道，但确实活画出了其为政之道。一辈子都爱捉弄人的杠精章太炎撰联有二，其一云："荣显历三朝，前清公子翰林，武汉溶共主席,南京反共主席;椿萱跨两格,乃父制军总理,生母谭如夫人,异母宋太夫人。"此联苛峭过甚,但也确实入木三分地概括出谭公一生的主要事迹。

所有挽联中,最妙的要数曹敬臣请湘籍名士周鳌山代写的那一副:"趋庭退食忆当年,公子来时,我亦同尝甘苦味;治国烹鲜非两事,先生去矣,谁识调和鼎鼐心。"既合乎挽者身份,又切于被挽者生平,把谭公政客兼吃家的形象刻画得淋漓尽致。且遣词雅驯,公私兼顾,确然知味知心之言。一代食神陨落,他的组庵菜并没有湮没史尘。曹四回到长沙,在坡子横街开了家"健乐园",正式推出以畏公名号为招牌的诸多菜式,此即谭府私房菜走向市场之开端。

而国民党政府内部少了"甘草先生"的居间调停,不久,胡、蒋矛盾进一步激化并公开化。以胡汉民被蒋介石武力扣押的"汤山事件"为标志,国民党高层再次走向分裂,各派势力着手酝酿联合反蒋。直至"九一八"事变爆发,民族矛盾上升为主要矛盾,蒋介石才不得不释放软禁了近八个月的胡汉民。但宁粤对峙的局面要到五年后才和平解决,同时又间接导致了张学良的"兵谏",国史为之不变。

霞公暮年好种昙花,宅中有数十盆,以此纪念同年挚友谭延闿。香魂一缕,刹那芳华,知者咸谓其看透世情。倒也正应了谭公赠他的那副联句:"少日幻心今净尽,故人相见眼分明。"已矣哉,古今多少事,都付笑谈中。

我的姑姑筵
一直都很拽

黄敬临

御厨『下海』传

上世纪三十年代，成都有家别具腔调的私房菜馆。自开张之日起，就以一席难订的紧俏态势名动蓉城且热度从未下降，几经迁址亦不影响其火爆生意。这家长盛不衰的店叫"姑姑筵"，店主黄敬临自命"锅边镇守使加封煨炖将军"。今日"四川十大经典名菜"中，黄氏所创者，独占两席。他以其风调绝伦的"黄派川菜"，在川菜大师的名人堂中具有不可撼动的地位。

黄敬临本名黄循，性诙谐，好交游，酷爱古董字画和园林山水。少时曾受业于蜀中"五老七贤"之一的徐炯门下，常与徐氏门徒及同窗好友诗酒酬酢。每遇珍味，必亲入庖厨探本求源，时日一久，遂成美食家兼烹调好手。

传说黄敬临早年曾考中廪生，也就是享受政府膳食补贴的生员，相当于今日之公费生。后纳资为员外郎，供职光禄寺三载。因受慈禧赏识，获赐四品顶戴。在清宫当御厨期间，他潜心研创出不少佳馔。

一年夏天，慈禧到颐和园避暑，正值茉莉盛放。黄敬临把鸡脯肉片成薄片，挂上蛋清糊汆熟，放入现摘的茉莉花取其清芬，制成一道"香花鸡片"。传膳时，还在盘中扣上一串用细铜丝穿起来的茉莉花项链，老佛爷看了心花怒放。而他最出色的作品要数"漳茶鸭子"[1]。此馔系御膳房满汉熏鸭之改良版，以福建漳州进贡的嫩芽茶为熏料，做出来的鸭肉奇香扑鼻，被钦定为宫廷御菜，还招待过好几次外国使节。

改朝换代之后，黄敬临来到四川省立第一女子师范学校（成都大学前身）任教，分"熏、蒸、烘、爆、烤、酱、酢、卤、煎、糟"十门传授烹饪技能，以其轻松活泼、生动有趣的授课风格，赢得了学生的好评。尽管黄老师在学校里很受欢迎，可他毕竟出身书香门第，也获得过科举初级功名，有着读书人共同的修齐治平之伟大抱负，还是不甘心正当中年就告别仕途。于是，几经努力，他先后当上了射洪、巫溪两县知事。但他官运欠亨通，或者说，性情耿直、磊落不羁的他根本不适合在官场混。尽管政声蛮好，当地百姓也很拥戴他，可一介清傲书生的眼里哪能容得下蝇营狗苟的沙子，所以他两次都是毅然罢官回乡，从此打定主意不入宦海深渊。

赋闲日久，新猷无门，文人的气节是保住了，但一家老小七八口的饭碗没了着落，得赶紧想出路才是。他寻思着自己已经是个年过半百的老头子了，又不像年轻人能输得起，要干也得干点进可攻、退可守的保险营生。想来想去，只有重拾老本行了。说起来，烹饪也算是黄家的家学，把他传承下去未尝不是件好事。黄敬临的祖父就善司厨，他由江西来四川做官，为儿子选老婆的首要标准不是貌美如花，而是"非精烹饪者不合选"。他听说陈家有个姑娘，光咸菜就能做出三百多个品种——得嘞，仅此一项手艺足矣，立即下聘。这名陈家女子就是黄敬临的母亲。从小受家庭熏陶，加上宫里那几年见过的世面，黄敬临对自己的厨艺还是深具信心的。

1   漳茶鸭子：后人知其名而不解其意，讹"漳"为"樟"，今"樟茶鸭"已成通名。

1925年，得到卢作孚的帮助，黄敬临在少城公园（今成都市人民公园）内赁屋开了家晋龄饭店，迈出由宦返庖的第一步。"晋龄"与"敬临"谐音，犹抱琵琶之义很明显，也许他内心还是过不了谋官失败转而经商的坎儿吧。由于饭店选址选得好，公园内的绿荫、鹤鸣、枕流等几家大茶馆为他囤聚了不少食客。游园的人们往往喝过早茶就喜欢来他店里吃饭，加上他本人的"前县太爷"身份和各路朋友的捧场，餐馆的人气越来越旺。从各种迹象来看，他的初次"下海"还是蛮成功的。可惜好景不长，事业蒸蒸日上的节奏被他的相知陈鸣谦给打乱了。

当"县太爷弃官开饭店"的消息传到陈氏耳朵里时，他感到大惑不解，跑来向好友问个究竟。他坚持认为，一个曾经两任知县的秀才沦为伙夫，不仅于己于亲有失体面，于读书人也有辱斯文，不管怎么说都太掉份儿了。回去以后，便自作主张地为黄敬临又谋了个荥经县县长的职位，好让他迷途知返。黄敬临经不住诱惑，哪忍心到手的鸭子飞了，便把店交给长子黄平伯，自己则重温故梦去也。约年余，再次失意而归，白日梦以噩梦告终。而此时的晋龄饭店却因经营不善，已转让给一个温江人，更名为"静宁饭店"，已跟黄家没什么关系了。

三度走马上任，三次挂冠而去，如今连创业成果也付诸东流，今后该何去何从？黄敬临再次被命运推到了人生选择的十字路口。他还想再拼一把，继续开饭店。与家人商议时，三妹一听哥哥的"天真"想法，扑哧一下笑出声来："我看你不是做生意的料，办姑姑筵还差不多，开啥子餐馆哟！"黄敬临被她这么一激，突然若有所悟，兴奋地说："好哇，办姑姑筵就办姑姑筵！"

"姑姑筵"是四川方言，指娃儿们用锅灶等玩具模拟成年人炊事的一种角色扮演游戏，也就是我们所熟知的"过家家"。黄敬临取这个好玩又上口的店名，充分显示出其童心未泯的幽默感，也暗藏其"饮食游戏"

的私房菜属性。同时，这也让吃姑姑筵的食客倍感亲切，会情不自禁地遥想起自己的童年时光，有点打情怀牌的意思。

君子无戏言，黄敬临可不是说着玩的。1930年初，经过一番周密筹划，由全家人集资的"动真格"的姑姑筵正式亮相，地址选在城西包家巷的一个宅院里。店堂虽不甚宽敞，但经黄氏妙手营造，处处彰显着雅趣。园中嘉木翁郁，蹊径蜿蜒，庭轩幽静，花窗明亮；室内挂着名人字画，筵席桌面光洁鉴影，用高级素纸包裹着的象牙筷和景德镇青花细瓷餐具把彼此都衬托得更加精美动人。门面的黑底金字招牌乃黄敬临手笔。开业那日，他还在大门上贴出一副自撰白话长联："右手拿菜刀，左手拿锅铲，急急忙忙干起来，做出些鱼翅海参，供给你们老爷太太；前头烤柴灶，后头烤炭炉，烘烘烈烈闹一阵，落得点残汤剩饭，养活我家大人娃娃。"把入厨当炉的紧张工作场景刻画得生动又滑稽，也流露出为生计奔忙的艰辛和无奈。大厅里的对联则是："学问不如人，才德不如人，只有煎菜熬汤，才算我的真本事；亲戚休笑我，朋友休笑我，安于操刀弄铲，正是文人下梢头。"以自嘲自贬的形式表达凭真本事赚钱的自傲和自豪，读来回味悠长。

黄敬临把他的文学才华浓缩在对联里，将饭店的经营旨趣和读书人下海的自我调侃结合起来，传达出一种笑对生活的达观理趣，让人过目难忘。暂且不说姑姑筵的菜怎么样吧，首先这种不类凡俗的宣传形式就已经赢了。不过，白天开张的隆重场面并未冲淡店主官场不得志的失落感。夜深人静，独影伴孤灯，黄敬临赋诗一首略表心迹："挑葱卖蒜亦人为，误入歧途万事非。从此弃官归去也，但凭薄技显余晖。"这似乎是他彻底告别官场的宣言。五十八岁的黄敬临很清楚这第二次创业意味着什么，他已经没有回头路可走了。接下来，他需要做的是尽快调整好心态，把他身份标签中多出来的"商人"这一项，做到极致。

据傅崇矩《成都通览》载，清末民初的蓉城酒菜饭馆主要分包席馆、南馆、红锅菜馆三种。包席馆一般不卖堂菜也不设店堂，专承办翅参等大菜席。根据顾客需求，可一次操持上百桌，也可精工细作弄一两桌。接到订单后，饭店会派厨师带着材料到设宴者家中现场操办。这类餐馆首推由满族人关治平创办的正兴园，次则复义园、双发园等，客源主要为当地富有人家，如遇红白喜事或重要宴请，他们通常都会选包席馆。南馆亦称"南堂"，做门市生意，菜可出堂，也可堂食，比较灵活。红锅菜馆又叫"随堂便饭"，一听名字就知道它的市井气最浓，菜肴也是走大众化路线，无甚个性。

总体而言，当时街面上最多的是后两种馆子，它们都是随点随烹，及时便捷，但接不了大型酒席的活儿。而南馆的菜品，又比主打蒸肉、烧白、腰花等家常菜式的红锅菜馆更上档次，能做鱼虾等海味。其余还有一些七七八八的炒菜馆，价格便宜，可任由客人自备食材交付后厨代做，每菜仅收十几文加工费。这样的馆子，就是为老百姓开的，高官富商们肯定不会光顾。那么，黄敬临的餐馆属于哪一类，又是为谁开的呢？

姑姑筵不属于以上任何一类。它是私房川菜祖师爷，是蓉城第一家公馆庭园式包席餐馆，也是首屈一指的四川高端饮食文化典范，具有开风气之先的意义。黄敬临既有家学根基，又当过慈禧太后的御厨，还有高校任教的经历，现在又自己开店当老板，他本身就是产学研三位一体的"优质平台"，故能以天厨之味而集萃南北大成，将宫廷特色与地方风味联姻，想法大胆不设限，取径宽广花样多。他是将高端私房菜和民间川菜进行整合的第一人，也是现代川菜从酝酿到完成定型的枢纽人物之一。

黄敬临做的菜堪称艺术品，它们不是那种刻意追求摆盘造型等表面功夫的肤浅艺术，而是绝不拖泥带水、在入口瞬间就彻底征服你的滋味的艺术。味道之外，他也着意营造给人以美感的就餐氛围。无论是包家巷总店，还是日后开的分号，无不集亭台花木之胜，清幽雅致的环境吸引了一大批有消费能力的固定食客。那位热心给他谋县长职的"公爷师长"陈鸣谦就是黄敬临最忠实的粉丝。他每次订席非姑姑筵不吃，可谓"行走的活广告"。此外，"四川王"刘湘的叔叔刘文辉，还有邓锡侯、田颂尧等人的军部都设在成都，姑姑筵的军政界粉丝能少得了吗？师长以下的军官若想一品黄氏手艺，恐怕都不是件容易的事儿。

"可怜我六十年读书，还是当厨子；能做得廿二省味道，也要些功夫。"也曾困窘，也曾迷茫，凡所过往，皆为序章。现在，黄敬临已然稳步走在由实力与机遇共同铺就的通往成功的康庄大道上了。

我们说姑姑筵很拽，是因为黄敬临定的那五条让人望而却步的江湖规矩。

第一，只做包席，不售零餐。起初每日最多开四席，后来减至两席，且一律需至少提前三天到店预订。我们可以比照一下当今的"黑珍珠"私房菜馆，大多只是象征性地收取一二百元订金，最拽的也就先预付一半餐费吧，而姑姑筵是你在订餐时就得交足全款。第二，订席者需开列宴客名单，注明每人的性别、年龄、籍贯、身份等个人信息，便于因人施菜，同时也可事先过滤掉人品有缺陷的不忠不义者。对，就是这么拽！第三，所有食客必须称黄氏为"黄老先生"或"黄老太爷"，叫错的——如"黄老板"或"黄师傅"，免吃。第四，订餐时只能说定一桌多少大洋的规格，没有菜谱也不能点菜，吃啥子只能由黄氏据客人喜好拍板。第五，下请柬时也要给黄氏送封，且吃席当天，不管黄氏到席与否，主桌上必须给他预留一个座位以示尊重。人家怎么说也是前御厨和三任县太爷，必要的架子还是得端一端的。

从以上五条来看，黄老先生真是做足了消费心理学的功课，把仪式感和派头这一块拿捏得死死的。尽管设了这么多门槛，姑姑筵里各大衙署、公馆的达官豪绅们还是络绎不绝，有时生意太火爆，得等半个月才能订到位子。一时之间，无论是请者还是被请者，成都的头面人物皆以能在姑姑筵吃饭为荣。如果不懂规矩，或自恃特权阶层想搞特殊，对不起，在黄老太爷这儿可行不通，毕竟姑姑筵的客人哪一位不是非富即贵呢。一日，蒋介石在他店里包了四桌席，吃后感觉相当好，想插个队第二天再包几桌宴群官。黄氏不假思索就拒了，老蒋也无可奈何。不过，张学良倒是幸运得多。

1935年秋，少帅过蓉述职（彼时老蒋在四川开办峨眉军官训练团），仅有一夜之宿。刘湘欲尽地主之谊，坚持要请吃晚饭。少帅推辞不下，而且早就听说姑姑筵牛得很，就说："我明日即转昆明，时间紧迫。实在要赏饭的话，希望品尝到你们成都有名的姑姑筵。"刘氏心想这有何难，不就一句话的事儿嘛，当即令其总务处少将副处长李召南去落实。显然，他盲目乐观了——不是低估了黄老太爷的狂拽炫酷就是高估了自己的权势声威，或二者兼而有之。

李召南不敢怠慢，驱车直奔黄府，转述刘主席口谕并强调是宴请少帅，今晚务必见席。当时，一桌姑姑筵索价至少三十银圆，李给他开出一百银圆高价。黄听罢，不为所动，笑容可掬地连连拱手致歉："时间来不及且人手有限，恕难从命。今晚这一席是王元甫师长三天前就订下的，敝处从未敢失信。"李一听，知道没有婉商的余地，心顿时凉了半截。不过，他素以脑袋灵光著称，平时遇到什么难事儿准能想出巧妙的应对方式。这不，略加思忖便计上心头："黄老先生，您且稍等，在下去去就来。"出门直奔布后街的荣乐园。

园主蓝光鉴乃饮馔界老将，由正兴园学徒出身，对于包席馆中"肉八碗""九大碗"之类的东西轻车熟路。1912年，蓝氏和两个兄弟及师叔戚乐斋合伙开办荣乐园。他们对传统的程式化上菜模式进行了大刀阔斧的革新，取其精粹，去其冗杂，以其简洁精练的席面风格深入人心。多年来，蓝氏兄弟同心合作，且蓝光鉴厨商、情商双高，荣乐园一直盛名不衰。李召南急中生智来找他救场，真算是找对人了。蓝光鉴谙熟"取东海之水，救南池之焚"的随园食法，可烹因速见巧的"急就章"之菜。听其三言两语说明来意，蓝氏很痛快地就答应为王元甫赶制一桌高档正宗的川味酒席，言毕即调兵遣将忙乎了起来。

搞定荣乐园之后，李召南又马不停蹄地赶到王公馆，恳请王让出黄席，代之蓝席。王知此事轻重，也乐意做个顺水人情，便慨然允肯，表示谨遵台命。李感激不尽，又折回黄府讲清这一系列安排，待老爷子点头，这才长舒一口气，赶紧回去向刘湘复命。是夜，张学良"拔草"成功。二人得以在姑姑筵上宾主尽欢，当给李召南记一等功。

其实，黄敬临的这些江湖规矩里，并不全然出于"饥饿营销"的考虑，也是现实条件使然。

三十年代中期，因西校场扩充营地，征购了黄氏包家巷的房屋，姑姑筵便搬至青羊宫外百花潭附近的马长卿花园。此处是成都人每年农历二月十五"赶花会"的必经之路。据说这一天既是花朝节（俗称百花生日），又是道教始祖老子的生日——玄元节。俩生日凑一块儿，就成了市民出街踏春的狂欢之日。每年此日，青羊宫一带都车水马龙，游人如织。黄敬临把新店开张日选在与庙会、花会同时揭幕的那一天。当日，他又贴出几副自撰门联。其一云："提起菜刀，拿起锅铲，自命炉边镇守使；碗有佳肴，壶有美酒，休嫌路隔通惠门。"偌大一个"镇守使"官衔却以"炉边"修饰，一下子就把黑色幽默的氛围感拉满了，引来无数吃瓜群众围观。又云："叹老夫无命做官，才租这大花园承包酒席；替买主下厨弄菜，恰像那巧媳妇侍奉公婆。"成都文坛怪杰刘师亮看到后，一口气写了十二首《竹枝词》回敬黄老太爷，其一说："看会欣逢二月天，姑姑筵外贴双联。君休误认

姑姑美，名借姑姑好赚钱。"

他以为戳穿了黄氏打着美女旗号招揽顾客的小心思，其实他是有所不知，此时的"姑姑筵"三个字已被黄敬临因势利导地赋予了全新内涵。"你说我的店为啥叫这个名字？你看了后堂就明白啦，全是我们家的姑姑嫂嫂们在下厨呢。不然亮出的招牌名不副实，岂不惹人笑话！"的确，黄氏私房菜馆的厨师队伍以家厨为主。除去外聘的一二大厨担任掌墨师[1]，其余皆由黄家妯娌子弟掌灶，人人都是个中里手。可以说，姑姑筵是由内而外的家族式经营。这一时期，不光前厅为清一色女侍，就连后厨也以女性居多，与门联表里呼应，确实是道靓丽风景。

黄敬临设计的肴馔，多属文火煨燔类慢工菜，事厨人员又少，还要顾及每位食客之口嗜，为保证品质，席有定数是必然的。况且，他每日必亲自坐镇，亲临厨房尝味把关。待主菜起锅后，还要白帽侍衣地亲奉上桌并解说其亮点和吃法。如果他哪天兴致高，肯给主人面子入席就座，那就从饮食文化入手，对菜品详加评说，头头是道地大摆龙门阵，主客口耳双福兼可得之。

如此看来，从做菜、出菜到上菜、品菜，没有一个环节不需要全心投入，为了多接客而粗制滥造肯定是要不得的。否则，食客吃得不满意，岂不是自毁招牌嘛。黄敬临比同行的高明之处在于，能主动根据消费者的口味需求而区别对待，使一席盛宴南北通吃，老少咸宜，俱各欢喜。他定的这些江湖规矩，乍看之下似是不近人情的故作姿态，或有变相招徕生意

1　掌墨师：又称"坐押师"，主理厨政，即今之厨师长。此系借木工行话，意在表明其重要性相当于修房造屋时全程掌控墨线的师傅。

家宴

的噱头之嫌，实则都是以顾客为本的。而最能体现其人文关怀的一个细节，是加收八元一桌的中席费。那个时候的官场筵宴，只有主客席位，随从、车夫等"下人"只能等桌上的老爷太太们吃完了，整点残羹冷炙随便对付几口。如主人离席马上就撤，他们也只好忍饥挨饿跟着走咯。姑姑筵的中席，即特意为此而设，可以让他们吃顿热乎饭菜，不必再苦巴巴地候着还不确定能不能吃得上的狼藉杯盘，更重要的是让他们在心理上感觉受到了平等对待。此首开先河之举，使黄敬临善待下人的令名不胫而走，社会美誉度非常高。

黄敬临本是读书人，喜诗文，工书法，每日必写小楷数纸，曾遍抄十三经及《资治通鉴》。厨事之余，不改其风雅爱好，加之其出类拔萃的烹饪技艺和礼貌周全的接人待物之道，因而在同时代享有"儒庖"之誉。他不汲汲于扩充规模赚快钱，而是始终坚守着在力所能及的范围内，以有限的席位和宾至如归的高品质服务不断强化其业界口碑。假使姑姑筵是徒有其表的空壳子"网红店"，哪会有源源不断的客流呢？消费者可以上一次当，但不会上第二次。落不了地的口碑只是哗众取宠的空口号，是一点说服力都没有的。

姑姑筵的回头客里有不少文艺界名人，比如徐悲鸿。他最欣赏黄敬临"化腐朽为神奇"的本事，他说："将贵重原料制成美味不难，难在将平凡菜色做好。"每次到店，徐悲鸿必点"软炸扳指"。此菜是将处理干净的猪肠头用料酒、花椒、姜葱等充分码味后，先用水煮去浮油，再上火蒸熟，然后裹软炸糊入热锅凉油，低温炸至金黄捞出。佐以稀卤、椒油、糖醋汁等蘸食，外焦里嫩，且酥且脆，酸甜适口。因其形似古代弯弓搭箭时套在拇指上护手借力的扳指，故名。它跟鲁菜里的"九转大肠"和沪菜里的"草头圈子"大同小异，是很接地气的下酒菜，又卖不出什么高价，仅偶尔作为酒席中无足轻重的一盘点缀罢了。但老友每次说要吃这道菜时，黄敬临非但不拒还亲操刀俎。为表谢意，徐悲鸿当场挥毫，赠之以奔马图。名画换佳馔的故事，也是一段食林佳话。

虽然开饭店是半路出家，但有精深的烹饪功底在手、有独到的饮食艺术理念在脑，黄敬临在餐饮界一直都如鱼得水。黄老先生下庖，既无师承，也不拘泥于既定俗套，完全是即物起兴，博采各流派精华，在转益多师的基础上形成了独具魅力的"黄派川菜"。除徐悲鸿爱吃的软炸扳指外，姑姑筵的招牌菜还有坛子肉、青筒鱼、烧牛头、豆渣烘猪头、酸菜黄腊丁汤、麻辣牛筋等，所用食材皆价廉易得。不靠名贵原料取胜，而以自成一格的技艺显长，是黄氏烹饪的一大特色。

他的坛子肉用的是装陈年绍酒的坛子，因年代久远，内坛皮层有酒液渗入。将排骨、鸭子、火腿、母鸡等肉类加作料入坛煨炖，酒味和肉味融成一种逗人食欲的异香。在青筒鱼的做法里，可以瞥见川滇少数民族竹筒烧饭的影子。取一节嫩竹，留节底，放入剖净的鲜鱼和老汤，封好筒口，于杠炭火上旋转炙烤数小时。竹香与鱼香珠联璧合，自成馨逸。牛头本甚难调治，一般厨师都弃而不用，黄敬临却不避麻烦，以适当的酱料和火候，制成一款不会和别家撞菜的小众美味。豆渣是做豆腐时剩下的豆粕，十有八九会被用作饲料或肥料。黄敬临却能变废为宝，把它爆香之后和猪头肉合而烹之，又创造出一道脑洞大开的风味隽品。酸菜黄腊丁汤借鉴了川南船工的烹鱼方法，麻辣牛筋的灵感则来自皇城坝钵钵肉。凡此种种，不一而足。

由于姑姑筵没有固定的菜谱，就会给人一种常吃常新的感觉，即便是老顾客也对下一次光顾充满期待，如同拆盲盒的惊喜，让你欲罢不能。因此，大部分人尝过姑姑筵之后，便想着要是有机会能多吃几顿就好了。但有一位眼光长远的有心食客，他希望姑姑筵能流芳千古，便严肃认真地"忽悠"黄敬临将其下庖心得撰成一部食谱嘉惠后人。

此人就是"厚黑教主"李宗吾。在回自流井隐居前的大部分时间，他都在成都活动，是少城公园的老茶客，自然而然就结识了当时还是晋龄饭店店主的黄敬临，日后二人一直保持着交往。某天，他到黄府转悠，见老爷子正在凝神静气地抄《资治通鉴》，大感诧异："你怎么干这个事？"黄氏抬起头，向他解释了自己矢志抄书以垂示子孙的夙愿。李氏一听，直言不讳地当头泼下一瓢冷水："你这主意可是大错特错！古往今来，干这类活儿的人车载斗量，有你的插足之地吗？鄙人所长者乃厚黑，故专精于此；你所长者在烹饪，为何要弃己之长而与人争胜负呢？我看你还不如把抄的这些东西一把火烧掉，将心思用在撰写食谱上，这才是不朽的盛业！"

老爷子一听，茅塞顿开："李先生所言极是，我可以先把当年的授课讲义条分缕析地写出来试试看。"但马上话锋一转，犯了踌躇："兹事体大，餐馆事务冗杂，苦无暇暑，奈何！"李氏遂予开导："你又太拘了，何必一做就想做到完美呢？你可以这样嘛，每日高兴时，任写一二段，以随笔体裁出之，积久可成帙也。待有余暇，再将其分门别类；若不得闲，既有底本，何愁他日找人替你整理？"继之以恳言提醒："你得抓紧时间啊，老兄！都六十多的人了，倘不及早写出，将来老病侵寻，虽欲写而力不逮，悔之何及！"肺腑之言，句句在理，黄敬临听得跃跃欲试，当下拍案而定："好，写就写！书成了你可得给我作篇序啊。"

李宗吾是个急性子，回去第二天就写了一篇洋洋洒洒的《敬临食谱序》，落款时间是1935年12月6日，后来将之收录在他的《厚黑丛话》中。而说好的食谱却迟迟未见动笔，原来黄敬临正忙着拓展新市场版图呢。

1936年，蒋介石的首席军师杨永泰由四川行营秘书长奉调湖北省政府主席兼保安司令。他满心欢喜地去就任新职，殊不知刀斧手已暗中布下夺命阵。在成都的时候，杨永泰的嘴巴早就被姑姑筵养刁了，于是他力邀黄老太爷把店开到武汉去，并拍胸脯担保——有我在，你放心，生意差不了。机不可失，时不再来，一心想着在一座新城市大展拳脚的黄敬临踌躇满志地启程赴约了。当他途经重庆正欲顺江东下时，竟得悉杨氏遇刺身亡的变故，原计划立时泡汤，只能垂头丧气地准备打道回府。

世事总难逆料，剧情再度发生反转，黄老太爷的贵人——鲜英——出现了。此人经历丰富，从行伍到入幕，从办报到管厂，朋友遍及军、学、商各界。两人见面一谈，鲜英当即鼓励他干脆就留在重庆开店。黄敬临明白，以鲜氏的丰富人脉资源做客流保障，在此立足应该不难，便于1937年5月在中营街公安局隔壁开了姑姑筵的重庆分店。老规矩，在开张大吉之日，他贴出自己写的黄氏幽默风对联："流落在贵码头，装一个忸忸怩怩新嫁娘，杀鸡为黍；公安局大门口，来几多漂漂亮亮高贵客，下马闻香。"没几天又贴出一副："营业税、印花税、席桌捐、红锅捐，这起去了那起来，弄不清楚；蒸公鸡、炒母鸡、炖牛肉、烤猪肉，肥的精而瘦的嫩，都要整齐。"

你一个开饭店的，酸溜溜地自我调侃可以，但口无遮拦地针砭什么苛捐杂税的时弊，堂而皇之地触碰既得利益者的敏感神经，官老爷们就得给你点颜色瞧瞧了。适值四川大旱，民不聊生，当局便号召"节约救灾"，以姑姑筵违反"禁售高档饮宴"为由，下令查封。不过，公道地讲，看了对联不爽也不至于就意气用事，专门针对黄敬临一个人。当年重庆市政府确实多次下过禁令，也有多家知名大餐馆受到处罚。只是相较而言，初来乍到的黄敬临显得格外不走运，新店才开了不到一个月就关门了。

山不转水转，水不转人转，人不转运转。未几，在鲜英的积极斡旋和国民党某大员的庇护下，黄老先生移师长江南岸官邸林立的汪山。此地初名丁家山，上世纪二十年代末，留法归来的商旅奇才汪代玺买下地皮，始称汪山。他在这里兴建起重庆第一家旅游俱乐部——"生百世"（系日光浴"Sunbath"之音译词），把汪山打造成了一处顶级富豪度假村。黄敬临将成都的姑姑筵交由次子黄霆仲管理，另抽调部分精兵强将来渝助阵。其店面布局、看家菜品等一仍其旧，还结合当地实际新创了几道菜品，生意之红火热闹自不必说。抗战时期，国民政府西迁，重庆成为冠盖云集的陪都。汪山在战火烽烟之中，依旧灯红酒绿，一片歌舞升平。前方吃紧，后方紧吃，黄氏的一桌酒席已涨到二百元法币。按当时重庆的物价水平，实在是高得离谱，别说普通百姓了，就连中产怕是也不敢做非分之想。但姑姑筵依然日日高朋盈门、时时座无虚席，是各界名流待客的不二之选。

黄敬临也不忘报答鲜英的恩情。经商之余，亲自指导，为鲜宅培养了一流的家厨，创制出在重庆如雷贯耳的鲜公馆家宴——"鲜味斋"美筵。鲜氏花园别墅坐落在景色秀丽的嘉陵江畔，因其字特生，名曰"特园"。1939年，国民党发动反共高潮，鲜英愤而去官，遂弃政从商，常居于此。他古道热肠，不吝资财，将投资实业所得的相当一部分都用在了热情招待来渝的各界进步人士上。特园全天开流水席，访者少则数百，多时上千，都是随到随吃。深怀感激之情的董必武以"民主之家"的尊号相赠特园，由郭沫若代为书题。重庆谈判期间，毛泽东曾三访特园，鲜宅也由此见证了中国历史转折点上的诸多重大事件。

1941年，日寇滥炸重庆，各行业遭受重挫，姑姑筵也未能幸免。尤其汪山一带紧邻蒋委员长的黄山府邸，自是日寇重点"关照"的对象。黄老太爷本就胆儿小，早年成都巷战时，每闻炮声即垒以棉絮，吓得浑身哆嗦地躲到桌下。而今丧心病狂的日本鬼子落弹如雨，与军阀混战时的火拼不可同日而语。黄敬临欲收拾家当返蓉未果，不久便在惊恐和抑郁交加的凄切心境中含恨病殁。

他生前也许并没有忘记和李宗吾的约定。只是一开始因进军重庆市场分身乏术，待安定下来有了时间，又因兵燹之厄与黍离之悲惊吓成疾，更无心无力写作。传说中的"敬临食谱"，也就成了一个空有序而永无书的江湖传说。未形诸笔墨的黄氏家法留给后人无尽遐思，不能不说是食界的一大憾事。

家宴

姑姑筵先在蓉城发家，后期转战山城，可称两地私房菜之共同鼻祖。黄敬临虽未留下食谱，手艺却后继有人。在此之前，先简单说一说赓续黄氏血脉的几家饭店吧。

上世纪三十年代中期，黄平伯在陕西街新设一馆，取《诗经·湛露》之句，曰"不醉无归小酒家"。店名文雅可风，厨艺也颇出众。父子情深，黄老太爷对小酒家格外关照，常为其出谋划策，自然也会把姑姑筵的客人介绍过去，使那里的生意也很好。直到父亲作古，黄平伯为到重庆奔丧并继承姑姑筵，才解散了"不醉无归"。他不喜欢偏远的汪山，就把店关掉，率原班人马在主城区的民国路，改头换面搞了家"凯歌归"。大概过了两年，就转手给黄埔军人李岳阳了。

黄敬临是个很重亲情的人，只要能帮得上，不管是儿子还是兄弟创业，他都会不遗余力地支持。这不，三弟黄保临见哥哥的姑姑筵做得风生水起，就把"姑"字拆开，在南打金街开了家"古女菜"。说实话，这取名水平真不敢恭维。后来又搬到总府街，更名为"哥哥传"。一是出于对兄长的纪念，二是广而告之其烹饪技法乃黄氏嫡传。虽然这位亦步亦趋的黄三爷给人的感觉就是从头到尾都在沾哥哥的光，但他的店也不乏好菜，如鸡豆花、肝膏汤、黄焖仔兔、粉蒸大块鲶鱼等。老成都的筵蒸业（即餐饮业）每月组织一次"转转会"，由各大餐馆轮流做东，每家都会亮出拿手菜来大显其能，"哥哥传"的这些代表作还是很受同行认可的。在解放前夕恶性通货膨胀的影响下，黄三爷的店和业已迁至新玉沙街的姑姑筵，最终同时歇业。自此，姑姑筵及其派生出来的旁支都已成为过去完成时。至于上世纪末紧邻杜甫草堂出现的"姑姑筵文化餐室"，以及中国台湾、日本的四五家"姑姑筵川菜馆"，则是另外一回事了。

想要还原黄家菜的愿望是好的，但如何能再现其神韵是难的。在姑姑筵工作过的大厨中，最得黄氏真传的是被称为"新中国四大名厨"之一的罗国荣。罗氏早年学艺于成都"福华园"，满师后来到姑姑筵。1937年，罗氏经人介绍到金融大亨丁次鹤的重庆小园任主厨，丁家客人都管他叫"罗斯福"（与"罗师傅"谐音）。1941年，罗氏与人合股在成都开起"颐之时"餐馆，主营高档川菜。后于重庆设分号，他本人则打飞的往来于两地间照看生意，名气与日俱增。在"颐之时"的众多经典菜看中，最令人神往的是"开水白菜"。正是它，日后跟随罗国荣进京，成为惊艳海内外的国宴名馔。而它的初创者，正是黄敬临。

早在女子师范学校教书时，黄老师就经常给学生们灌输"唱戏靠腔，做菜靠汤""无菜不用汤，无汤难成菜"的厨经。川菜烹调讲究"一菜一格，百菜百味"，味乃菜之魂，汤则味之灵，其重要性不必多言。黄氏调鼎，特重火候，只准人等菜，不许菜等人。于吊汤一环，尤得三昧，故汤菜亦属姑姑筵一绝。"开水白菜"的前身为"白水豆腐"，其首秀是在某次有四川大儒赵熙参加的酒席上。

当它作为压桌菜被端上来时，在座的都傻了眼：青花海碗里除了豆腐块就是几根莴笋尖，清汤寡水的，不见一丁点儿油花。"这豆腐汤值多少钱啊？"终于有人按捺不住，发问了。"不多，也就二十元吧。"黄敬临微微一笑。“啥子？黄老先生开玩笑的吧。”那人怎么也不信。赵熙了解黄氏为人，知道他不会故弄玄虚，就率先搛了一块豆腐，又尝了一匙汤。

现场安静极了，举座都目不转睛地盯着他的表情。见是满脸惊喜的笑容和饱含赞许的目光，众人这才将信将疑地齐齐下筷，方知鲜美无敌，很快就将这碗其貌不扬的汤菜洗劫一空了。对于这道不凡之作，他们除了一再重复“神品”两个字，真不知该如何形容它。事实上，任何华丽的赞美都是多余的。

“白水”也好，“开水”也罢，当然不是指真的白开水，而是指向吊汤的最高境界——清澈如水，不浑无油。川菜中煨炖类不多，但不少菜式都需要借助高汤（包括毛汤、奶汤、清汤）来烹制，如何熬得一锅好汤，是一名厨师需要穷其一生钻研的课题。高级清汤又称顶汤，按色泽品质和制作难度分为单吊汤、双吊汤、三吊汤等不同段位，越往后越好也越难。“吊”为鲁菜叫法，川菜中习惯用“扫”字，手法差不离，只是称呼不同。扫的次数越多，汤就越透明，一般以两次居多，三次就很奢侈了。下面我们就来看看“开水白菜”的关键技术环节——“开水”的效果是怎么做出来的。

取母鸡、老鸭、猪肘、扇骨（猪后背肩膀下部的扇形骨）洗净入锅煮沸、撇沫，捞出沥干备用。将焯好水的食材连同干贝、火腿、菌菇等料下锅，加足清水，中火烧开后及时撇净丝絮状浮沫，调入适量料酒去腥，保持汤面微开不沸的状态，改文火慢熬四五个小时。刚开始时如果火力太大，食材受热翻滚撞击剧烈，汤汁易变浓稠，会煮成颜色乳白的奶汤；若火力过小，鲜味无法充分溶解，汤的成色也会大打折扣。故用刚柔兼之的文武火最宜。待第一步煮的工序完成后，锅中食材已浓香四溢，即可进入澄清高汤的“扫汤”步骤了，这也是成败的关键。

先要制备红白两种肉茸。取精瘦肉用清水反复漂净，剁碎捶细，灌以鲜汤、葱姜水调成泥状，此为"红茸子"。将猪里脊换成鸡脯肉，如法炮制，可得"白茸子"。扫汤讲究由深到浅的先后次序，火候把控也很重要。

第一次用红茸子，入锅后改中火慢慢升温，拿勺子顺着一个方向缓缓地不断搅动。随着温度上升，肉茸受热膨胀，吸除油脂和杂质后会上浮于汤面。待汤汁即将重新沸腾时，立刻转小火，用细网眼漏勺将肉茸捞出，留待后用。

等锅内温度下降，即可用白茸子进行第二次扫汤，方法同前。两次扫完，高汤已粗具"开水"品相，只是其鲜醇度还有待进一步锤炼。把先前捞出的红白茸子挤干汤汁，洗掉附着的污沫，用纱布包好，重新投入汤锅，文火细煨三个小时，即可得澄澈如水的无色顶汤，最后加点盐和胡椒调味。剩下的，就是期待着与白菜的"金风玉露一相逢"了。

比起故作谦虚却耗人心神的"开水"制法，白菜的处理方式则像它的名字一样朴实无华。选秋末经霜后有回甘的白菜，最好是那种叶绿质厚、将熟未透的，择出十厘米左右的黄秧嫩心，洗净后将茎浸入汤中稍稍软化，轻轻剥开五六片叶子，用细银针戳出若干气孔。入沸水微焯至刚断生且尚保持原色时，捞出漂冷，沥水后修剪成睡莲状。将顶汤分成两锅，文火保温。一只锅上置有铁笊篱盛着的白菜，用大勺舀汤，自上而下反复浇淋。汤快用完时，换另一只锅继续淋，直至菜心烫熟便可起锅。最后将白菜移入盘中码好，徐徐浇入热汤，"开水白菜"就大功告成了。

只见其茎叶抖擞，片片宛如新生，不露半分沥浇过后的倦怠痕迹。入口之时，方是见证奇迹的时刻。你分不清是眼睛欺骗了舌头，还是舌头背叛了眼睛：貌似脆硬的白菜，竟如此熨帖柔润，细嫩无渣；看上去好像很寡淡的汤水，却有着鲜而不腻、淡而不薄的美妙质地。用七八个小时提纯萃取的"开水"，味如陈年美酿般不燥不烈、绵长隽永。论其格调，的确是无上逸品，与现今那些舍不得投料下功夫吊汤而代之以鸡精等人工增鲜剂的速成汤品有天渊之别。想当年谪仙李白如果吃过黄敬临做的这道仙品，肯定舍不得用"清水出芙蓉，天然去雕饰"去激赏韦良宰的《荆山》了。它像《快雪时晴帖》一样，将醇厚质感以清妍面目出之，吃过之后你才会悟出那句"百菜独有白菜好"的真义。

白菜虽然没有炫目的外表或特殊的香气，却是厨中无一不宜的百搭食材。它能荤能素，可炖可烩，拌馅固美，暴腌亦佳，高级宴席的清蒸鱼翅要用它点缀，寻常百姓家的醋熘小炒也爱用它做主料。它不似大部分带叶蔬菜那般娇气，新嫩时招展喜人，没几天就蔫头耷脑的了。在北方人的乡土记忆中，有一种细水长流的温情，叫冬储大白菜。它就像一个久处不厌的知心老友，默默陪你走过人生的高峰低谷，与你共品生活的苦辣酸甜。不论何时，只要你需要，它都面带一缕"也无风雨也无晴"的淡然笑意在老地方等着你。雪汁云浆舌底生，人间有味是清欢，人情物理的极致无外乎"淡而有味"四字。人生最曼妙的风景，唯有内心的淡定与从容。淡，不是苍白空洞，而是豪华落尽后的内敛真淳之味，更是洗净铅华后的寓繁于简之美。

黄敬临很像武侠小说里的绝世高手，摘叶飞花皆能伤人，草木竹石均可为剑。一招一式，幻化多端，凌波微步，无迹可寻。这道气定神闲的"开水白菜"就是其武学已臻化境的体现。若无上乘内功——文化底蕴，断然创不出如此返璞归真的人间绝味。说到底，文人私房菜的精髓还是在"文化"二字。

提及川味，世人的第一反应往往是：色泽红亮的麻辣火锅、串串香、毛血旺、口水鸡、沸腾鱼、水煮肉片等等，反正就是一个"辣"字当头。实则不然，这是以偏概全地混淆了江湖菜和正统川菜的概念。要知道，在地道川菜中，真正用辣椒的不到三分之一。川菜的巅峰之作"开水白菜"

告诉我们，川味真的不是简单粗暴的无辣不欢。麻辣只是二十四种川菜味型之一，作为流传甚广的舆论中的形象标签，它其实并不足以代表川菜的全部。

那么，当我们在谈论川味时，到底在谈什么？

辣椒原产于美洲，明末传入中国后的很长一段时期里，只是被当作观赏盆景。四川人至今仍管辣椒叫"海椒"，这个"海"字就是其舶来品身份的胎记。它由"不可食"变为"可食"，距今满打满算也就三百年。

据康熙六十一年（1722）成书的《思州府志》中的一条记录——"海椒，俗名辣火，土苗用以代盐"，可知最早吃辣椒的中国人是贵州的土族和苗族，而这实属因当地食盐匮乏的无奈替代之举。清初国人食用辣椒的地理范围相当狭窄，仅限于黔东、湘黔交界的山区。其后辣椒作为一种占地少、产量高、对土壤和气候要求较低的作物，渐受欢迎，遂从盆栽植物变身为西南地区人民的盘中之物。

辣椒虽然是四川人餐桌上的小字辈，入菜时间不长，但并不意味着此前他们就不嗜辣。从西汉扬雄、西晋左思的同名作《蜀都赋》中，可知生姜、大蒜、附子、花椒、蒟酱、茱萸等都是当地人的日常辛香类调料。东晋常璩《华阳国志》中也说蜀人"尚滋味""好辛香"。而比起吃辣，四川人嗜甜的历史也十分悠久。曹丕《诏群臣》中即言"蜀人作食，喜着饴蜜，以助味也"。这种饮食习惯一直保留至今。川菜中，白糖的运用面非常广，美食界也流传着"川菜一勺糖"的说法。

现代川菜大抵发端于咸同年间，从清末新政起到抗战爆发前定型。关于其崛起，主流观点认为直接原因是抗战时国府西迁，大批精英拥向西南，川菜得以顺势进入上流社会，川味便在战后由长期雇用的川籍厨师传遍四方。川菜后发制胜，洋洋大观，味型之多与菜式之丰不仅独步全国，即使放眼世界也罕有其匹。其实，川菜的初创与繁荣得力于馆厨、家庖和中馈的集体贡献，而它之所以能形成如此复杂多变的风格，与其独特的人文地理背景密不可分。从始皇迁六国贵族入蜀，到东汉末年刘备建国，再到安史之乱时中原世族南迁避难以及明清"湖广填四川"等，秦汉以来的数次大规模移民潮促成了川菜与各地饮食的交融汇聚。加之蜀地农业发达、物产富饶，就孕育出了千滋百味、博大精深的川菜文化。

有人可能会问，既如此，那为何如今川菜馆里都是辣者为王？

因为吃淡味的成本越来越高了。近年来，随着城市化步伐的加快和社会阶层的流动与重组，辣味饮食风尚强势出圈，江湖菜应运而生。这种最先发迹于大排档和小酒家的重庆菜，以其率性张扬的味觉冲击力和实惠低廉的平民化价位，迎合了广大工薪阶层追求时尚、刺激、觅新猎奇的消费需求，遂很快风靡巴渝乃至全国。在速食主义大行其道的快节奏都市生活中，辣椒已然成为现代人释放压力的精神解药，川菜也被"麻辣鲜香"的单一标签模糊了"百菜百味"的多元化本真面容。当今嗜辣重口味的风行，与中国现代化进程相伴而生的消费结构、文化心理及价值取向的转变等众多因素有关。与其说它是饮食结构的新变，倒不如说它折射出了我们社会结构的某些特征。如果把吃辣这个问题纳入社会学和文化人类学的研究框架深入剖析，可以写出一本书来，在此就不赘述了。

一言以蔽之，我们在热烈追捧并尽情享用辣味川菜的同时，请不要忘记：川味之美，何止是辣。

· 谭瑑青 ·

家有簏金懒收拾，
但付食谱在京师

「榜眼菜」正名

民国食坛有"四大天王"之说，分别是黄敬临、江孔殷、谭延闿和谭瑑青，后两位又并称"南北二谭"。广义言之，凡谭姓人家烧的菜，都可叫"谭家菜"。但事实上，当时社会公认仅谭瑑青家宴享有此名。一提起这三个字，人皆知其所指，而不会误以此"谭"为谭延闿。盖因年代久远，往事不彰，今人多有混淆，故先特此正名。但也不能因而就狭隘地理解为谭延闿的家宴比不上谭家菜，"二谭"各擅胜场，何必瑜亮强分伯仲。关于这一点，暂且按下不表。

另需辩正的是，谭家菜被称作"榜眼菜"或"翰林菜"的说法有待商榷，这就牵涉到其创始人究竟是谁的问题。溯本清源地明其由来，而非捕风捉影地人云亦云，是对当年京城名气最大的私房菜馆，也是如今著名的百年非遗老字号最起码的尊重。否则，你吃了半天谭家菜，不就吃了个稀里糊涂的寂寞吗？关于这一点，得从谭瑑青的家世及其父谭宗浚的出仕履历层层梳理开来。

谭瑑青，名祖任，广东南海人，和康有为是老乡。他的祖父谭莹虽然只是个举人，但名气相当大，其事迹《清史稿·文苑传》有载。谭老先生因擅长骈文，为时任两广总督的阮元所识拔，自是文誉日起，游粤学者靡不慕与缔交。阮公乃乾嘉学派晚期代表人物，身历三朝，仕宦特达，学术亦未尝稍辍。凡其所至之处，皆以振兴文教为己任。谭莹就在他创办的学海堂书院当了三十年学长，并兼粤秀、端溪、广雅等书院监院，一时英彦多出其门。他又好搜辑乡邦文献，博考古籍颇勤，其"乐志堂"藏书三万余卷，协助富商好友伍崇曜刊刻了《粤雅堂丛书》《楚庭耆旧遗诗》等丛编巨帙，并参加了地方志的编撰工作，在岭南文坛地位很高。

谭宗浚少承家学，聪敏强记，提笔千言，一挥而就。同治十三年（1874），高中榜眼，授翰林院编修。后督学四川，典试江南，嗣出任云南粮储道、按察使。光绪十四年（1888），引疾归，卒于道中。关于谭家菜，目前通行的说法是：谭宗浚不仅娴于诗文，还醉心于饮膳之道，在京为官期间热衷于宴请同僚，其家宴兼具南北之美，广受好评。且当时京城宴饮成风，京官们把大量时间都花在相互酬酢上，久之，谭宗浚便开创了独具风味的谭家菜。自幼生长在京城的谭瑑青，喜好美食更甚乃父，少时即广搜经典食谱，利用随谭宗浚各地赴任的机会更是广泛涉猎，终成一代知名食家，使谭家菜誉满天下。

以上说法乍看合情合理，但并不符合史实，仅是经主观想象润饰的道听途说。但为何还能广为流传并鲜有人怀疑其真实性呢？因为它出自曾长期在谭府帮厨且日后成为谭家菜传人的彭长海之口。问题是，彭氏出身贫寒，从小没条件上学。1937年来到谭家打工时，距谭宗浚去世已五十年。既未亲历谭家菜之初创，又不具备通过检索文献、查阅方志及谭氏诗文集以系统考镜其源流的文化功底。以彭氏的出生年代和教育背景，他未必了解晚清真实的官场生态和京官这一特殊圈层的真实生活状态，所言恐多耳食之论。

所谓京官，是指在中央系统供职的官僚群体，包括科举正途出身的翰詹科道、院司堂官及靠捐纳分发各部院的小京官。除了高居官阶金字塔顶端的为数不多的一二品大员，其主要构成为中下级官员。较之地方官，京官俸禄菲薄但开销浩繁，宦囊羞涩是普遍现象。

以张德昌《清季一个京官的生活》中的主人公李慈铭为例，他就经常穷得开不了锅，得靠举债度日，还把值钱的衣物当出去周转，但往往也都赎不回来。收入诚然少，买书又很疯狂，经济状况无疑雪上加霜。但他依然长年沉醉于酒食声色之征逐，看他的日记就知道，每个月竟有一半时间在外面吃吃喝喝。而一些职位比他高的有头有脸的京官也照样入不敷出，时常告贷于钱铺却不能按时还款，靠赊欠、典质拉开的资金空隙并不足以缓解其拆东墙补西墙的拮据常态。那这些人挣来的官俸都去哪儿了呢？

宅第、舆服、姬妾、仆役、戏曲、歌郎、冶游、饮宴等项目，都是一个京官维持其身份和体面生活的刚需。上下班、出席社交活动别人都乘车，你不能步行吧；同事家有吉庆丧吊等红白喜事，你不能不出份子搞特殊吧；三节两寿你不仅得给各部院衙门的上级官吏送礼，还得为其仆从、舆夫、门房准备红包；至于本衙皂吏嘛，当然亦需按节犒赏。如果你想标榜自己是清流，刻意回避交际以"节能减耗"，自我放逐于圈子之外冷眼旁观，那就等着被孤立、被算计，最后成为官场牺牲品吧。因为你的崇高道德感就像一面照妖镜，它那格格不入的刺眼光芒使对方丑态毕露，人家会觉得不舒服，宁可毁了你这面不伦不类的镜子，不被打扰地过他们相互内卷的"上流社会生活"。

所以说，大部分京城士大夫阶层的心态其实很矛盾，价值观也是分裂的：他们一边鄙视金钱，用圣贤教导的"君子固穷"的精神胜利法聊以自慰；一边不得不设法大开敛财通路，仰赖印结银[1]及外官馈赠使个人财务"良性"运转。京官取之于外官，上司得之于下属，彼此互有乞求，因缘为奸，早已是习于人口的公开的秘密。但这种变相贿赂在授受双方看来，并无伤廉介。

京官们有一个很灵通的消息网，一旦得知哪地官员到京，便立刻互通有无，联合宴请。双方各自的想法都很朴素：外官虽然在当地作威作福，搜刮来的民脂民膏让他们的腰包颇为丰盈，但都想保住官位并营谋擢升。故仍得在皇城根儿的大爷们面前装孙子，靠其人脉帮忙通通声气、走动走动。京官则无非想借职务之便，捞取灰色收入——冰敬、炭敬、瓜敬、节敬、别敬等等各种"不成敬意"，名目依时令、事由而定，表现形式极其"人性化"。先不说这些京中的大小官僚愿不愿意或有没有足够的能耐帮对方心想事成，至少人家衙门高、行头足、排面大，地方上来的人总得敬畏三分。

张集馨在自叙年谱《道咸宦海见闻录》中，赤裸裸地揭露了其居官外任三十年间耳闻目睹的种种"怪现状"。提到别敬时，他说："京官俸入甚微，专以咀嚼外官为事。每遇督抚司道进京，邀请宴会，迄无虚日。濒行时，分其厚薄各家留别。予者力量已竭，受者冀望未餍，即十分周到，亦总有恶言。……是以外官以进京为畏途，而京官总以外官为封殖。"讲的就是这种相沿成习的京官迎外官之陋规。他接下来记述了自己每次出京任外官时所付的别敬。陕西督粮道乃大清道府第一肥差，得了偌大的好处当然不能一人独吞，必须得拿出相当一部分来与大家伙儿分享。

1 　印结银：印结是清代官吏铨选陈规的一种例行保证手续，指捐途出身者不论所捐官职品级高低，都需缴具同乡京官所写的担保文书（即保结）。印结银即报捐过程中产生的手续费，自咸丰以迄同光，由各省在京现职官员轮流管理分配事宜，按月结算。这笔钱也是当时一般京官维持日常生活的主要收入来源之一。

此次赴任前夕，他请客送礼一共花掉一万七千余两。其后调任四川、贵州、河南等地的臬司[1]、藩司[2]等职，历次平均花销都在一万三千两上下，年节应酬等尚不在其内。除去打点京官的这部分固定支出，任期内还得孝敬好本地领导、搞好和兄弟单位的关系、做好随时接待路过的中央官员的全套准备（住宿、酒席、娱乐、程仪等）。算下来，每年真正到手的银子不及总收入的五分之一。尽管如此，还是比在京为官要滋润得多，"京僚获简，不啻登天"即此之谓也。

说白了，清季京官的频繁宴饮活动未必出于自愿。他们之所以甘愿打肿脸充胖子，过着低收入的高消费型的生活，并不一定是自己有多么贪慕虚荣，而是现实官场潜规则驱动之下的生存考虑使然。餐桌社交既是目的，更是手段，非此不能联络外官、增进感情、沾得奉赠。与其说某京官乐此不疲地办宴是为了满足个人口腹之欲，倒不如说是他们适应官僚人情体系以补足收支差额的一种低成本高回报的投资方式，并不是用泛泛的"嗜好美食"四个字就能笼统概括过去的。

言归正传，下面我们就来看看入职翰林院的谭宗浚，到底有没有经济实力宴无虚日，从而创出谭家菜。

在今人的认知观念里，"翰林"就是高知中的高知。翰林院在清代被称为"人文之渊薮"，是朝廷储备人才的地方，也是国家最高层次的学术文化中心，只有顶尖"考霸"才进得去。换言之，其大门并非向所有出类拔萃的"学霸"敞开。

1　臬司：指按察使，正三品，主管一省司法、监察之事，相当于现在的省级公检法机关一把手。

2　藩司：指布政使，从二品，掌管民政赋税，与今之常务副省长相若。

还是以李慈铭为例。此人博学淹通，作得一手好文章，又为清季诗家之冠，但就是考运不佳，屡试屡挫，功名之路极不顺适。他先后十一次参加南北乡试，无不落第而归。后北游报捐户部郎中，不料为人欺哄，尽失携资，落魄京都。从弱冠到不惑，花了二十年时间才中举。又经过十年，落榜三次方考中进士，时已年过半百。为此，他特治一枚自嘲其心酸科场路的闲章："道光庚戌茂才，咸丰庚申明经，同治庚午举人，光绪庚辰进士。"相比之下，谭宗浚要幸运一些。他乡试考了两次，会试考了四次，当然最后一次成绩很好，以一甲第二名及第。

既中榜眼，按规定，谭宗浚可直接入翰林院授编修，正七品到手，与县令同级。但翰林院属于职掌修史撰文，以备天子顾问的清要衙门，既不管钱，又不管人，更没什么可捞油水的项目。身为文学侍从的翰林们虽然地位荣耀，但个个穷得叮当响，只能靠基本工资度日。支撑他们安贫乐道的强大信念，就是京察后内升卿班或外放道府的快速晋升路径。但清末六部司员皆可入赀行走，翰林官本身也变得冗杂无常制，其专缺优势和含金量不比从前，能爬到位极文臣的殿阁大学士之人寥若晨星。

清代京官俸饷制度大体沿袭明制，仅略加删改。自雍正二年（1724）耗羡归公以来，外官于常俸之外按品级另有津贴，即养廉银，不过京官待遇如旧。从乾隆元年（1736）起，在京文武官员支领双俸，旧额为正俸，加俸称为恩俸。但咸丰年间，国家财政紧张，俸银都是减成折扣发放，直到光绪十二年（1886）才恢复旧制。理论上讲，谭宗浚的年收入是九十两银子，外加四十五斛禄米，但他根本领不到足额工资。这么点钱，过日子都紧巴巴的，哪敢大吃大喝。

比谭宗浚稍晚入仕的何刚德初至部院时，领到的俸银只有六成，数年后才改为全俸。他在《春明梦录》中说，翰林官最为清苦，"所盼者，三年一放差耳"。他们最期待的，就是能被差派到地方上去赚些外快贴补家用，差事由高到低可分为三个层级。

清代掌管一省文教工作和岁、科两试的最高长官叫学政，由朝廷在侍郎、京堂、翰林等进士中简派，三年一任，任内各带原品衔。如有幸被选中去一些富裕的大省份当学政，三年进项三四万两不在话下；即便是穷乡僻壤，也能赚一万两左右。此为学差，是第一等的美差。试差次之，当一回乡试主考官能赚数千两，若分到广西这样的穷地方，那就只有九百两。再次一等的是房差（即房官，乡、会试时分房阅卷的同考官），专恃门生贽敬，丰啬取决于门生家境的贫富。大率不过三百两上下吧，虽然跟主考没得比，但毕竟聊胜于无，何况只负责批卷子，算是性价比不低的差事了。

谭宗浚表现优秀，运气也不错，只在翰林院待了两年就接替张之洞出任四川学政，光绪八年（1882）又当了回江南乡试副主考官，前两等美差都让他赶上了。假如说他确在京城宴请同僚，也只能是在得了这些差事稍宽裕之后。其目的不外乎就是遵循张集馨所述之官场游戏规则，属于必不可少的人情往来。但是，这种情况不一定会发生；即使有，也不大会铺张扬厉，更不可能没日没夜地请个没完，弄出什么谭家菜来。

何以故？谭宗浚为人正派，两袖清风，原则性非常强。在蜀当学政时，他严剔弊窦，奖掖英才，大力发展尊经书院，言谈举止深受士林推重。四川总督丁宝桢在给光绪的奏折中，称其"衡文以清真雅正为主，去取公允，士论翕然"，按试各属则"轻车减从，地方一切毫无滋扰需索之弊"，评价极高。光绪十一年（1885），谭宗浚因"京察一等，记名道府"，被任云南粮道。他认为自己所学比较适用于儒林文苑，且"京官已为熟手，外官诸多未谙"，更放不下手头上已粗具端绪的作品。本不想出京，但事与愿违。到任后，他并没有消极怠工，而是励精图治，落实了许多泽被后世的民生工程，如兴修水利、平反冤假错案、设置救济堂等慈善机构。

后因精力过耗，患病请辞，上级未允，百姓亦不舍，遂留任。直至病笃，拟返乡却因贫窭无法筹资启程。试想，这么一个克尽厥职、守廉明耻、政绩斐然的清官，会有闲钱和闲心成天摆酒局、研究私房菜谱吗？

谭宗浚和李慈铭一样，都是自持操守、不屑于俯仰随人的耿介之士，对政界黑暗深恶痛绝。只是身为清流派的李氏个性太强，言行直露峻厉，常不假辞色地面折人过，以致与一些知交好友都因此决裂。而温克过人、平和内敛的谭宗浚则遇事都往肚子里憋，最多诉诸诗文日记倾吐不快。

在翰林院时，他最大的心愿就是进入坊局[1]，以便整理自己的著作。但"高谈偶臧否，辄复撄祸枢"，性情伉直的他只因说了几句发自读书人的良心和正义感但上司不爱听的话，就被外放云南。他在《于滇日记》中写道："曾向掌院力辞京察，而掌院徐桐必列余名。或云徐公有意倾陷，故京朝官多代余惋惜者。"时任翰林院掌院的徐桐是恶西学如仇雠的顽固守旧派，戊戌政变之后，靠不择手段攻击新党得到慈禧信任，实则学问很有限。谭宗浚本不想外任（前已说明原因），然徐氏久妒其才，恰又寻得刁难之机，便暗中作梗使其愿望落空。

"昔为升天云，今为覆阶水。"出都那日，谭宗浚百感交集，逐臣之心一片苍凉。而赴滇之旅更是磨难重重，由湘入黔途中飓风大作，水路颠簸，惊心动魄。身心饱受摧残后改行陆路，食宿简直一言难尽。街衢房室溲溺纵横，如入秽人之国。居住条件简陋不说，伙食也极差，"村中无白粲，仍煮面食之，已数日矣"。阔别妻孥，远宦边陲，整个旅程没有一点顺心可言，其苦闷毋庸辞费。

1　坊局：詹事府内部机构之左、右春坊及司经局的合称，掌经籍、典制、图书辑刊等。

风雨兼程地奔波了四个多月，他终于在年底入滇，旋即进署接篆视事。但云南粮道公事废弛，贪赃婪劣的前任给他扔下了一个闹心的烂摊子。回想出京前，自己先后被慈禧和光绪召见并温言慰勉的情景，他的心情还是异常激动："小臣听天语，涕下交颏颐。誓捐肝脑报，遑恤顶踵私。驰驱万程驿，一一皆圣慈。"满是拳拳忠君报国之意。故自抵任以后，兢兢业业，勤政有加。只是他的心境却一直不佳。一方面，过高的自我期许与现实处境的落差使他深觉大志难酬，有负皇恩。另一方面，在这两年间，他人生中几位非常重要的亲友相继辞世，因备感世事无常，故心情越发郁塞。加之案牍劳形，身体每况愈下，无福得享修龄，归粤途中病殁时年仅四十三岁。

回首谭宗浚一生的宦游轨迹和心路历程，以喜剧开端，悲剧收尾，令人唏嘘。从二十九岁入仕起，他真正在北京待的时间并不长。做了两年穷翰林紧接着就去四川待了三年；抵京被任命为会试磨勘官，结束后便请假南归，四处游历，典试江南之前都不在京；光绪九年（1883），回京继续当会试磨勘官，又任国史馆总纂；两年半之后，前往云南。无论从时间还是经济等客观因素推断，谭宗浚都很难创立出谭家菜。

更重要的一点是，通览其诗文集，多的是书生意气和家国情怀，并未看出他在主观上对饮膳庖厨有任何特殊偏好。其所著《荔村草堂诗钞》十卷与《荔村草堂诗续钞》一卷，再加上集外逸诗 45 首，共存诗 1263 首。其中数量最多的是写景纪游诗，另有咏史怀古、寄赠题画、感事抒怀等题材，闲情诗不多，与食事相关者仅《初食鹿尾》《赐宴》《新会橙歌》《食菜》《食蟹》等屈指可数的几首。不过，他年轻时纵情诗酒倒是真的，曾自道："余少年诗文成于酒后者皆多，有天趣，较之于醒时殊胜。"除了从酒中汲取创作灵感，有时也借以浇其块垒，但这些都属于文人的常规操作。从诗言志的角度考虑，倘若他真是酷爱珍味的美食家，

家宴

怎么也该像苏轼、陆游那样多有吟咏才说得过去。通过查考谭宗浚本人及其同时代交游对象的相关著述，就笔者目力所及之各类文献资料，尚未发现其开创谭家菜的确凿证据。

至于谭瑑青随父外任期间积累食诀甚丰之说，更属无稽之谈。

谭瑑青出生于1880年（一说1876年），其父赴四川任时他还没出生或刚呱呱坠地。谭宗浚八月从北京出发，十一月底到任，路上走了一百多天。一个心智健全的成年人，会硬要抱着襁褓中的婴儿舟车劳顿、跋山涉水地去"旅游"吗？之后到云南，谭宗浚在日记中写明并未带家眷。他病逝时，谭瑑青不过十来岁，这个年纪的孩童怎会天天围着锅台探索下厨的奥秘？别忘了，谭氏乃岭南书香门第，又非颠勺世家。其实，只要结合谭宗浚所处的时代背景，尤其是清季官场的真实生态，知人论世地详加稽考其生平履历及性格特点，不难得出谭家菜并不是传说中的"前清翰林谭宗浚的家传筵席"，"榜眼菜"或"翰林菜"的说法自然也就不攻自破。

"三代富贵，方知饮食"，此话不假。但没必要为了刻意突显其悠久的传承就强把创始人的帽子往当过翰林的谭宗浚头上扣。谭瑑青精于饮食并创私房菜是他自己的事，与乃父无甚关系。谭家菜的叫法和历史也并不悠久，不过是上世纪三十年代初才出名的。而它之所以出名，则跟谭瑑青的穷途末路有关。

民国初年，京华私房菜之翘楚有三：军界段芝贵的"段家菜"、银行界任凤苞的"任家菜"和财政界王绍贤的"王家菜"。名不见经传的谭家菜属于后来居上者，一经面市，即以味压群芳之势驰誉公卿间，稳坐私家会馆第一把交椅。时人有"戏界无腔不学谭，食界无口不夸谭"之谓，将谭瑑青与伶界大王谭鑫培并举，无不以能假谭府宴客为莫大荣耀。

谭家菜中最著名的当数"燕翅席"，可谓首善之都的首善之品，其吃法自有定格。

开筵前，来宾先在客厅小坐，随意享用茶点。待食客全部到齐，移步餐厅，围桌坐定后，侍者端来烫好的绍兴黄酒和六样佐酒热菜，有软炸鸡、五香鱼、叉烧肉、烤香肠、蒜蓉干贝、红烧鸭肝等，算是开场白。饮至二成，谭府第一名馔"黄焖鱼翅"作为头道大菜隆重登场。

谭家菜蔚为大观，有近二百种佳肴，擅长发制干货，尤精于以老火高汤烹制海八鲜，仅翅馔就有三丝鱼翅、蟹黄鱼翅、鸡茸鱼翅、清炖鱼翅、浓汤鱼翅、虎皮鸽蛋鱼翅等十几种各具特色的烹法，其中又以黄焖鱼翅为最上乘。谭家翅馔通常选用产自菲律宾的名贵黄肉翅"吕宋黄"，这种翅有一层像肥膘似的肉，翅筋层层排列，油厚肥嫩，富含胶质。泡发时，既要除尽沙粒，又要保持翅形完整，十分考验耐心。

具体做法为，将剪掉薄边的鱼翅放入铝锅（不可使用铜或铁制容器，否则翅身会变色）中，注入开水，煮三分钟，离火闷泡晾凉后取出，用小刀慢慢刮沙；洗净，上火煮两小时，然后捞入温水中第二次搓擦褪沙并去骨；用清水冲洗几次，再换开水煮三小时才算发透。最后将鱼翅浸入冷水中数小时，彻底去除腥味后即可使用。

接下来是煨上汤。取处理好的老母鸡、鸭子各一只；干贝去硬筋，洗掉表面泥沙，上笼蒸透；取瘦火腿少许，切成细末儿备用。将水发鱼翅整齐地码放在竹箅上，放入锅中，倒清水烧开。小火煮三分钟，滗水，加清水再煮，再滗，如此重复三次。加水，放葱、姜、料酒，小火煮五分钟，滗水。然后在鱼翅上方加一层竹箅，盘中放入整鸡、整鸭、火腿，加足量水，烧开后撇去浮沫，入葱、姜，加盖大火煮十五分钟后转小火焖燀六小时，中间不得开盖续水。待焖透，取出辅料弃用，捞净鸡鸭碎渣，将鱼翅移入另一只锅中。加入清汤和蒸干贝的汤，放少许盐、糖、料酒，烧三分钟使其入味。起锅时，将收浓的汤汁浇在鱼翅上，撒火腿末儿即成。

这道文火细煮的黄焖鱼翅从备菜到登盘，至少需要十二小时，极费人工。成菜色灿如金，绵润浓鲜，醇香盈口，余味悠长。张大千和谭瑑青是情投意合的好友，他对谭家菜评价很高，称其红烧鲍脯和白切油鸡两味为中国美食中的极品。张大千本人是烹饪高手，自家做的鱼翅也很不错，但面对独步食林的谭翅，仍自叹弗如。住在南京时，他还曾多次托人专程到谭府代购刚出锅的黄焖鱼翅，打包好立即从北京空运回宁，上桌后揭开食盒，鱼翅还热乎着呢。

鱼翅、燕窝为谭家菜之"双璧"，"燕翅席"的第二道便是"清汤燕菜"。上菜之前，侍者会给每位客人送上一小杯温水先漱口，非此不足以品其醇美。

谭府制作燕菜，一般会选"暹罗官燕"。这种燕窝由金丝燕第一次筑巢时完全靠喉部分泌的大量黏液胶结而成，质地纯粹，盏形完好，是为上品。发制方法为，用温水将燕窝浸泡三小时，俟其涨透，反复冲漂。轻轻捞出一块，置于注有少许清水的白色平盘中，用尖嘴镊子择尽细毛等杂质，将燕窝丝一根根小心撕下，切勿弄断。其后再漂洗数次，泡入清水即可。虽然在水中加碱可使涨发率大幅提高且色泽更加白亮，但营养成分大打折扣，得不偿失，故谭氏发制燕窝杜绝用碱。

燕窝本身无味，全靠汤来提鲜。此菜以鸡、鸭、肘子、干贝等料慢炖三小时吊汤，再连续用两次鸡茸扫去浮油制得清汤。走菜时，将发好的燕窝放在瓷盏子里，注入适量鸡汤，上笼蒸二十分钟。取出，分盛小碗，倒入烧开并调好味的清汤，撒少许细切火腿丝即可。此菜成品色白如雪，质地滑糯，汤则清透晶莹，口感既清新又丰满。闭目品咂，其味正如陶潜的田园诗——质而实绮，癯而实腴。

第三道为鲍鱼，时而以熊掌代替。或红烧，或蚝油，妙在盘中汤汁仅够一匙之饮。想喝第二口，只能留待下次，食者每以量少为憾，殊不知未被满足的欲望才迷人。以红烧鲍鱼为例，做法其实与红烧肉没太大区别，关键在于选料是否地道。若料不佳，任凭你用冷水、开水、碱水还是抹芝麻酱，再费工夫泡发也是白搭。谭府的鲍鱼都是从广州整批订购来的最高价紫鲍，过大过小的都剔除不用，只有七八分厚、约二寸长、最宽处一寸余者才可入选。将其泡入温水，发至汤碗直径大小就可上火煨炖了。唐鲁孙说他吃过很多名庖家厨做的鲍鱼，但像谭府红烧鲍鱼这样滑软鲜嫩的——吃边里如啖蜂窝豆腐，吃圆心嫩似溶浆，晶莹凝脂色同琥珀，在别处还不曾遇到。他认为张大千的极品之赞都有点保守了，夸为神品还差不多。

第四道是三斤重、尺许长的"扒大乌参"。第五道鸡馔，如草菇蒸鸡、栗子焖鸡之类。接着上素馔，有三鲜猴头、银耳素烩、口蘑盖菜、虾子茭白等。再下来是清蒸鳜鱼、干烧鲫鱼、姜汁浸鱼等鱼馔。第八道鸭馔，代表作为"柴把鸭子"。此菜造型生动，因用苔菜将鸭肉条和冬笋、冬菇、火腿等一捆一捆扎起来，形如柴把，故名。此外，另有葵花鸭、元宝鸭、黄酒炖鸭、桃仁鸭方等名菜。

第九道为汤馔，如清汤广肚、茉莉银耳汤、杞子雏鸽汤，其中有一味清鲜解腻的"珍珠汤"值得特书一笔。取刚吐穗的两寸长左右（超过三寸就不理想了）的青嫩玉米剥皮，择须，留用尖端最嫩部分。洗净，切丁，煮两分钟后捞入盘中，加清汤上笼蒸五分钟，取出待用。将调好味的清汤盛入汤碗，放入玉米丁和用沸水烫过的豆苗，便可上桌。厚味过后，有此一汤，弥觉口爽神畅。

收尾菜为甜品，有菠萝羹、杏仁茶、核桃酪、小枣莲子茶等，随上麻茸包、酥盒子、豆沙山芋饼、菠菜翡翠卷等两样甜咸面点。醉饱之余，侍者捧来热手巾，揩毕，离座复至客厅，上干、鲜果盘各四。继之以烹煎翠影，人手一盏云南普洱或安溪铁观音。边品茗边回味美馔，有人言："其味美，虽南面王不与易也。"有人借用吴公子季札观赏周王室乐舞后的感想，褒曰："观止矣，若有他乐，吾不敢请已。"

的确，能品尝到这样一席水陆并陈、珍错罗列的饕餮盛宴，是多少人梦寐以求的事。吃过的，引以为傲，是舒心的念念不忘；想吃而不得者，抱憾终生，是扎心的念念不忘。历史地理学家谭其骧虽然在五十年代吃过一次已归入国营的谭家菜，但仍对早年没能在谭府一睹燕翅席之风采而深感遗憾。他给邓云乡的《增补燕京乡土记》作序，忆及三十年代下馆子的情形时，还提到了这件事。

彼时鱼翅是京城各大饭庄高档酒席中最讲究的名贵海味，所谓"无翅不成席"嘛。西长安街"八大春"的鸭翅席（以鱼翅羹、砂锅全鸭为主菜），不算小费，每桌十二至十六元。东兴楼、丰泽园等一流饭庄的扒鱼翅席，要二十元。这么一比，八元的海参席、十元的鱼唇席就略显寒碜了。而谭府却开出了让人望而却步的四十元高价。囊中羞涩而又想吃的话，一般可以另找九个人同吃，餐费平摊。但谭其骧的这顿心心念念的鱼翅席终因未凑齐人数作罢。

与谭其骧恰成有趣对照的是邓云乡的老师谢国桢，他随他的老师傅增湘就蹭过不少顿谭家菜。何以言"蹭"呢？这还得从当年独领风骚的"鱼翅会"说起。

谭瑑青生于北京，父亲去世后随家人回到广东，于光绪末年拔贡[1]，再次入京。宣统年间，曾任邮传部员外郎。民国成立后，当过国会议员、财政总长李思浩的机要秘书、平绥铁路局专门委员，还做过几处电政监督，之后又调入交通部任参事。干的都是有钱有闲的肥缺，难怪可得余暇究心饮馔之事。

1927 年初，他和傅增湘、沈兆奎、周肇祥等人发起鱼翅会，并写信邀请时任辅仁大学校长的广东老乡陈垣加盟。会员共十二名，都是在文史、收藏、金石书画领域各有建树的文化人。

鱼翅会一月一办，时间定在每月中旬第一个星期三。会员章程中的收费标准用今天的话来说，就是"霸王条款"：会费每人每次四元，谭瑑青不用交钱，其他人即使不到亦需照奉席费，是否派代表参加则听凭自便；以齿序轮流值会，所有通知及收款事宜均由值会办理。傅增湘作

1　　拔贡：清制，初定每六年一次，乾隆七年（1742）改为每十二年一次，由各省学政挑选府、州、县优秀生员升入国子监读书称为拔贡生，简称拔贡。拔贡不算正式功名，相当于今之保送生或推免生身份。如经朝考合格，一等授七品京官，二等为知县，三等任教职，更下者罢归，谓之废贡。

　　　　　　　　　　　　　　　　　　　　　　　　　　家宴

为该会的主要发起者，掌握着每次赴宴人员的名单，遇有空缺或自己因故不能参加，便可拉来弟子顶替，反正不吃白不吃。原来谢国桢朵颐福厚，全赖于他的老师。

谭瑑青继承了父祖的优良家学，为文骈散皆工，词亦本色当行，与旧京遗宿多有唱和赠答。二十年代中期，尝与其友邵章、黄孝纾、赵椿年、俞家骥等人结为"聊园词社"，推选张伯驹的父亲张镇芳为祭酒，汪曾武、溥儒、罗惇曧、郭则沄等十几人先后参与其中，一时耆彦，颇称盛况。其活动形式与鱼翅会差不多，也是每月一聚，社员轮为主人于谭府设馔，周而复始。

主人集饮馔专家、词章家、书画鉴赏家于一身，加之客人的职业背景，决定了谭宅家宴具有类似西园雅集的性质。其文酒之会所在地乃一间客厅、三间雅室，花梨紫檀为家具，上好古瓷为食器，四壁饰以名家丹青，又有古董琳琅满架，盆景朴茂可观，就餐环境非一般饭庄可比。赴宴者往往会带来宋椠妙墨等雅玩珍品，酒酣耳热之际，各出所携，互赏助兴，交流购藏心得。可以说，品味绝美肴馔之余的高级精神文化享受才是谭家菜的味外之旨和韵外之致。

多年以后，摩挲着自己三四十年代写的《北平日记》，古文字学家容庚将会回想起他在琉璃厂与谭宅这两点一线之间"逛吃逛吃"的那些个美妙的周末。

1922 年，容庚携其所著《金文编》稿本北上求学，经罗振玉举荐，入北大读研，成为一名粤籍北漂学术青年。毕业后历任燕京大学国文系教授、《燕京学报》主编兼古物陈列所鉴定委员等职。旅食燕京二十余载，他以其皇皇大著名动学林，也因与谭家菜结下的不解之缘，为我们了解谭瑑青其人其宴提供了一个绝佳的切入点。

容庚出身清末东莞书宦世家，祖父容鹤龄与谭宗浚同为咸丰十一年（1861）举人，故称谭瑑青为年伯。他的外祖父邓蓉镜也主持过广雅书院，虽因谭莹先逝未能与之相交，但毕竟有些渊源。因着两家长辈的这层关系，加上容庚又是彝器和书画收藏专家，与谭瑑青趣味相合，二人间的互动自然不会少。进城逛琉璃厂文化街和赴谭宅家宴一度是他休息日最重要的两项活动，用今天的话说，就是周末最理想的打开方式。

1926 年 6 月 6 日，容庚参加了《大公报·史地周刊》成员在谭宅组织的聚会，同座有顾颉刚、张荫麟、洪煨莲等人，此事顾颉刚日记有载，

瘦公韻事劇清奇想

見璇閨品第宜今日

披圖坊感喟回思宣

綰太平時

希白仁兄世長屬題

戊寅二月譚祖任

图 21　谭瑑青题容庚藏《迦音阁赞诗图》诗

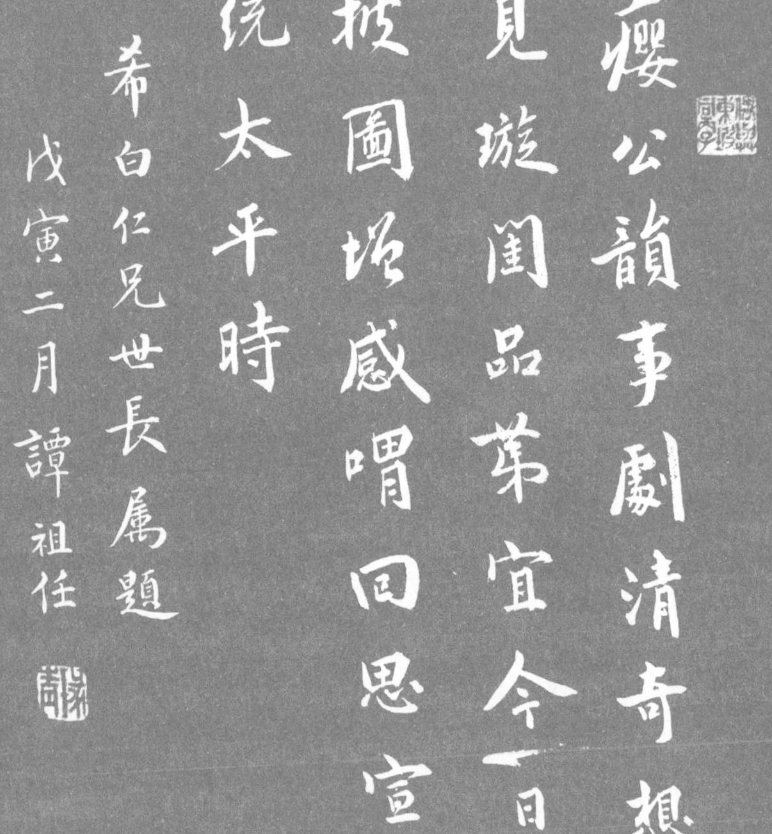

应为目前所见到的容庚吃谭家菜的最早记录。1935 年 7 月 11 日，谭瑑青之名第一次出现在容庚的日记中。从 1937 年起，"谭宅聚餐""赴谭氏餐会"等字样明显增多。1938 年一年中竟有 33 次，平均每十天就吃一次谭家菜，频率远高于鱼翅会诸公，真羡煞众人也。1939 年有 19 次，其中一晚还在谭宅留宿，可见二人已关系匪浅。

1940 年尽管只有 8 次记录，但透露出一个重要讯息——谭宅鱼翅席的人头费已由四元涨到七元，几乎翻倍，而他一个月就连吃了两顿。先是 11 月 3 日，而后 24 日又叫来一桌燕京大学的同事，可能是为年伯拉客照顾生意。1941 年，赴宴 17 次。1942 年日记缺失，不详。1943 年 1 月，连聚 3 次；2 月 28 日晚，谭瑑青宴请完容庚等同乡后竟一病不起，于同年 6 月 4 日去世。6 月 6 日，星期日，容庚还是像往常那样去琉璃厂逛了一圈，只是逛完之后的"至谭宅聚餐"，成了"往谭宅吊丧"，读之不胜伤感。在这里，他曾与黄宾虹、周怀民、汪蔼士、陆侃如、郭绍虞、李棪等诸多学界同好度过了无数难忘的欢聚时光，可惜这样的日子一去不复返了。次年 3 月 12 日中午，赵汝谦在谭宅主持聚会，这是容庚离京南下前吃的最后一餐谭家菜。

据笔者统计，从 1935 年至 1943 年的九年间，容庚共赴谭宅家宴 89 次，其中大多集中在 1938 年至 1941 年。这个数字不包含他在外宴请谭瑑青及两人只见面不吃饭的情况。考虑到容庚这二十二年的日记时间跨度较大，缺记或漏记约占三分之一，他们实际聚餐的次数应该还要更多。而容庚的日记类似流水账，行文相当简略，因而每次见面之因由及所食菜品都无法从中知晓。

关于前者，笔者的大致揣测如下：二人同为广东旅京名流，多见面增进乡谊的情感因素肯定有。另外，还应涉及文物鉴定与交易，陈垣书信、邓之诚日记中都有相关文字可资佐证。至于后者，亦有间接材料足供参考。

容庚如此频繁赴宴，必然不可能顿顿酒席，吃鱼翅也只记有两次，平时应当还是以家常菜为主。唐鲁孙曾应邀到谭宅吃过一次便饭，仅宾主三人，大家讲好不饮酒，所以能专心致志地就菜肴细品一番。那日的四菜一汤给他留下了极深的印象，事隔四十多年后回忆起来仍历历在目，如数家珍。

第一道，姜芽口蘑丁炒虎爪笋。口蘑不算稀奇，但刀功精细，切得都如算盘珠子一般大小。所谓虎爪笋即产自天目山的每支长仅逾寸的钢竹笋，要发得恰到好处，炒出来的笋肉才清淡味永。第二道，蟹黄扒芥蓝，以粤菜手法烹制。用胜芳蟹熬蟹膏，芥蓝只取嫩尖，火功恰当，入口鲜沁。第三道，浓焖鸭掌。将洗净去膜的鸭掌在高粱酒里泡三四个月，以白汤红烧，汁浓味正，酒饭皆宜。第四道，豆豉肉饼蒸曹白咸鱼。豆豉自制，有蒜蓉和辣椒，用姜汁而非姜末儿。鱼要切成寸半见方才能蒸透。汤品为益元补脑的鸡酒炖牛脊髓，酒味薄厚适中，清润香醇，而且这个搭配也是别出心裁。主食为一笼淮扬汤包，妙在面不粘牙、汤不腻喉，比著名淮扬菜馆玉华台饭庄的还要美味。

容庚日记中不见载的内容，我们也只能借助唐鲁孙的亲身经历和文字描述联想一二了。敌伪时期是谭家菜的鼎盛期，有官府要人撑门面、有同乡学术大佬站台，谭瑑青每日迎来送往，月入不下千金。作为谭宅家宴的常客，容庚见证了其繁荣和辉煌的细节。郭家声是谭瑑青的聊园词社词友，曾在报纸上发表过一首赞誉谭家菜的长诗《谭馔歌》，后收入其《忍冬书屋诗续集》。这首诗在当时传诵甚广，不失为今人研究老北京饮食史的一份宝贵资料，现节选如下：

> 瑑翁饷我以嘉馔，要我更作谭馔歌。瑑馔声或一纽转，尔雅
> 不熟奈食何。……既不必脍四海鳞，亦无庸臛江东鼍。常品
> 维时即珍错，取则不远伐柯。或取胰菜冒山肤，或成美鲊

烹水梭。……只此常馔号独秀，何假胹熊与餤驼。自余亦各
成馨逸，卅年属餍恒经过。我言未毕君大笑，议鲐庶几供切磋。

诗中一一细数故都名酒家食单，意在衬托谭馔之精绝，他还给谭瑑
青取了个很贴切的谐音梗外号"谭馋精"。那么，由文人转型为商人（尽
管他本人不愿承认）的谭馋精适应良好吗？其生意经念得如何？恐怕他
只想说四个字——我太难了。

要把非出本意的事业做成尽如己意的样子，对谁都是不小的挑战。

瑑青先生整日以宴游为乐，早先在各部当差时，收入可观，尚能维持。
他也许曾经天真地以为，自己一个无党无派自由身，政局动荡和权力更
迭都与他无关。你方唱罢我登场，不管哪一派掌权，都总得给个闲差当
当吧。但现实远比人预估的要残酷，你不量入为出，绸缪桑土，临渴之
时连掘井的地方都找不到。

1926年秋，谭瑑青丢了饭碗，赋闲在家，收入随之锐减，财力日渐吃紧，
这才感到危机临头。而其长女谭令嘉自去年离婚以来生活困难，前途黯淡，
本就不平静的生活又起波澜。他不得不收起自尊，写信请陈垣为自己在
教育界或银行界谋一卑职，也帮女儿安排一个中学教席。同时辗转托人
出让藏品，补贴用度。但惯于锦衣玉食、玩日愒月的他丝毫不愿降低生
活水准，也不想让别人看出他家底已经空虚。为照常举宴，他竟卖掉西
四羊肉胡同的谭家老宅，全家僦居米市胡同南海会馆，收拾出两间精雅
的书斋，慢慢开始变相经营，只是不像一般餐馆那样会收取小费。

谭家菜最初只是以文会友、以馔款客的私厨小宴，并不对外营业。
鱼翅会成立的初衷，说穿了就是谭瑑青的一群同道好友凑份子助他渡过
难关。类似这种定期举办的会员制文艺美食沙龙后来又增加了四五个，

并开始接受非会员的临时付费组局，不过食客基本上都是跟谭瑑青多少有点交情的。再后来，尽管素不相识的客人越来越多，谭瑑青却碍于面子，始终不肯挂出餐馆的招牌光明正大地做生意。

货高招远客，巷深显酒香，他的低调反而成了一种变相的高调。谭家刚开始只承办晚宴，每日不超过三桌。随着知名度渐高，慕食者纷至，渐渐地，中午也得开席。再到后来，不但无虚夕，亦无虚昼，大家为吃上一顿谭家菜，等一个月都不嫌迟。

为尽力帮衬谭氏，陈垣还常把他的重要饭局安排在谭宅。如 1933 年 2 月 13 日，他给米粮库的邻居胡适写了封信，邀其次日中午一品谭家菜，出席者有伯希和、陈寅恪、柯劭忞、杨钟羲等学界大咖。[1] 前两位就不用介绍了，后两位都是清朝遗老，柯老为独撰《新元史》的史学家，杨老为坐拥金匮石室之藏、以《雪桥诗话》闻名的学者型藏书家。这样的宾主阵容，在谭家菜的历史上绝对是浓墨重彩的一笔，对其社会影响力的宣传作用不言而喻。

即便早已对外营业，谭氏还是放不下其世家子弟的身段和文人的清高，不愿被当作是开馆子的。于是，谭氏就给他的谭家菜立下几条规矩，内容与黄敬临的姑姑筵颇有几分相似之处。其一，需提前数日预订，且席有定数，一般以两席为度。其二，不论食客与谭家是否相熟，都要给主人备一副碗筷、摆一套杯盏，虚席以待，取雅聚之意。谭氏则仅在每

1　陈氏此函载于《胡适来往书信选》下册（中华书局 1980 年版）。编者原注："此信时间无可考。"《陈垣来往书信集》（生活·读书·新知三联书店 2010 年版）称，据巴黎吉美博物馆藏援庵（陈垣字）致伯希和请柬，知写信时间为 1933 年 2 月 13 日。今从其说，录以备考。

桌小坐片刻，夹一两筷子，象征性地尝一下，寒暄几句便离席。此举目的，明摆着就是勉力维护那点不堪一击的自尊心罢了。

谭氏还有一条不成文的规矩，概不出外会。也就是说，不管你是什么级别的人物，凡欲吃我谭家之菜者，必须亲临谭府。当时，有不少高官想请谭氏走穴，均遭回绝，其中就包括汪精卫。某次，汪到北京办事，在新建胡同商震公馆宴请政要，点名要求谭氏团队上门做菜，瑑青先生不肯破例迁就，对来人说："我谭家从不跑外厨，敬请转告汪先生，如有雅兴，欢迎光临寒舍。"鉴于谭家菜之声名与食坛地位，汪氏也不好强求。后经有关头面人物协商融通，双方各退一步，谭瑑青让家厨做好红烧鲨翅和蚝油紫鲍两道名馔，差人送去，算是了结。谭府门风甚严，不趋附权贵，谭瑑青在世期间不曾破过此条规矩，殊为难得。

但迫于生计，谭瑑青晚年还是不得已做了件为时人诟病之事。1940年，汪伪政府成立，汤尔和任华北政务委员会常委兼教育总署督办。此人好吃谭家菜，为近水楼台能多饱口福，便委任谭瑑青为秘书。有好事者就此出了半联对子——"谭瑑青割烹要汤"，迟迟无人对得上。

此联难就难在它似褒实贬的一语多关性。首先，"汤"可置于烹饪语境作解。百鲜全赖一口汤，汤吊好了，菜也就成功了大半。好汤是菜香的关键，谭家菜味美的要诀也全在这个字上。其次，"汤"也可指姓氏，即点明谭瑑青为汤尔和做事这层意思。再则，其中还暗藏一个历史知识点。所谓"割烹要汤"用到了伊尹负俎扛鼎接近商汤，以烹饪之道进身的典故。暗指谭为一己私利，罔顾汤已沦为汉奸之实，投其所好，靠烹调之术上位。如此内涵丰富的对联，确实不好对。但才思敏捷的夏仁虎听说之后，顷刻就对出了一句极妙的上联——"张丛碧绘事后素"。

张伯驹，号丛碧，"民国四大公子"之一。上世纪三十年代，他和潘素邂逅于花界，两人一见倾心，都想互相"指教"对方的余生。救风尘之后，

家宴

以冒辟疆自比的张公子立志要把夫人培养成民国版的董小宛，遂请来几位名士教她作画，还让她跟着夏仁虎学习古文。潘素的过人天分很快就被挖掘了出来，连诗词书画造诣俱深的张伯驹都甘拜下风，惊喜之余特为其治印一方，上刻"绘事后素"四字，自谦画艺不及夫人，此为表层义。又，该词出自《论语·八佾》中子夏以"巧笑倩兮，美目盼兮，素以为绚兮"发问，孔子举绘画之事向他解释仁与礼二者先后关系的对话。作画时先有白色底子，而后施以五彩，犹人有美质，才能锦上添花。张伯驹借此语夸赏娇妻之秀外慧中，便是其深层义。

在爱的滋养下，昔日潘妃铅华尽褪，冷艳的红玫瑰成了清雅的素心兰。从今往后的千万种风情，只说与他一人听。这对伉俪还不时有合璧之作问世，潘素的画配上张伯驹的题字，那叫一个绝。婚后五十年，二人琴瑟和鸣，同甘共苦，为守护国宝不遗余力，成就了一段脍炙人口的旷世奇恋。夏仁虎和张氏夫妇相熟，有感于斯，便对出了那句工稳的上联。他用同是双关语的"绘事后素"巧对"割烹要汤"，以情味深长的温馨场景化解了命题人的刁钻批语营造的尴尬气氛。合而观之，上联言情事、绘事、家事，下联说食事、人事、国事，艺坛佳话与食坛八卦共烩一炉，甜辣交织，多味纷呈。它既丰富了我们咀嚼民国往事的口感层次，也算是为听腻了赞美声的谭瑑青及其谭家菜特调的一杯清凉散吧。

说来令人感慨，谭家菜的发展史正是谭瑑青的沦落史，谭馔精的无奈生意经实为文人末路之产物。若非沉迷膏粱，本性难移，以致坐吃山空，他的私人会所餐厅也不一定会火出天际。

　　了解了谭氏私宴被迫营业的始末，也见识了当年名满京都的燕翅大席，我们当然想知道谭家菜的幕后功臣是谁。

　　谭瑑青早期用的厨师，是清末直隶总督杨士骧的家厨陶金榜，人称陶三。此人灶上功夫卓尔不群，但脾气也犟得不同凡响，当初好像是因为一点小事闹了个不愉快就决然离开杨府。后经友人推介，来到谭家。谭瑑青对他做的淮扬菜无可挑剔，但成天提心吊胆的，生怕万一哪天人家气不顺再撂挑子走人，便合计着想给自己留条后路。

　　刚好他自粤返京时，带来的两位姨太太都是中馈好手。尤其是年方桃李的三姨太赵荔凤，聪慧灵悟，极善理家，美中不足是没上过学。不过反正嗜吃成性的谭瑑青又不需要找个扫眉才子，他看重的就是她的厨艺，便纳她为小妾，日日由其服侍饮食，须臾不离左右。于是，他就派赵荔凤天天去厨房，名义上是给陶三打下手，实则想趁机偷师学艺。陶三也很狡猾，没几天就看穿了她的用心，每次做菜总要藏头露尾地留几手。果然，陶三这人靠不住，干了几年还是被中国银行的大主顾重金挖走了。不过没关系，在下厨方面天赋异禀的赵荔凤早已陆续学到八九成。

　　值得一提的是，岭南大儒陈澧和谭莹有通家之谊，陈澧是谭宗浚的授业恩师和忘年交，谭瑑青的姐姐谭祖佩嫁给了陈澧之孙陈公睦。陈氏为精治庖膳的鼎食之家，谭瑑青还曾让三姨太到姐夫府上与其大厨切磋，使她的粤菜烹饪技艺更为纯熟。彼时谭家尚殷实，谭瑑青常不定期地请来各路名厨献艺，赵荔凤又借此机会从每人身上学得三四样拿手菜，数年下来，将其接触到的京派烹饪精华也尽收于胸。

陶三走后，赵荔凤便正式主厨，谭家菜进入巾帼不让须眉的"女易牙时代"。为保证出品质量，连采买她都要亲力亲为。为此专门包下一辆车，每日晨曦即出门搜购时鲜，店铺一有了新到的尖儿货也都留给她优先挑拣。谭家变相经营后，大众食材改由市场配送，但山珍海味还是由她亲自把关，前文介绍燕翅鲍等馔时已提及其选材标准之苛，现再举两例。

如烧熊掌，必选左前掌，因为据说熊会习惯性地用舌头舔这只掌，因此肉质格外肥美。做白切鸡，则一定要用腿上有毛的油鸡。听说这种鸡吃的饲料就不普通，还要喂酒糟和草虫，养到十六至十八个月才算适龄。此时，鸡胸前的那块人字形骨摸上去柔软有弹性，肉最嫩。等再往后长些时日，骨头变硬，肉也会发柴，就只宜吊汤了。做这道菜时，将仔鸡放入滚沸的水里烫十五分钟就要捞出，以保证其最佳质感。两次直奉战争期间，张学良常驻北京，与谭家菜多有接触，最爱的就是这道白切油鸡。

谭宅厨房里有四个火眼，大小各二，可满足烧、烩、焖、燖、蒸、扒、烤等不同的火候需求。赵荔凤做的菜绝少急火爆炒类速成品，她也不盲从颠锅晃勺等表演性技巧，就是踏踏实实地慢火细炖，将执着专注的工匠精神一以贯之。在口味方面，讲究原汁本味、软糯适口，一般不用花椒等香料炝锅，成菜后也很少撒胡椒粉之类的调味品。如前所举食单，不管是鱼翅席还是家常便宴，都不难看出谭家菜的流派风格：以淮扬菜和岭南菜为基础，参以鲁菜之法，集三家之长，自成一脉。这显然与如夫人的学厨经历不无关系。

1939 年，有人在《益世报》上发表了一篇名为《谭家菜与周家酒》

的文章。金城银行董事长周作民好储精品陈绍，每每与人宴叙，非自家所藏之酒不饮，派头很足。若别人想请他吃饭，还得先从他家买来酒，或不得已从市面上找到同等价位（每斤两元）的酒才行。这就是所谓的"周家酒"。当时京城饮食圈里的老饕们便编了句顺口溜："谭家菜，周家酒，吃过了，不肯走。"将它与谭家菜并称。

但此文作者并不认同周氏的摆谱做法，直言其不若谭家菜名副其实，两者不能相提并论。他还比较了"南北二谭"，认为"南谭（组庵）名虽大，实不如北谭（瑑青）之精美，其中最大异点，则南谭馔品制自庖师，北谭则出夫人手制也"。两抑皆为一扬，扬的正是谭家女厨。其实，组庵菜和谭家菜都是以苏、粤二菜系打底，区别在于前者融入了湘味，后者多了份鲁菜的气质，但都是广收博采结出的食林奇葩，各有千秋，没必要非得分出个高下。走笔至此，再联系谭瑑青定下的不出外会之规，或许与掌灶者之身份有关也说不定。他自己不会下厨只会吃，好不容易把爱姬打造成艺多不压身的顶级大厨，谭家的"秘密武器"岂可轻易示人。

谭家菜本不传外姓，但谭瑑青的两个女儿都不会做饭，赵荔凤在丈夫去世三年后也撒手人寰，家业由次女谭令柔夫妇接管。生病期间，赵荔凤既要当家，又要执爨，深感力不从心，只好把后厨交给她最得力的助手彭长海，另有冷菜师和点心师各一名。彭长海是个有心人，家中七八个仆人，只有他每天守在灶台边盯着三姨太烧菜，将她的每招每式都默记于心，翻来覆去地仔细琢磨。

一开始，赵荔凤只让他上手一些简单菜式，且每道都得经她尝一口，合格后才允许上桌，考验功力的大菜还是由她强支病体亲自上灶烹制。后来，身体条件不允许了，只能全权放手。欣慰的是，彭长海很争气，谭家的那些招牌菜都能得心应手地完美呈现。这个初入谭家时只会干刷锅洗碗这类粗活的农家少年，通过自己的不懈努力，仅用十年时间就由打

家宴

杂成长为帮案，最后成为谭家菜的掌门人。

中华人民共和国成立之初，谭令柔参加公干，谭家菜由彭长海等三位家厨从米市胡同搬到果子巷经营。后于 1954 年全行业兴起公私合营大潮之际加入国营企业，迁至恩承居正式挂牌并收徒传技。1958 年，在周总理的安排下，谭家菜并入北京饭店继续发扬光大，进而享誉海内外。

应该说，谭家菜作为民国私房菜馆中硕果稀存的善终者，未被史尘湮没是它的幸运。男女主人相继谢世后，谭宅小院仍盛景如昨，每日午晚必车马盈门，似乎并未跌入日渐式微之境。但此时它已改走商业化亲民路线，不劳熟人引荐即可径往点菜，排定日期便能按序就餐。方便之门既开，三教九流充斥其间，食客平均档次亦随之下降。挂牌后的谭家菜，揭去了神秘高冷的面纱，名字没改，但内核已变。它不再是簪缨逢掖之专属，文人私房菜的灵魂属性亦不再丰盈饱满。雅人韵士或却步回车，或裹足不前，联句赋诗及品鉴珍玩的醲资雅集场景难以重现，往昔情调终成绝响。

· 胡适 ·

情愿不自由，

也是自由了

糜先生与麹秀才[1]

适之先生有杜康之好，但量不大，因此便有许多故事。试想，倘或某人爱喝又能喝，千杯不醉且面不改色，反倒乏趣无味了。

胡适原名嗣糜，其父胡传早逝。寡母冯顺弟谨遵丈夫遗嘱，对幼子的学业非常重视。在胡适连门槛都不能利索地跨过去的时候，就被母亲送入学堂了。由于身体太瘦小，听课坐凳子都得由别人抱上去。当时蒙馆学金很低，每人每年两元。胡母为了先生能给儿子多吃"偏饭"，第一年就豪掷六元，以后逐年递增，最多时交到十二元。胡适本就天赋颖悟，又肯用功，几年过去，学问已超出同龄小伙伴好几大截。平日里，这个"别人家的孩子"从不嬉耍玩闹，走到哪儿都一副文质彬彬的小书生模样，便得了个"糜先生"的绰号。但书读多了，思想变得复杂了，乖乖男有一天也干出了骇俗的事儿。

十一岁时，胡适因读朱子《小学》引司马光论地狱之语，又看到《资

1　麹秀才：相传唐道士叶法善会客于玄真观，一人不请而至，自称"麹秀才"。叶法善以小剑击之，其人化作美酒。事见唐郑綮《开天传信记》。后遂用"麹秀才"或"麹生"称酒。

家宴

治通鉴》中引述范缜《神灭论》的话，豁然开悟，成为无神论者。经过这次思想解放，他对家中女眷烧香拜佛的迷信行为就有了看法，但还不敢公然违逆。十三岁那年的元宵节，他去大姐家做客后，带着小外甥准备返回家看灯，同行的还有一个挑着新年糕饼的长工。归途中，胡适一时兴起，捣毁了路亭里的神像。晚上到家，他饿着肚子没吃饭就喝下两大杯烧酒，跑出门外被风一吹，醉意袭来，晕晕乎乎地说起了胡话："月亮，月亮，下来看灯！"

但也并非完全醉。当他倚在母亲怀里，正盘算着接下来该如何应对乱喝酒的责罚时，耳边传来长工嘀嘀咕咕向母亲打小报告的声音，随即心生一计："我胡闹，母亲要打我；菩萨胡闹，她不会责怪菩萨。"便将错就错，装出一副鬼神附体的疯样，闹得更凶了，天花乱坠地诌了好多疯话。母亲信以为真，赶紧虔诚许愿为渎神致祸的儿子赎罪。过了一个月，又备香烛纸钱、猪头供献让胡适去亭中还愿，醉酒风波才算平息。直到十四年后，已成为海归洋博士的胡适回乡探亲时，才将昔日糜先生伙同麹秀才的那场闹剧之原委和盘托出。母子相视而笑。

胡适的头衔甚多。一生得过 36 个博士学位，曾获诺贝尔文学奖提名。当年他以一个二十七岁的青年，回国不到两年便暴得大名，跃居新文化运动领军人物的地位，被国际学者誉为"中国文艺复兴之父"。抛开这些令人望尘莫及的耀眼光环，他还有个非常接地气且引以为豪的头衔——"民国第一红娘"。

成人之美，善莫大焉。每个中国人心里，都住着一个媒婆，胡适也不例外。他特别乐于为同辈友侪、晚辈后学说媒证婚，看着一对对新人喜结良缘，收获的是一种千金难买的无关功利的内心快慰。尽管作为社会活动家本就分身乏术，但对这件美差他从来都是有求必应。据不完全统计，他生平主持过的婚礼不下一百五十场。知名人士如徐志摩、蒋梦麟、沈从文、千家驹等，皆请胡适见证他们步入婚姻殿堂的神圣时刻。此外，名不见经传者，亦复不少。

某次，胡适为一对新人证婚。这家人婚礼从简，只请至亲知交前来捧场，筵宴总共才开了两桌。礼毕入席，每桌备酒一壶，不及一巡即已告罄。胡适大呼"添酒来，添酒来"，侍者面露难色。主人连忙解释说新娘子是 Temperance League（禁酒联合会）的会员。胡适哈哈大笑，从怀里掏出现洋一元交给侍者："不干新郎新娘的事，这是我们几个朋友今天高兴，要再喝几杯，赶快拿酒来。"于是主随客便，续杯尽欢而散。

"清夜每自思，此身非吾有：一半属父母，一半属朋友。"这是胡适早年读书时树立的友谊观，也是他一生经营朋友圈的总方针。说起民国文化人的江湖地位，如果胡适排第二，没人敢当第一。

上至国家元首、公使参赞等军政显要，下至贩夫走卒、引车卖浆者流，都是胡适的"朋友"。学界、教育界、文艺界、商界、金融界等各类名流荟萃的圈子里，总有胡适的一席之地。上世纪二三十年代，一句"我的朋友胡适之"成为社会贤达彰显身价的必备标签。鲁迅在《文摊秘诀十条》中，总结了混好文坛的十条捷径，其二就是借圈内名人抬高自己，他不无揶揄地写道："须多谈胡适之之流，但上面应加'我的朋友'四字，但仍须讥笑他几句。"胡适晚年任台湾"中研院"院长时，与卖烧饼的草根小民袁瓞的友谊，更突显其平易近人，蔼然可亲。诸多此类佳话，不胜举也。

胡适的哥大校友唐德刚曾向他认真求证过这个问题："'我的朋友胡适之'这句话是谁首先叫出来的呢？"胡适笑呵呵地回答："实在不知道，实在不知道！""有人说是傅斯年，"唐德刚接着问，"但又有人说，另有其人。究竟是谁呢?""考据不出来,考据不出来!"胡适笑得非常得意,很有点上海人所说的"贼忒嘻嘻"的意味。胡适素有考据癖,但这话却难住了他。其实,出自谁口并不重要,重要的是此语恰是其非凡人格魅力的绝佳概括。胡适性情温润,待人和气,用唐德刚的话说,他有一种西方人所谓的"磁性人格"(magnetic personality)。

交游广,人缘好,应酬自然少不了。胡适几乎日日赴宴,有时一晚上得连赶两三个场子。他的铁哥们儿徐志摩说:"我最羡慕我们胡大哥的肠胃,天天酬酢,居然吃得消!"胡适的学生罗尔纲曾在他家住了五年,自认为对老师的生活起居了如指掌,他说胡适每天从傍晚六点下班到十一点到家前这五个小时的社交时间,是他一天中最快乐的时候。殊不知,旁观者眼中的"享受",在当事人看来可能是叫苦不迭的"忍受"。正如胡适在日记中自述:"连日奔走,工课又忙,甚觉劳苦。今日有几处吃饭,都辞去了。"看来他并不真心欣赏这种交际性的宴会,很多场合只是无法拒绝而已。

胡适骨子里始终是一个以学术为毕生追求的本色书生,嗜书如狂的他每晚一回家就立即钻入书房,最早凌晨两点休息,如果要写演讲稿或考据兴趣来了收不住手,就忙到三四点或干脆通宵。他是个不折不扣的时间管理大师,除了把睡眠时间压缩到五小时,还要利用一切可利用的碎片化时间阅读。喜提私人座驾后,他的小轿车里总是堆着许多线装书,供上下班途中翻阅。有时也会看看报纸,灵感突至就写写诗。下车时总是抱着一大摞书进办公室,下班时仍是捧着一叠书出来,从没见他拎过公文包什么的。日日如此,在当时也是北大一道惹眼的风景。

每每应酬过频,侵占了读写时间,作为学者的他总会鄙视那个作为社交红人的自己:"我近来做了许多很无谓的社交生活,真没有道理。我的时间,以后若不经济,都要糟蹋在社交上了!"这是他在日记中的反思。

图 22　胡适翻阅书籍

原来饭局太多也是件苦差事，即便像胡适这样精力过剩的"社牛"，也有吃不消的时候。现代人口头总挂着一句很时髦的心灵鸡汤——低质量的社交，不如高质量的独处。胡适应当深以为然。身为五四运动的轴心人物，到头来却没能达到登峰造极的大师级水平，无奈落得个善作半卷书的学术"烂尾楼"专业户的尴尬境地，当然有很多主客观因由。譬如，兴趣太驳杂致使研究焦点变幻不定，因忍不住"发愤要想谈政治"而经常打乱了原定写作计划，以及"脱不开乾嘉余孽的把戏，甩不开汉宋两学的对垒"的方法论局限等。但不得不说，忙于社交也是一个不可忽略的因素。

照理说，胡适的朋友圈格调都不低，参加的饭局应该是"谈笑有鸿儒，往来无白丁"。毕竟能和适之先生把盏共酌的应该不是高官就是高知，最不济也得是个左右逢源、八面玲珑的"高眉"（highbrow）吧，没想到还真不尽然。

一次，胡适受学生严庄之邀赴宴，本以为能见到博通经史、工诗善画的老前辈宋伯鲁。不巧，宋先生没来，席上尽是一班俗不可耐的人。他们吃完饭便大赌，"推三百元的牌九，一点钟之内，输赢几百"。胡适深觉厌恶，但不好意思驳了主人的情面拂袖而去，只得硬着头皮从旁观战。表面上极力保持其温文尔雅的招牌式微笑，谁也看不出他内心正有千万只羊驼奔腾而过。

本来"席上一无可谈，席后也一无可谈"的情形就足够叫人郁闷了，这时又跑出来个不通学术还爱尬聊的马屁精，信口开河盛赞胡博士的"学派"如何厉害，称"唐宋元明都比不上"。这种不着边际的话说了还不如不说。胡适哭笑不得，当时又不便发作，晚上回去在日记里气呼呼地写道："和这一班人做无谓的应酬，远不如听两个妓女唱小曲子！"

胡适自谓其天性不能以无事为休息，换一件好玩的事便是休息了。打球和打牌是他的两大消遣，而打茶围于其性情最不相近，根本不屑为之。且慢，难道胡教授忘了他那段"人不轻狂枉少年"的黑历史了吗？

1904 年，胡适接受完九年家乡私塾教育，随三哥来到上海，先后就读于梅溪学堂、澄衷学堂，后考取中国公学。1908 年，公学为修改校章之事闹风潮，部分坚持罢课的学生另立新公学，胡适亦参与了筹建工作并兼任英文教员。可惜好景不长，年轻人的一腔热血终究敌不过现实。次年，新、老公学董事会达成二校合并协议。他不愿回去，决计另谋出路。

失学失业的胡适拿着新公学解散后得来的两三百元欠薪，不知何去何从。而彼时其家境已败落得一塌糊涂，全家靠他父亲生前的微薄存款过活，二哥在上海开的茶叶店又因经营不善转给了债权人。回乡这条路行不通，他只得暂时寄居上海。幸好他先前在中国公学读书时的英文老师王云五，热心给他谋了一份华童公学教书的差事，可以赚点生活费勉强糊口。但"少年人的理想主义受打击之后，反动往往是很激烈的"。"霜浓欺日淡，裘敝苦风尖"，值此心绪灰冷颓唐之际，又遇着一班浪漫的朋友，胡适就跟着他们堕落了。

当时，他和几个人同住在新公学一德国教员隔壁。此教员系中德混血，中国人的玩意儿没有他不精通的，常邀胡适等人过去打麻将。他们不赌钱，谁赢了就请大家吃雅叙园。打麻将时，每人面前摆一大壶酒，自斟自饮。于是，从打牌到喝酒，从喝酒到叫局，从叫局到吃花酒，不到两个月，"凡诸前此所鄙夷不屑为之事，皆一一为之"。要么整夜打牌，要么连日大醉，间以逛窑子、捧戏子，烟酒嫖赌，还差一样就五毒俱全了。

过了几个月放浪形骸的日子，终于出事了。

一天，胡适又出去胡混。夜饮大醉，归途遇雨，被车夫窃去钱物追而不得，醉眼蒙眬中又与巡捕互殴，遂被拘至警所。待翌日神志清醒，交了五元罚款方才开释。胡适回到寓所，对镜自瞻，看着自己那满脸伤痕、浑身泥污的狼狈样子，懊悔不已，发誓从此洗心革面。他当即在床上写信请辞华童公学教职，决定投考第二批庚款留学生。王云五闻之大喜，非常支持，特地为他补习数学。

问题是，断了经济来源，他连房租、饭费都得时时告贷于人，哪里还有钱赴京赶考？好在胡适有两个非常给力的同乡——许怡荪和程乐亭。许怡荪提供精神支持，力劝他摆脱一切顾虑全力应考，答应余事代为筹措。程乐亭将胡适的困境告知家人，其父松堂先生慷慨资助二百元。胡适的同族长辈胡节甫亦伸出援手，承诺日后垫寄生活费供胡母家用。于是，

家宴

胡适静下心来闭门备考三个月，最终以第五十五名（共招七十人）被录取。不久，乘船负笈美利坚，踏上了出洋的康庄大道。在这次考试之前，他一直叫"胡洪骍"，怕落榜被朋友取笑，才临时改用"胡适"这个名字。

"人生能得几个好友？况怡荪益我最厚，爱我最深，期望我最笃！"许怡荪可谓胡适青年时代最重要的知己，对其人生观、文学观、思想志趣的养成及演变产生过重要影响。留美七年间，两人一直保持着密切的跨洋书信互动。胡适将许怡荪的"袚除旧染，砥砺廉隅"奉为箴铭，并要求友人对其"时时痛下针砭"以自警。胡适学业每有进境，许怡荪辄极言赞励且厚望日殷，要他"为中国第一人，而以第一策救国"。1919年，许怡荪因病逝于南京。翌年，胡适夜游秦淮河，船过金陵春，忆及去岁与亡友共餐之景，不觉凄然，乃作诗哭之，其中有四句道："你夸奖我的成功，我也爱受你的夸奖；因为我的成功你都有份，你夸奖我就同我夸奖你一样。"确然肺腑之言。而程乐亭则于胡适去国次年即不幸英年早逝。胡适无以为报，特作长诗一首以志哀思。

至于王云五，胡适一直铭感不已，学成归国后才终于有了报答桃李之情的机会。

1917年9月12日，蔡元培在六味斋设宴为胡适接风，欢迎他入职北大。二人纵谈极欢，相见恨晚，就此愉快地开启了日后长达十年的精诚合作。蔡元培非常器重这个旧学邃密且新知深沉的年轻人，不断对其委以重任并破格加薪，使胡适成为北大资历最浅但月薪最高的教授。胡适基于博士论文写成的《中国哲学史大纲》更因蔡元培慨然作序力荐而成为轰动全国的畅销书，上市不过两月即再版。此时的胡适青云直上，声名日隆，王云五也跑来向这个十年前由自己做过考前辅导的迷途少年请教。恰逢上海商务印书馆亟谋适应时代思潮的新鲜血液，编译所所长高梦旦诚邀胡适代己，胡适盛情难却，便改荐恩师。从1921年进馆到1946年辞职

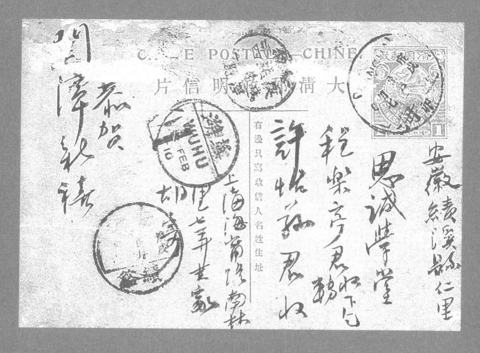

图23　胡适致许怡荪信札

图 24　胡适致许怡荪信札

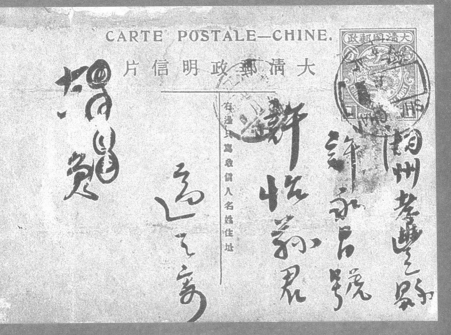

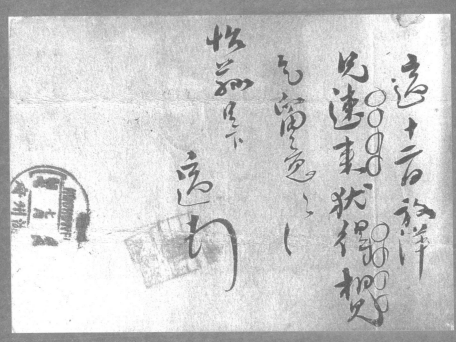

从政，王云五一直担任要职，他力排万难，大手笔革新，开创了商务出版史上的一个鼎盛时代。

不论年少耽酒误事，抑或成年后频于应酬，胡适的生活中从未缺过酒。陪其共饮者指不胜屈，劝其戒酒者屈指可数，丁文江即后者之一。他是胡适眼中欧化最深、科学化最深的国人，胡适喊他大哥，他也十分关爱这个比自己小四岁的老弟。为了劝糜先生少沾酒，丁先生简直操碎了心。

丁文江是中国地质事业的奠基人，也是一位涉足众多学术领域的百科全书式人物。此人毕生服膺科学，是"赛先生"的忠实拥趸，傅斯年曾形象地将他比作"用科学知识作燃料的大马力机器"。若论新文化运动中提倡科学最力且付诸实践而躬行不辍者，无人能出其右。丁文江的生活细节处处以科学为指导，甚至到了强迫症的地步：每日雷打不动必须保证八小时睡眠；饭局上涓滴不饮，但要用酒给筷子消毒；终生不碰海鲜；吃无皮的水果，定要先在开水中浸泡二十分钟；居家则一菜一饭，菜通常是黄豆烧肉，天天吃也不觉厌。如此古板教条的"谢耳朵"式理工科直男，说服胡适戒酒的方式却很有人情味，也很文艺范儿。

陆放翁诗云："斜阳徙倚空三叹，尝试成功自古无。"胡适反其道而行之，放言"自古成功在尝试"。他首倡白话文学，自己先身体力行地种了块试验田，将1916年以来的弄潮之作编成《尝试集》，展示其收获的果实。该书出版后，在学界掀起一场不小的地震。虽说支持者多为新派人物，老辈学者梁启超读罢此书也十分兴奋，"欢喜赞叹，得未曾有"。丁文江就从集子里的《朋友篇》中摘出几句——"少年恨污俗，反与污俗偶。自视六尺躯，不值一杯酒。倘非朋友力，吾醉死已久……"，请梁任公题在扇面上。胡适收到丁文江送的扇子，大受感动，视其为人生难得的益友。

1930年11月，胡适携眷离沪前夕，丁文江三天连致二信专谈戒酒。

考虑到胡适近期要参加很多饯别宴，他在信中千叮咛万嘱咐："劝你不要拼命，一个人的身体不值得为几口黄汤牺牲了的，尤其不值得拿身体来敷衍人。"隔了两天，他翻看北宋诗人梅尧臣的作品集时，碰巧读到一首很应景的诗，叫《樊推官劝予止酒》，便赶紧抄下来寄给胡适，劝其莫要畏人讥诃，务必毅然止酒。尽管立刻完全戒掉酒不现实，但每念及丁大哥的谆谆良言，胡适多少还是有些收敛的，尽量能少喝就不多喝。

次年春，胡适赴沪参会毕，返京途经青岛，稍作停留。其间，应国立青岛大学（山东大学前身）校长杨振声之邀，作了一场题为《文化史上的山东》的演讲。

这本属计划外的节目，胡适事先毫无准备，只得临时抱佛脚，从好友李锦璋家中借来《史记》《汉书》，"翻了半点钟，记下几条要用的材料"，连夜草就提纲。大意谓中国文化之源，除佛教来自印度，儒、道皆发轫于山东。次日下午，适之先生侃侃而谈，亹亹不倦地将齐鲁文化之变迁与儒道思想之嬗递，讲出了令一众山东籍师生醍醐灌顶的新境界，现场效果极好。末了，他总结道："鲁学的儒、齐学的道，都来自山东，山东人支配了中国二千多年，阔哉！"整个礼堂掌声雷动，大有震塌屋顶之势。胡适情商出众，演说水平一流，因地制宜的同时又能游刃有余地把一席话讲得让东道主心悦诚服，实在是高明。当晚，青大领导在顺兴楼设宴款待胡适，"酒中八仙"悉数作陪。

青岛襟山带水，风光旖旎，但少有历史人文景观，知识分子的精神文娱需求略难满足。观海久而生腻，加之杨振声本人甚豪于酒，便亲自带头，召集教务长赵太侔、外文系主任兼图书馆馆长梁实秋、文学院院长闻一多、理学院院长黄际遇、会计主任刘本钊、秘书长陈季超和新月女诗人方令孺，组建了一个饮酒小团体。七名酒徒加上一位女史，刚好八仙之数，乃自命"酒中八仙"，大有向盛唐以李白、贺知章为首的"饮中八仙"遥相致敬之意。据说他们"三日一小饮，五日一大宴，豁拳行令，三十斤花雕一坛，一夕而罄"。亦时或结伴远征，近则泉城，远则金陵、燕都，杨校长因拟一联高自标置："酒压胶济一带，拳打南北二京。"其豪气干云之状足令等闲之辈退避三舍。如今学界顶流莅临指导，"八仙"当然要各显神通，极尽地主之谊。

花看半开，酒饮微醺，此中大有佳趣。胡适虽好饮，但有酒如渑的猜拳行令场面可应付不来。眼下这超豪华的王牌陪酒阵容，着实让他有点发怵："八仙"之剽悍酒风他早已耳闻，自己能喝几斤几两也心知肚明。于是，胡适急中生智，从口袋里摸出一枚镌有"戒酉"字样的金指环，给在座的各位传观一周。然后意态潇然地戴在手上，狡黠一笑，表示不参与猜枚活动。诸仙睹此私家珍藏，立即心领神会，不作强劝。是夕，客人大口吃肉兼小口斟酌，主人分曹射覆且醺然拇战。名士各自风流，乐也陶陶。

其实，胡适此次路过青岛并非单纯会友叙旧，而是带着罗致人才的重任有备而来的。刚刚重返北大、被蒋梦麟任命为文学院院长的他，矢志重振北大，对标世界一流。来青岛前，他以董事身份出席的在上海召开的中基会第五次常委会，可不是无关痛痒的闲会。中基会，全称"中华教育文化基金会"，是一家负责保管、分配、使用庚子赔款的民间文教机构。在会上，胡适说服其为北大设立"合作研究特款"，争取到一笔持续七年的重要资助款项。破解了经费不足的困局，接下来才好落实他和蒋校长议定的"除旧留新"之举：一面辞退不合格的老教授，一面大力引进优质师资。当时在青大任教的几个好友自然就成了胡适锁定的首要目标。也就是说，满载会议硕果前来当"说客"才是他此行的题中要旨。

有趣的是，回京后过了段时间，胡适致信梁实秋，表示他们喝酒的样子太凶猛，青岛不宜久居，劝他早日来北大任教为妙，还发下豪言："你来了，我陪你喝十碗好酒！"不晓得这碗有多大、酒的度数有多高，反正听着都替适之先生捏把汗啊。三年后，梁实秋还真来了。二人的十碗之约是否兑现，不得而知。

酱
爆
鸡
丁
和
挡
酒
神
器

|

话说那日胡适在青岛的酒局上四两拨千斤,巧妙脱身。否则若真和"八仙"硬碰硬地过招,少不了上演"胡适之醉卧顺兴楼"的好戏,第二天各路纸媒便会争相登载,届时妥妥成为热门话题。那么问题来了,胡适亮出的"杀手锏"究竟有何法力,能立时镇住"八仙",帮他理直气壮地躲过一场酩酊大醉呢?莫急,且从他前不久的寿宴慢慢道来。

1930 年 12 月 17 日,胡适四十岁生日。当天,他在地安门米粮库胡同 4 号的新寓,可谓高朋满座,胜友如云。一般人"逢五遇十"都会搞得格外隆重,胡适则践行他一贯的革新从简作风,免去各种俗套:不设寿堂,不扎彩棚做堂会,不请艺人吹拉弹唱铺张热闹,还特别强调不收贺礼。

客人们可不管寿星的事先声明,各种贺函、贺卡、寿联、寿序纷至沓来。不仅量多质高,而且别具匠心。有赵元任撰写,内有陈寅恪、李济等十六人署名的《胡适之先生四十正寿贺诗》;有魏建功撰文、钱玄同手书、十二人联名赠送的白话小说体祝寿长文《胡适之寿酒米粮库》;还有傅斯年、俞平伯、毛子水等人送来的一幅泥金寿屏。罗尔纲献上鲜花、香橼数盆,并在祝寿函中劝老师"多饮些牛奶鸡汤,少喝几杯黄酒",情真意切。胡适满面春风,愉快地接受来宾的祝福并一一道谢,多日来积压心头的阴霾瞬时荡然无存。

举家北返前，因借人权问题发表"不当言论"，胡适与当局发生严重冲突，出版物遭禁，被迫辞去中国公学校长一职，他本人也在官方组织的"围剿"之列。尽管政治生态紧张，离沪前四天，中外友人还是在华懋饭店为他举办了场欢送会，出席者均各界大佬，颇极一时之盛。胡适刚回到北大安顿下来，正好赶上四十大寿，北大师生及文化界知名人士又欢聚一堂为他大事庆贺。如此礼遇，足以烘托其在学界的名望和分量。

胡适的米粮库新居是一幢宽绰的三层大洋楼，庭院、花圃、车库、锅炉房一应俱全，厨房当然不小，客人再多也不愁招待不过来。寿宴用的是他最常光顾的饭庄——东兴楼的席子。因地近北大，胡适多与同人在此餐叙，这里也是他宴客的首选之处。这么说吧，东兴楼之于胡适，正如广和居之于鲁迅，他们二位还曾在此"同框出镜"过两次。一次是胡适请客，同席十人，鲁迅为其一；另一次是郁达夫做东，他俩同去赴约，不过鲁迅"酒半即归"。

东兴楼始创于光绪二十八年（1902），原址位于东安门大街路北，有民初北京"八大楼"之首的美誉，经营风味属胶东菜系。据说饭庄最初有两位东家。一位姓刘，曾在清宫里掌管书籍，人称"书刘"。另一位姓何，是放印子钱的阔财主。东兴楼除了能烹制几样地道讲究的高端宫廷菜，如砂锅熊掌、红油海参、烩乌鱼蛋等，还有不少被民国老饕们津津乐道的大众名菜。梁实秋对芙蓉鸡片和爆双脆赞不绝口，唐鲁孙尤爱酒香浥浥的糟烩鸭条，胡适则对他家那一味冠绝京城的酱爆鸡丁情有独钟。当日寿宴上，东兴楼的大厨亮出不少拿手好菜，下面就单讲一讲这道酱爆鸡丁。

正宗的酱爆鸡丁要用黄酱而非甜面酱，主料选带胯鸡腿，辅料为手剥核桃仁。鸡肉剔骨去皮，切成一厘米大小的方丁，入清水浸泡去腥。捞出，攥净水分，少量多次倒入葱姜水，调以适量料酒、盐、胡椒粉、老抽，给鸡丁去腥、提鲜、上色。然后挂蛋清、上粉浆，反复抓捏使鸡肉纤维吸足料汁。再封入少许植物油，拌匀后腌渍半小时，可防止鸡丁表面风干和滑油时粘连成一团。取葱姜水、料酒、薄姜片配成姜酒，加入干黄酱、鲜黄酱，用小勺慢慢澥开，调匀后过细筛。油烧至五六成热，鸡丁入锅快速划散，变白即捞出沥油。

酱爆鸡丁貌似简单，其实是道称量手艺的菜，关键就在一个"酱"字。制酱得有耐心，全程需小火慢炒。锅内倒入适量香油，待油温达到四五成热时，下入澥好过筛的黄酱，细火翻炒至浓稠时淋入少量姜酒。如是者，重复三次。再调入葱姜水，将黄酱炒至颗粒状，以出现油酱分离为完成标准。万事俱备，只差最后一步了。酱不出锅，直接调入盐和糖，待酱汁变稀、色泽暗红时，下入滑好油的鸡丁，大火快炒，均匀挂酱。最后撒入预先焙香炒酥的核桃仁，快炒数秒，停火，入盘。成品酱香秘酵，鸡丁嫩如豆腐，简直一口入魂。

说起鸡丁的做法，估计多数人脑海里最先跳出的是"宫保鸡丁"四个字。如果论资排辈的话，其实是酱爆鸡丁在先，宫保鸡丁在后，二者虽分属鲁、川两系，却是地道的师承关系。据传，宫保鸡丁为晚清名臣丁宝桢的家厨所创。丁宝桢深谙调饪之道，喜食鸡肉、花生米，尤好辣。他在山东当巡抚期间，发现当地有道传统佳肴——酱爆鸡丁，味道可以，但没辣味，吃着不带劲。遂命家厨改良烹法，变酱爆为油爆，加入干辣椒，把他爱吃的花生米也添了进去，结果做出来的肉丁甜辣适口，相当不错。从此，丁府每宴客必上此菜，食者无不交口称赞。后来，丁宝桢由鲁入蜀，在四川总督任上时将他的私房菜推广开来，油爆鸡丁遂成为尽人皆知的美味。丁宝桢为官清廉刚直，政绩卓著，生前曾被光绪帝赏赐头品顶戴、授衔太子少保，去世后朝廷又追赠太子太保并入祀贤良祠。因太子太保、少保通称"宫保",故丁宝桢被后人称作"丁宫保",其家厨研制的这道菜自然也就得名"宫保鸡丁"了。

如今,作为"四川十大经典名菜"之一的宫保鸡丁已漂洋过海,经在地化改造后成为备受西方人青睐的中国菜。稍留意一下美剧中"Kung Pao Chicken"的出现频次,你就知道西式宫保鸡丁在美国民众中的认可度有多高了。清代以来,像宫保鸡丁这样出自名公巨卿家庖之手、流入民间并发扬光大的官府私厨小品,还可举出若干例。如"FIRE 生活"("FIRE"为"Financial Independence,Retire Early"之缩写,指经济独立的人群在实现财务自由后提早退休的一种生活方式)赢家袁枚精心打造的随园菜,乾隆年间书法家、扬州知府伊秉绶的"伊府面"(简称"伊面",方便面的祖师爷),又如广和居的"潘鱼""韩肘""陶菜""江豆腐""吴鱼片"等名人名馔,皆可作如是观。

品尝完酱爆鸡丁,我们再说回胡适的生日,这里面有几个非常有意思的巧合。

胡适自称"北大人",而他的生日刚好与北大校庆日是同一天,因此北大校友会举办校庆活动时,常常同时为其祝寿。从担任教授、系主任到教务长、院长,再到校长,胡适学术事业的主要舞台在北大,他与北大互相成就,熠熠共辉,连庆生都能一起,这是多么难得的缘分。

另外,胡适的次子胡思杜跟他老爹竟是同一天生日。胡太太江冬秀的阴历生日有时会与胡适的阳历生日重合,如 1920 年就是如此。胡适曾作诗一首,纪念他们的"双生日"。诗中说夫人干涉他病中读书写诗,不知节劳摄养,俩人由针锋相对地拌嘴到达成"停战协定"的生活片段,温馨而富有情趣。

最后,我们回到开头的问题,说说胡适的那枚金戒指到底是怎么回事。

原来，江冬秀深知自家这位"高阳公子"爱酒，量浅还耳根子软，在酒桌上根本经不住劝，天天出去应酬，很为他的身体担心。琢磨了半天，想到在他生日时送上这枚心意暖暖的挡酒神器，并叮咛再三："你外出时记着随身携带，饭局上喝酒一定得悠着点儿。谁要是灌你，就让他们看看你的戒指，说我太太不准我多喝。"胡适诺诺连声，心里说不出的感动。这不，隔了几个月他去青岛，戒指还真就派上用场了。大家都知道他是妻管严，关键时刻亮出这件极具威慑力的信物，谁都不敢造次。胡太太赠止酒戒指一事就这样传开来了，直到今天仍是一则脍炙人口的趣谈。

图 25　胡适一家合照

家宴

只是我们谈及这段往事时，总免不了带着先入为主的成见，屡屡误读戒指上刻的那两个字。有些人认为江冬秀文化水平太低，大字不识几个，误把"酒"写成了"酉"。实则不然，当初她找师傅刻字时，特地指明要用"酉"字。其用意何在？"酉"是一个古老的象形字，甲骨文呈尖底酒坛状，西周金文承其形而大致相同，之后分化出四种字形。写法虽几经演变，但字义始终是清晰明了的。段玉裁《说文解字注》云："酉，就也。……八月黍成，可为酎酒。……必言酒者，古酒可用酉为之，故其义同曰就也。"简言之，"酉"为"酒"之古字，本义指酒器，引申为酒，又有"老""成熟"等义。

胡太太之所以舍"酒"取"酉"，大概是为了投夫君所好——胡适一生痴迷国故，用"酉"字显得更古雅有味，也十分贴合其学者身份。况且，江冬秀虽是个小脚太太，但毕竟出身名门，自幼受过相当程度的闺阁教育。在未婚夫婿的感召下，不但放了足还积极课读，日久能文自不在话下。看她与胡适的往来家书，虽时有别字，但常见字都写得来，基本的文从字顺还是能做到的，不至于连"酒"字都不会写。关于"酒""酉"二字的关系，稍有些古文字学常识的人都懂。你想当然地哂笑胡太太目不识丁，人家对你的短见薄识还不屑一顾呢。

一个是风度翩翩的民国学界颜值担当，一个是文化程度尚停留在九年义务教育前三年的矮胖小脚女子，这二位的结合曾被列为"民国七大奇事"之一。人们从一开始就不理解也不看好这场智识不对等的婚姻，他们想不通一个堂堂新文化先锋何以在自己的人生大事上如此守旧。胡适自我调侃是"怕太太委员会的委员长"，还顺势推出好男人版"三从四德"理论，更是坐实了外界的惧内传言。"江冬秀"三个字也早已成为民国悍妇的代名词。果如是乎？下回分解。

新事新办，先结婚后恋爱

1917 年 12 月 30 日，胡适选择在自己阴历生日这一天，完成一项开风气之先的创举——与素未谋面的未婚妻举行了一场由他亲自设计改良的文明婚礼。

这一年，他虚龄二十七，她实龄二十七，这在当时算是晚婚了。但他们订婚的时间却不晚，早在胡适去上海读书前，母亲就替他敲定了这门娃娃亲。从娉娉袅袅的豆蔻少女，到马上奔三的大龄待嫁女，江冬秀一等就是十三年。

这一天，胡家大院张灯结彩，喜气洋洋。院门和厅堂上挂着新郎挥毫自书的两副喜联，相当夺人眼球。其一云："旧约十三年，环游七万里。"另一副上联为"三十夜大月亮"，下联一时没想好。沉吟之际，他身旁一个绰号"疯子"的本家兄长毓蛟脱口而出——"廿七岁老新郎"。胡适认为对得很妙，就照着写了。

婚礼上，新郎官头戴黑呢礼帽，身上西装革履，一派摩登装扮。新娘子则身着黑色花缎礼服套装，脚踩一双大红缎子绣花鞋。双方在结婚证书上用印并交换戒指，没有拜天地，以鞠躬代替叩头。原本胡适还主张不拜祖先，其母坚持礼不可废，乃偕新妇入祠三鞠躬而归，不用鼓乐。典礼的最后，新郎激情澎湃地发表了关于破除旧式礼节的演说。显然胡教授有意借此现身说法的宝贵机会，将自己这场移风易俗的婚礼当作其思想革命试验的一项成果展示给大家。关于婚礼的全部流程、胡适力争改造旧式婚礼的七条内容，以及他手绘的现场嘉宾座次图等，可详参其《归娶记》。纵然胡适自谦其改良之举远不够彻底，称"但为末节之补救，心滋愧矣"，但这种史无前例的形式，在上庄这个闭塞的小山村里实属开天辟地头一次，已足够颠覆观礼者的认知。

婚礼仪式简约，喜宴却很丰盛。

先说酒。因为上庄没有好酒，胡适特别指定要从绩溪县城里挑些"甲酒"来。这是一种糯米酿成的低度甜酒，因制作过程中两次用料，又名"夹酒"或"双料酒"。自清初起，就是享誉全国的名酒。李汝珍《镜花缘》中写文芸在一家酒肆点单时，酒保给他看的粉牌上列有山西汾酒、江南沛酒、乍浦郁金酒、琉球蜜林酎酒等五十五种名酒，其中"徽州甲酒"排在第七。此酒颜色清亮微黄，香气诱人，冬日热饮，夏季冷饮，春秋温饮，各臻其妙。

次说菜。酒席由胡适的族叔胡近仁做总管全权操办，他的妻子石菊坪负责炒菜。胡近仁和胡适在辈分上虽为叔侄，但他比胡适大不了几岁，两人情同手足，从小就是要好的玩伴。绩溪博物馆现藏一张珍贵的"胡适婚宴菜谱"，由胡近仁的嫡孙胡从提供，为我们还原百年前这场盛宴提供了可靠的第一手资料。具体菜单如下：

> 九碗：燕窝、鱼鳍、海参、鱼肚、虾米糊、干背、八宝饭、冰糖炖栗、银耳炖桂圆。十二碟：荸荠、橘子、甘蔗、梨子、猪肝、猪腰、猪耳朵、花生米、鳖、香菇、木耳、焖蛋。六碗吃饭：红烧鸡、红烧肉、冬笋炒肉片、糖醋排骨、波青、红烧鱼。

歸娶記

十二月十六日由紐約起程。

火車中讀沙法克尼(Sophocles)戲曲五種：

一、葬兄記 Antigone

二、爭鎧記 Ajax

三、復仇記 Electra

四、歸國記 Philoctetes

五、吳雄末路記 Oedipus at Colonus

葬兄記與歸國記皆極佳，餘殊平平。又前讀其孽冤記 King Oedipus，又嘗聽英國希臘文學大家穆萊 Gilbert Murray 自誦其所譯孽冤記。沙法克尼與墨翟同時，為希臘名家之一。今所傳僅七劇，上所記六劇之外，其一為毒袍記 The Trachinian Maidens，吾未之讀。

火車中極冷。窗上積人口出汽皆成冰花，麗似可喜。吾見之，深嘆此天然之美也。然向

图 26　胡适日记手稿《归娶记》

所谓的"九碗""十二碟""六碗吃饭",都是按照绩溪当地的传统婚宴民俗选定的,既具有浓郁的徽菜特色,又寄意美好祝愿。比如,"十二碟"里有一道"焖蛋",是将笋丁、肉丁、豆干丁与蛋液打匀,入油锅煎至两面金黄,切菱形块再焖烧而成。其主材料鸭蛋、燕笋、豆干、猪肉分别呈黄、绿、白、红四色,代表着中华吉祥文化中的"福禄寿喜",且"门"与"焖"谐音,故焖蛋有"过门得子"的寓意。

十三年前,爱子心切的母亲送胡适去外地读书,就给他做了这道香喷喷的焖蛋饯行。离别在即,她装出很高兴的样子,没有掉一滴泪,拍拍儿子的肩膀,语重心长地说道:"你总要踏上你老子的脚步。我一生只晓得这一个完全的人,你要学他,不要跌他的股。"跌股,指丢脸、出丑。机敏的胡适立刻明白了母亲的一番苦心和殷切期望。原来,焖蛋在上庄话里的发音近似"梦大",母亲连做梦都希望他在外用功念书,闯出一番光耀门楣的事业。因此,这道菜又多了层"望子成龙"的美意,迄今仍是绩溪岭北一带家喻户晓的名肴。新女婿上门,女方家的欢迎宴上总有这道菜;孩子将赴外地求学,父母也会做上一盘爱意浓浓的焖蛋。

至于婚宴食单上出现的燕窝、鱼翅、海参等高档食材,在交通不便的绩溪很难买到,是胡家委托亲朋专程从上海采购并带回上庄的。这场婚宴,无论是不落俗套的典礼还是高大上的酒菜,都为胡家长足了颜面,胡母的一桩大心事总算圆满落定。

婚毕,未及度完蜜月,胡适便匆匆返京教书,江冬秀则留在老家照顾婆婆。他在北归的夜行船上作了一首《生查子》寄给妻子,纪念他们的新婚满月之期:"前度月来时,你我初相遇。相对说相思,私祝长相聚。今夜月重来,照我荒洲渡。中夜睡醒时,独觅船家语。"言浅情浓,颇有味。

回京后,胡适备感寂寞冷清,只能鱼雁传书慰相思。他会在给她的信的开头说："收到你的信，心里很欢喜。"在老家期间拍的照片洗好了，他告诉她："你的照片现在我的书桌上，和母亲的照片装在一处。"新婚第四个满月之夜，他对她说："窗上的月亮正照着我，可惜你不在这里。"……温言款款，柔情脉脉，如鹣如鲽，不尽依迟。

1918年夏，江冬秀来京主持家务，结束了小两口暌远异地、互通心迹的序曲，奏响了幸福生活的新篇章。三年之内，璋瓦之喜，接踵而至，他们家也从南池子缎库胡同8号搬到了更宽大的北河沿钟鼓寺14号。胡宅雇有男佣、女仆、厨子、车夫等，女主人江冬秀负责统筹调度，无须事必躬亲。她个性爽朗，善于治家，不仅把丈夫的饮食起居安排得井井有条，张罗起一桩桩烦琐的家族事务来也驾轻就熟，很能分担胡适的后顾之忧。

如1928年春，她代胡适返乡处理营建胡家祖茔之事。坟墓由花岗岩砌成，石料的开采和打磨都很费事。江冬秀每日上山督工，就安葬立碑的各个环节与族中长辈充分沟通，还不忘写信向胡适报告进展，催促他一定要把碑文写好。整个工程前后耗费数月始成，坟面墓碑由郑孝胥题写，胡适亲撰短碑文一篇并另注小字二行，勒石为志："两世先茔，于今始就。谁成此功，吾妇冬秀。"此绝非虚誉，乃是由衷的感激。他明白如此具体又劳神的家事，非妻子亲为不可成。

别看江冬秀没受过正统的高等教育，她可不是全然对丈夫低眉顺眼、唯命是从的怯懦村姑。作为坚定不移的"元配党"，她既是挥舞菜刀强势捍卫婚姻主权的铁血女汉子，也是弱势群体的守护者兼代言人。那时，北京知识圈盛行一股解除封建包办婚约的"离婚潮"。江冬秀非常看不惯这种毁旧约、觅新欢的做法，路见不平必拔刀相助。当年轰动京华的梁宗岱离婚败诉一案，就是她拉着胡适出庭做证，并由她本人代原告何瑞琼（梁宗岱发妻）辩护。而且还是不拿稿子，有理有据、入情入理地陈述了半个钟头，把一个以善辩著称的北大教授驳得灰头土脸，全场莫不为江女侠之飒爽英姿倾倒。

上海亚东图书馆编辑章希吕曾在胡适家住过一段时间，协助其抄写整理文稿，寄回书馆印刷发行。他对适嫂的精明干练印象深刻。一次，因版税问题，胡适与出版社发生了点小摩擦。他脸皮薄，脾气好，也不曾有什么怨言。江冬秀则别无城府，心到口到，丝毫不怕对方难为情，数次托章希吕致信出版社为丈夫争取权利。

胡适生性好热闹，家是越搬越阔，访客也愈来愈多。赁居米粮库时期，旧过从也好，新知交也罢，有幸入住"胡氏客栈"者可列出一个长长的名单。对于那些"但愿一识韩荆州"的陌生人，胡适专门为他们辟出每周日上午的半天时间作为"家庭开放日"。

届时，来访者不问贫富贵贱、出身资历，皆可登门。胡适来者不拒，见者必谈，无论对方抛出什么话题，他都能应对裕如地大聊其天，绝对不会冷场。虔心问学者，他必度与金针；囊中羞涩者，他肯雪中送炭；无识无趣者，亦不轻慢，总会客客气气地寒暄几句场面话而不至于使对方下不了台。胡适博闻强识又绝顶聪明，任何小题目都能谈得丝丝入扣，使人有片刻坐对、整日春风之感。所以，大家都是好奇而来，满意而归。

胡适这种对来访者不分品类皆一视同仁的会客方式，很有些耶稣基督的博爱风范，江冬秀便形象幽默地戏称为"做礼拜"。身处一个陌生人络绎造访的开放式家庭，如果江冬秀没有相当的雅量，怎能乐意如此多的闲杂人等出入？如果她不具备指挥若定的治家能力，恐怕很难保证借宿人员变动不居、多寡不定的这一大家子都得其所哉。

读书少不见得一定是坏事，没了许多条条框框的束缚，脑袋也就清爽利落了，江冬秀便是如此。她在大是大非上的识见，并不输那些半中不西的"新女性"。她了解丈夫的脾味，知道他不是做官的料，她也没有传统女子那一套夫荣妻贵的功利思想。故此，总是深明大义地恳劝胡适勿忘学者本心，坚守学术生活，远离政坛旋涡。这正是他特别欣赏她的地方。

上世纪三十年代，蒋介石屡邀胡适弃学从政。他以与夫人的"不进政界"之约力辞，以其无偏无党之身和在野的独立地位，为国家做诤臣、为政府做诤友。他说："我对政治始终采取了我自己所说的'不感兴趣的兴趣'（disinterested interest），我认为这种兴趣是一个知识分子对社会应有的责任。"他本人的超然的政治兴趣虽与权力无关，但权力却需要他来支撑，这就是自由派知识分子的两难境地。在时代洪流的裹挟下，他不得不奉命于危难之间，最终还是做了"过河卒子"，于1938年出任驻美大使。

他在给江冬秀的信上说："现在我出来做事，心里常常感觉惭愧，对不住你。你总劝我不要走上政治路上去，这是你在帮助我。若是不明大体的女人，一定巴望男人做大官。你跟我二十年，从不作这样想。……我颇愧对老妻，这是真心的话。"一天，胡适穿上妻子从国内寄来的便袄，发觉口袋里好像有什么东西。伸手摸到一团小纸包，打开一看，是七副象牙耳挖。江冬秀料想美国应该买不到这种实用的小玩意儿，就特地多备了些给丈夫寄过去。体贴至微，令人动容。

尤值一提的是，在兵荒马乱的危难关头，江冬秀把胡适视若瑰宝的七十箱藏书救了出来，分门别类打包妥当移至天津的浙江兴业银行仓库。她还雇人抄录了一份三百多页的书目，寄给远在大洋彼岸的胡适。本着"怎样安全怎样好"的原则，她又花十八元买来一只防虫蛀的樟木箱子，专收重要手稿和文件，妥善存放于花旗银行，每月付五元保管费。

抗战胜利后，胡适出任北大校长，住在东厂胡同1号，这批书也跟着迁居新寓所。此地原是明代特务机关所在，后为大总统黎元洪公馆，是一座非常大的四合院。江冬秀让老家人寄来些种子，开辟出一片菜地，经常捋起袖子打理瓜蔬，一点也不端校长夫人的架子。"辟园可十丈，种菜亦种韭。我当授君读，君为我具酒。"胡适在其早年的一首留学诗中，曾如此畅想他与未来妻子的诗酒田园生活，这也是传统农耕文明滋养下的士人底色在其灵魂深处的真实写照。固然生当乱世，身不由己，"与君老畦田"的愿望终成泡影，但时时能吃到妻子亲手种的菜，亦不啻一份足为他日追忆之资的温馨体验。

1949年春，胡适夫妇乘海轮赴美，开始了十年的流寓生涯。

他们蜗居在纽约东城一个简陋的小公寓里。江冬秀语言不通，家中

图 27　胡适、江冬秀夫妇合照

又无用人，买菜的任务便落到了胡适肩上。多年来过惯饭来张口、茶来伸手日子的他，再也不能四体不勤了，好在他初入康大时学过一年半农科，还不至于五谷不分，出门逛逛菜场、和摊贩唠唠日常也算是体察生活吧。

一个雨天，胡适外出，江冬秀正在厨房烧饭。忽有一彪形大汉自防火楼梯破窗而入。江冬秀吓了一大跳，但她并没有尖叫，而是沉着镇定地走到玄关，拉开门，反身朝不速之客大喊一声："Go！"那窃贼不知所措地愣了一愣，竟尔知趣地走掉了。他可能想不到眼前这个矮矮胖胖、手无寸铁的外国老妇人其实压根儿不懂英语，只会讲这一个单词。江冬秀关好门，折回厨房，继续淡定地做饭。后来胡适常向人提起太太临危不惧、赤手空拳喝退小偷这桩事："如果她那时喊贼，贼可能会用武器打她的。有了这次事情之后，大家说：'胡太太开门送贼。'"眉目间似余悸犹存，又满是骄傲。

江冬秀最大的嗜好是聚众搓麻将，去了美国也积习难改。每日麻友频繁出入公寓，斗室之内，烟雾弥漫，牌声哗哗，胡适安能静心读书？但令人啧啧称奇的是，她牌运超好，麻将桌上赢来的钱，大可补贴家用。胡适也偶尔上阵小玩两把，权当苦闷蛰居生活的一味调剂吧。没牌局的时候，胡太太就在沉浸式阅读中找乐子。她的金庸武侠小说与他的崔东壁、戴东原诸公大作于同一书架分庭抗礼，亦是彼时胡寓一景。

遥想 1921 年，胡适赴上海商务印书馆调研期间，曾应高梦旦之邀在消闲别墅吃饭。饮啖既豪，复佐以娓娓清谈，最后又自然而然八卦起他的婚姻生活。

高梦旦说："许多旧人都恭维你不背旧婚约，这是一件可佩服的事，也是我敬重你的一个原因。"胡适反问："有什么难能可贵之处？"答曰："大牺牲。"

胡适笑了："我平生做的事，没有一件比这件事最讨便宜的了！"对方大惑不解。胡适道："当初我并不曾准备什么牺牲，不过心里不忍伤几个人的心罢了。假如我那时忍心毁约，使这几个人终身痛苦，我良心上的责备，必然比什么痛苦都难受。"

他顿了顿，接着谈这三年来的生活："其实我家庭里并没有什么大过不去的地方，这已是占便宜了。最占便宜的，是社会上对于此事的过分赞许；这种精神上的反应，真是意外的便宜。我是不怕人骂的，我也不曾求人赞许，我不过行吾心之所安罢了，而竟得这种意外的过分报酬，岂不是最便宜的事吗？若此事可算牺牲，谁不肯牺牲呢！"听者莫不为其洞达磊落之胸襟叹服不已。

多年以后，揆诸畴昔，老年胡适对于幸福婚姻的要谛有了更深刻的体认和更精当的概括："我认为爱情是流动的液体，有充分的可塑性，要看人有没有建造和建设的才能。人家是把恋爱谈到非常彻底而后结婚，但过于彻底，就一览无余，没有文章可做了。很可能由于枯燥乏味，而有陷于破裂的危险。我则是结婚之后，才开始谈恋爱，我和太太都时时刻刻在爱的尝试里，所以能保持家庭的和乐。"

作为学者，胡适写过不少颇自得的文章；身为丈夫，他把婚姻这篇老大难的文章做出了常人无法企及的高度。若将"怕老婆"等同于盲目迁就或无原则妥协，未免太狭隘。"尊重""平等""民主"六字才是正解，且胡适都做到了。

他始终以一颗大度包容的心去融化江冬秀的直性子和暴脾气，而这位集悍妇、侠女、贤妻于一身的胡太太正是他毕生志业的坚定支持者。四十五年间，他们苦乐并尝，相濡以沫。他和她虽无缘执经问字的闺房之乐，也达不到伉俪兼师友的理想境界，但精神领域的鸿沟并不妨碍她成为他日常生活的称职贤内助和强有力的坚实后盾。一个恂恂儒雅、休休有容，一个刚柔并济、意度过人，两人的感情在经年累月的互补中不断升华。相伴弥久，蔗境弥甘，他们将貌似违和的婚姻经营成了爱情的模样。难怪张爱玲赞叹"他们是旧式婚姻罕有的幸福的例子"。

传统小脚与摩登西装的反差式和谐混搭，恰为胡适恪守一生的信条——"容忍比自由还重要"——最生动且最有说服力的注解。他在《病中得冬秀书》中写得好："岂不爱自由？此意无人晓。情愿不自由，也是自由了。"说到底，"怕老婆"才是最高级的秀恩爱方式。

胡适在自传和演讲中，多以"我是徽州人"作为开场白。平时跟人讲话，也总爱以"我们徽州"如何如何起句。他生于上海，一辈子足迹遍天涯，生命中有三分之一的时光在欧美度过。但安徽老家九年的孩提记忆，却令他对这片生长于斯的土地怀有无比深厚的依恋之情。

他在美国做寓公时，唐德刚曾为其作口述历史。工作之暇，二人经常共进午餐，吃了有六十余顿。一对忘年交在情调怡人的欧洲餐馆里，笑语悠然地谈古道今，实在是人生难得的际遇。据唐德刚评价，胡适对欧式菜肴甚为知味，对陈年老酒品赏尤精。但这个久居异域的"山乡的儿子"，最念念不忘的还是本色质朴的皖南山野风味。

常言道，想抓住男人的心，得先拴牢他的胃。在这一点上，江冬秀当仁不让。对于太太的厨艺，胡适也是一有机会就不吝誉词地逢人夸赞，尤其是他最爱的两样乡味——徽州锅和挞粿，更是江冬秀的当家菜。这么说吧，从北京到上海到纽约再到台北，只要有胡太太的地方，就有徽州锅。

徽州锅又名"一品锅"，是一道历史悠久的绩溪风味，相传由明代著名的四部尚书——毕锵的一品诰命夫人首创。因胡适为绩溪名人且钟爱此锅，故有"胡氏一品锅"之称。这种由多样荤素食材层堆累叠、经温火慢炖而成的大型锅物料理，是当地各种婚庆筵宴上最引人注目的压桌菜，也是绩溪人家逢年过节或遇隆重宴请时的待客上品，胡宅家宴亦然。胡适的导师杜威来华讲学期间，就曾吃过江冬秀做的徽州锅。

它的做法是：取一口大号铁锅，最底层铺蔬菜做"垫锅"，冬笋为上，笋衣次之，或用冬瓜、萝卜、干豆角等，可根据时令易换；稍上一层是半肥半瘦的大块猪肉，以及牛羊鸡鸭等"硬菜"；接着自下而上依次为油豆腐包、蛋饺、肉圆、粉丝等；到了最顶层，再点缀些绿叶菜。每放一种菜叫"盖一层楼"，食材越丰则"楼层"越高，也越能体现主人的热情好客。一般六七层，有多达九层者，形如宝塔，煞是壮观。

这道菜好吃与否，全在火功。待层层铺毕码齐，初用猛火使全锅滚沸数分钟，再改微火煨炖三四小时，并不时将锅中原汤汁从上往下浇淋若干次，使各种食材的本味相互渗透。直至猪肉炖到像东坡肉那样油而不腻、烂而不化的程度，才算完成，然后直接将整锅端上席面摆在中央。众人围坐，欢叙家常，于香味氤氲中逐层拨食，一派热火朝天的和悦气氛自不必说。因此，徽州锅又叫"团圆锅"。

如果进一步对徽州锅溯源追本，再加上闽菜中的佛跳墙、香港人过年吃的大盆菜，以及我们所熟知的东北乱炖、山西大烩菜等全国各地花样繁多的杂烩菜式，我们会发现它们都有一个共同的始祖——两千多年前的西汉长安名馔"五侯鲭（zhēng）"。鲭，意为鱼和肉合烹的杂烩菜。关于这道菜的故事，最早出现在一本叫作《西京杂记》的汉代名流轶事合集里。

据此书载，汉成帝重用外戚，曾同日封其母舅王谭等五人为侯，时称"五侯"，形成了"王凤专权，五侯当朝"的局面。尽管皇恩浩荡，但几位侯爷却不领情，总觉得外甥厚此薄彼。久之，互有矛盾，各不相让，以致闹到各家门下食客都不好自由往来的尴尬境地。唯独能言善辩的娄护无所顾忌，还是照常到每家串门并从容斡旋，皆得其欢心。五侯将他奉为上宾，竞相设宴款待，还每天差人送来各色玉食供其享用。集五家宠爱于一身的娄护有意做一名打破僵局的解铃人，乃试合五家所饷而创制出一道味美绝伦的羹烩。此馔深得先贤伊尹和羹调鼎之遗风，五侯悟其义，冰释前嫌。娄护的这道象征团团圆圆合家欢的菜也因之名噪京城，世称"五侯鲭"，现今则用来代指珍膳。

再来说说胡适的早餐，他特别爱吃江冬秀做的一款叫挞粿的馅饼。

挞粿，有"塌裹""拓果"等多种写法，是一种风味十足的地方小吃，也是绩溪游子魂牵梦萦的古早味道。将和好的面团擀成厚薄适中的圆形面皮，填入馅料，四周捏紧封口再拓平挞圆，入平底锅弱火烙至两面微黄即成。馅料可根据季节和个人口味有多种选择：春夏多以香椿、豆角、韭菜、笋丁等时鲜和肉末同炒而成；秋冬则南瓜丝、霉干菜、干萝卜丝或腌咸菜等。拌馅时加入的猪油是点睛之笔。在高温烤制过程中，馅里的油汁争先恐后地"滋滋滋"往外冒，一点点渗入面饼，散发出一缕缕美拉德反应的标志性香气，让人不禁食指大动。

刚出炉的挞粿滋味丰美，油润酥脆，晾凉后就是完美的干粮——既便于携带，又能很好地补充能量。以前徽商背井离乡长途跋涉时，行囊里总少不了妻子做的一叠挞粿。饿了拿出来吃一块，每一口都是思念的味道，也是拼搏的动力。所以胡适说，这种饱含深情的饼子"乃徽州人奋斗求生的光荣标志"。他常常吃，除了自幼养成并定型的饮食偏好和心底那永不褪色的徽菜情结，大概也有忆苦思甜的自我鞭策之意吧。

胡适平日回家晚，还经常开夜车，江冬秀临睡前常为他准备两样简易又营养的宵夜：要么剥一颗皮蛋放在小碗里，旁边摆好蘸料，即取即食；要么备两只生鸡蛋、一保温壶热水，在开水里泡五六分钟，就可以吃到半生半熟的嫩蛋了。此外，江冬秀做的蛋炒饭也是一绝。胡适曾神秘兮兮地跟朋友讲，有一种食物非他太太办不到——她做的蛋炒饭不见蛋而蛋味十足，非常香。其实说来简单，就是把饭倒入搅好的蛋液里拌匀后下锅同炒，只要掌握好火候，就是一碗颗颗莹润饱满、粒粒披着金灿灿蛋衣的炒饭了。不过，步骤越少、食材越简的料理越难做好，因为每一个细节都容不得败笔，每一秒钟都值得用心琢磨。这样，炒出来的每一粒米的软硬咸淡才能和他的味蕾彼此投合，相容无间。"金裹银"也好，"银裹金"也罢，在蛋炒饭的世界里，本无专利禁脔或标准答案。凡融入真情的，最能打动人心。

在美国时，烹饪条件有限，能三不五时地吃上一顿低配版徽州锅，便足以慰藉胡适去国日久的乡愁。胡太太还常请美国的同乡小友来公寓赴"豆腐宴"。一次，唐德刚接到江冬秀的电话，说她做了豆渣，是一道在美国吃不到的安徽菜，叫他赶紧过去吃。赴宴途中，他左思右想，怎么也回忆不起来豆渣到底长什么模样。吃后恍然大悟，原来这就是安徽农家最普通的下饭菜——把做豆腐时剩下的渣滓用五香杂料炒出，十分可口。唐德刚少小离家，竟忘得一干二净。这一吃，不知又蓦然勾起他多少三十年前尚不识得的愁滋味。

徽菜由皖南、淮北、沿江三种味型构成，向以烹制山珍野味见长，即宛陵先生笔下的"沙水马蹄鳖，雪天牛尾狸"之类。胡适的故乡绩溪是主流徽菜的发源地，别名"徽菜之乡""徽厨之乡"。最初的徽菜，就是指绩溪土菜，带有浓厚的地缘属性和乡土文化色彩。徽菜的原料多就地取材，以鲜制胜，突出本味。烹调则讲究"三重"——重油、重色、重火功，不同菜式采用不同的控火技术。最能体现徽式特色的烹调技法是滑烧、清炖、生熏，在"八大菜系"中独树一帜。

徽菜的发展，离不开徽商的崛起。徽州处"吴头楚尾"，山高地瘠，农产品匮乏，徽民多以贾代耕，自古便有外出经商的传统。徽商起于东晋；唐宋以降，日渐活跃；明末至清中叶达到鼎盛。其时，新安大贾遍及华夏，是各商路中最耀眼的明星，有"无徽不成镇"之说。徽商富甲天下又偏爱家乡风味，所到之处皆有徽厨设摊开店，徽菜便随徽商不断扩大的经营地盘而扬名五湖四海。

自清末开埠以来，上海商帮辐辏，华洋杂居，殊多派别菜馆云集于沪，有粤、京、闽、扬、苏、湘、川、徽、宁、杭、清真、净素、西餐和本帮菜等十四种。菜帮作为一种相附于商帮的职业行会组织，与经济流动的方向和商业资本的沉浮密切相关。徽菜虽最早进入上海并风靡一时，极盛期有多达五百余家菜馆，但随着徽商的日渐衰落及其自身经营保守等问题，被后来居上的其他外帮菜抢去风头。上世纪二十年代末，古朴的徽菜馆同那些各领风骚的川、粤菜馆相比，就像一个风华不再的迟暮美人，孑立于灯火阑珊处，静候知音。

胡适请客吃饭有个规律：若宴同乡，最常去的不是徽菜馆，而是北京一家叫"明湖春"的鲁菜馆，那里有他喜欢的奶汤蒲菜；如对方是外地友人，他总以推介徽菜为乐。

在上海工作期间，某一天，胡适兴致很高，带着罗努生、潘光旦和梁实秋来到四马路一家徽菜馆，要让他们尝尝他的家乡风味。刚进门，老板一眼望到胡适，立马从柜台后面起身，笑脸相迎，用满口方言和老主顾热络地攀谈起来。他们扶着栏杆上楼时，听到老板对着后厨大吼了一声。坐定，胡适问大家可懂刚才那声吼的含义。绩溪话保留了很多古音，再加上诸多连续变调，外省人听起来好似和尚念经，如堕五里雾中。胡适看他们一脸茫然，笑着翻译道："他是在喊——绩溪老倌，多放油啊！"果然，那一餐油水不少。多年后，梁实秋回忆起当时的情景，仍对两道菜印象深刻：炒划水（即红烧青鱼尾）鲜嫩无匹，生炒蝴蝶面非常别致，美中不足是味太咸且油太大。

其实，梁实秋所谓的缺点正是徽菜的一大特色。这种重口味的形成与其自然地理环境有关，亦即我们常说的"一方水土养一方人"。一者，绩溪地貌以山地、丘陵为主，素称"宣歙之脊"。世代累居于崇山峻岭的徽民，劳动时要比平原地带的居民消耗更多体力，挥洒更多汗水，在日常烹饪中多放盐就成了一种很好的补充电解质的方式。在徽州民间，几乎家家都有腌菜制酱的习惯，口味自然也就偏咸。再者，绩溪地质构造复杂，属于原始江南古陆的组成部分。当地人的日常饮用水偏硬，须多吃些动物脂肪，肠胃才舒适。这种水中富含可有效分解油脂的微量元素，不必担心因吃得太油而消化不良。且该地属亚热带季风气候，适宜茶树生长，常饮茶既能提神止渴，又有解腻之效，久而成习，绩溪人的耐油阈值也比其他地区更高。

胡适祖上即以贩茶为业，到他父亲那一代，胡氏经营茶叶生意百年有余，家业已骎骎进于小康。无论是以茶会友，还是茶助文思，胡适的生活中从不曾离开过茶。他在国外生活了那么多年，也没迷上咖啡、可乐之类的洋饮料，最多喝一点洋酒。他虽主张全盘西化，但除吸的香烟是舶来品之外，饮食嗜尚终究是徽州化的，从未改其"维桑与梓，必恭敬止"的拳拳赤子之心。

糜先生从徽州走向世界，精神根基却始终扎在这片曾孕育出新安理学、皖派朴学的底蕴深厚的沃土，并从中汲取到丰富的思想养分，也濡染了徽商的儒学气质和勤俭进取的"徽骆驼"精神。他的重情厚德、谦和容与、知进知退、有为有守，他的根深蒂固的宗族意识和乡谊观念，他的人格结构中的新与旧、进取与保守、容忍与倔强的对立统一，包括其生活方式、文化性格、政治理念、治学方法论及立身行事的准则等方方面面，无不或隐或显、或多或少地流露出徽州地域文化因子的深沉积淀。他心坎里那老而弥笃的桑梓情结，不独表现为一个功成名遂的游子对故土力所能及的物质文明贡献，更体现在一个饮誉寰宇的学者对徽州文化在深刻认同基础上的积极传播与颂扬。

朝斯夕斯，念兹在兹。其心可鉴，其情可嘉。终其一生，适之先生都是属于徽州的。

大先生的
小日子

·鲁迅·

绍兴会馆的
中秋家宴

民国元年（1912）5月5日，一个轻寒薄暖的暮春天。外省海归青年周树人几经舟车劳顿，抵达北京，开启了他长达十五年的"北漂"公务员生涯。

是夜，皓月当空，清辉入户，树影摇曳，珊珊可人。他比平日回来得晚，还喝了酒，有些微醺。今天是他北上的第一个中秋。初来乍到，人事风土尚未全然适应。归寓途中举目望月，念及千里之外的母亲，客子的漂萍羁旅之感倍加强烈。

想家归想家，但并不落寞，毕竟有两位好友陪着他过节。

他们是许寿昌和许寿裳。许寿昌是许寿裳的长兄，曾任财政部佥事、盐务署会办等职。四个月前，风尘仆仆的周树人抵京后的第一件事，就是在许寿裳的陪同下，乘着月色前往宣武门外南半截胡同的绍兴会馆拜访许寿昌。二人初次晤面即倾盖如故，以一册李慈铭的《越中先贤祠目序例》订交。次日上午，有赖许寿昌热心关照，周树人顺利入住藤花别馆。后因闹邻扰眠，避喧移入第二进一处有槐荫匝地之美的僻静独院——补树书屋。1917年春，周作人来京工作，他便把卧室让给二弟，自己搬入靠北一间采光很差的屋子。

至于许寿裳，与周树人关系更密。二人既是同乡，又是同窗，后来还成为同事。他称许为三十五年的挚友，许称他为平生诤友。他们相依相助、相互辉映的始终不渝的友情，堪称民国知识分子中的典范，许广平赞其"求之古人，亦不多遇"。说起来，二人相交已十年了。1902年秋，他们在东京弘文学院补习日语时相识。周树人在许寿裳的影响下，剪掉辫子，为其主编的《浙江潮》撰稿。两人还一同加入革命团体光复会。他们志趣相投，立场相契，总是形影不离：昼则含英咀华切磋学问，夜则抵头促膝盱衡时事，就连吃面包的小细节都可见二人相交之莫逆。许寿裳很有些绅士做派，吃面包只吃中间的芯。周树人则比较平民化，觉得这样太可惜，便把许寿裳撕掉的皮捡起来塞进自己嘴里，并托词："这个，我喜欢吃的。"许寿裳信以为真，此后凡是俩人一起吃面包，总会先把皮小心翼翼地撕给同伴。

1909年回国后，许寿裳任浙江两级师范学堂教务长，紧接着就把周树人介绍到该校当教员。南京临时政府成立伊始，教育部总长蔡元培请乡友许寿裳共襄盛举。而此时，周树人正在老家遭受着无爱婚姻的煎熬。他在致许寿裳的信中一再诉苦，称"越中棘地不可居"，望老友代为谋职，只要能离开绍兴，"虽远无害"。于是，许寿裳雪中送炭，向蔡元培郑重推荐了他。蔡元培很给面子，痛快地答应了："我久慕其名，正拟驰函延请，现在就托先生代函敦劝，早日来京。"

"正如涸辙之鲋，急谋升斗之水一样"，周树人总算得偿所愿，从绍兴憋闷的空气中解放出来，成为教育部部员，后随部北迁，与许寿裳一同赴京履职。两人共事期间，乡谊日醇，私交弥笃。他们或偕游小市猎奇，或同逛琉璃厂淘书，邀酒聚餐频密，互赠食品不断，经济上常通有无，精神上砥砺深耕，还一度常往钱粮胡同探视被软禁的老师章太炎。

住在嘉荫堂的许氏兄弟是周树人寓居绍兴会馆七年半时间中，其日记里出现最多的名字。每逢端午、中秋、元旦跨年、旧历除夕等佳节，兄弟俩总会准备几道"肴质而旨"的可口家常菜，招呼他过去把盏共叙乡情。而他与许寿裳的"食鹜情缘"，尤值一提。

笔者据周树人的日记统计，从癸丑年（1913）11月到戊午年（1918）1月许寿裳离京赴江西任前夕，他共接受挚友"投喂"成品熟食二十八次、鸭馔十次。[1]这还不包括三天两头被邀至其寓同餐及隔三差五地收到火腿、鱼干、笋干、笋煮豆、辣椒酱等小食的情况。许寿裳貌似很爱烹食禽类，尤其是鸭。这种"食鹜情缘"一来可能与绍兴人喜好烹鸭之地方食俗有关，二来也说明周树人确对鸭肉青睐有加。每遇赠则瞿然而喜，必特书一笔，其余吃食便统以"肴"字概而括之。

周树人不厌其烦地记录着，我们兴味盎然地品读着。他那乍看似流水账的日记并无啰唆之嫌，反倒让人心底总腾起一股暖融融的感动。因为在这年年岁岁的重复动作中，饱含着老友细水长流、润物无声的贴心关怀。众所周知，周树人是绍兴会馆斜对门那家宣南百年老店——广和居的资深"钉子户"，与朋侪聚饮笑乐于此之次数不可胜计。但毕竟不能天天下馆子，家的味道终归无可替代。"单身汉"的各项日常想必简省单调，吃饭更是含糊将就。许寿裳便时不时把自家烧好的饭菜端过来给他改善伙食，用一碗碗热腾腾的美味抚慰着老友那个思乡病屡屡发作的胃和那

1　兹举数条如下："（十一月三日）季市贻煮鸭一碗，用作夕肴。""（十一月二十二日）晚，季市贻野禽一器，似竹鸡。""（十二月二十四日）晚，季市贻烹鸠一双。"（《癸丑日记》）"（五月二十九日）午，季市贻烹鹜、盐鱼各一器。""（八月十一日）午，季市遗食物二品，取鹜还梅糕，以胃方病也。""（十二月十五日）晚，季市送蒸鸭火腿一器。"（《甲寅日记》）"（七月十九日）晚，季市馈鹜一器。"（《丙辰日记》）"（正月二日）季市宅遗肴二品。"（《戊午日记》）

颗苦闷彷徨的心。

身为洪宪帝制朝的一介文官，总得设法摆弄一两样"嗜好"，才能多少让当局放心。周树人昼则赴部上班，"枯坐终日，极无聊赖"；夜则蜗居补树书屋，沉浸在抄碑帖、读佛经、校坟典、阅拓本的心流体验中，任由寂寞像绿萝一样疯长蔓延，连除夕之夜都"殊无换岁之感"。闲治朴学，勤辑古逸，本是他避人耳目的自保之举，竟无心插柳地做出不少为后学开示无数法门的拓荒性学术成就。依此路径发展下去，他那部关于中国小说史的开山之作应会更早问世。但日后一个人的出现，使他改辙易途，暂且搁下学术研究，转向了小说创作的快车道。

1917 年 9 月 30 日，又是一个三五之夜，周树人"烹鹜沽酒作夕餐"。他的中秋家宴上来了一个怕狗的《新青年》杂志编辑。他们惬意地就着月色，吃着鸭子，喝着绍酒，聊着文学革命。

而四十多天前，一个晴朗的夜晚，小院里那两棵浓荫如盖的老槐树见证了他们石破天惊的"铁屋对谈"。"我想，你可以做点文章……"听罢此言，周树人的心弦轻颤了一下。"然而几个人既然起来，你不能说决没有毁坏这铁屋的希望。"槐叶沙沙作响的背景音把他的心潮映衬得有些澎湃。他没想到，这个手提大皮夹的胖子日后会经常深夜造访。尽管每次都被狗吠搞得心悸不止，还是执着地三番五次登门约稿、催稿，直至他交出一篇用他擅长的日记体写的短篇白话小说。这个人就是钱玄同。

如果没有钱玄同的积极敦促，就没有《狂人日记》的横空出世。周树人还是那个以稽古为乐的公务员，静默地过着"槐蚕叶落残碑冷"的潜修生活。他"聊以慰藉那在寂寞里奔驰的猛士，使他不惮于前驱"的第一声呐喊，或要推迟多年才发出也未可知。

1918 年 5 月 15 日之后，隐士周树人成为我们所熟知的斗士鲁迅。他走出"遇不到什么问题和主义"的故纸堆，投身新文化运动的主战场。他笔挟风雷，尺水兴波，不克厥敌，战则不止。他用文字的利剑划破长夜寒春的月色，他小说中的月，亦不复往昔日记中皎然澄澈的唯美之态，而是射出一道道陆离炫目的冷峻之光。

所谓"点心",点缀心情之谓也。此词唐代已有,初作动词,表示晨馔之前略食一二充饥,由魏晋南北朝之"小食"演化而来。北有官礼茶食,南则嘉湖细点,故而点心控向来不乏选择。住在首善之都的人们,更是口福不浅。古风犹存的满洲饽饽铺也好,新奇时髦的洋点心坊也罢,总有一款能治愈你。

> 回去要分点心给孩子们,我于是乎到一个制糖公司里去买东西。买的是"黄枚朱古律三文治"。这是盒子上写着的名字,很有些神秘气味了。然而不的,用英文,不过是 Chocolate apricot sandwich。……吃着分剩的"黄枚朱古律三文治";看几叶托尔斯泰的书,渐渐觉得我的周围,又远远地包着人类的希望。
>
> ——《热风·无题》

这是鲁迅白天受了糖果公司店员的侮辱(怀疑他会顺手牵羊多拿几盒),闷闷不乐地吃宵夜的场景。古有苏舜钦以《汉书》下酒而"一斗诚不为多也",今有鲁迅以托翁名著佐夹心面包大浇胸中块垒——

清新微酸的杏子恰到好处地平衡了巧克力的浓醇甜腻。甫一入口，即感主客相适，款洽无间：从舌尖味蕾到五脏六腑各门户次第揖让而开，多巴胺犒赏通路全程"绿灯"，美味如熨斗般瞬间抚平由凡尘琐事搅扰而生的心灵褶皱，令人服帖舒适。翻了几页托尔斯泰的书，吃了俩面包，俗虑尽褪，身心俱泰，欣快感油然而生：白天那点小误会算什么。呵，都是浮云，人间依旧值得。

笔不离手，烟不离口，横眉冷对，是鲁迅在世人心中的经典形象。其实，每每夜深人静，熬夜写稿校书时，在吞云吐雾的间隙或停笔梳理思路的空当，他总爱吃几块点心。心情不好时，是抚慰；心情好时，是奖励；心情不好不坏时，是补充能量的必需品。总之，吃点心的习惯坚如磐石，并不随心绪波动而兴废。

鲁迅从小就无糖不欢。早年在南京读书时，手头拮据，只能花两三角钱买瓶水果味的摩尔登糖解馋。留日期间，爱上了栗馒头、羊羹之类的甜点，赚到稿费就小打牙祭。逮供职教育部，工作体面，收入稳定，虽屡被拖欠薪俸，但并不妨碍与其消费升级需求相伴而生的点心自由之实现。久负盛名的稻香村南货店、前门内的临记洋行、观音寺街的晋和祥、东琉璃厂的信远斋，都是他光顾甚频的食品铺子。

沾满蜜糖的满族点心萨其马、酸爽开胃的老字号果脯蜜饯、绵软柔滑的法国奶油小蛋糕，是他百吃不厌的无限回购款；香肠、熏鱼、牛肉、火腿等咸口零食，当然也不遑多让。他还不时变换花样，来点柠檬糖、甘蔗糖、咖啡薄荷糖调剂，免得产生审美疲劳。除却个人口味偏嗜，爱吃零食也与他的作息有关。每晚都要熬夜写作，手边总得备些饱腹感强的东西抗饿。在常见的核桃、花生、杏仁等坚果之外，随取随食的点心就成为首选。

为了避免半夜饥肠辘辘却无物可吃的窘境出现，鲁迅总是未雨绸缪，每次外出均不空手归。比方说，今儿到青云阁会友品茗或购置日用什物，末了就拎几种茶点回来；明儿去劝业场理个发、升平园沐个浴，那就顺道儿带几盒饼饵；星期天在益锠约了个咖啡，当然必须打包几个店里的现烤糕点。反正来都来了，买买不是顺手的事儿嘛。

连看牙也不例外。前一天"夜齿大痛，不得眠"，但第二天他收到羽太家寄来的一匣羊羹，经不起甜津津的诱惑，没控制住又吃多了，下午牙齿便痛得厉害。次日赶紧跑去看医生，约好补牙时间，买了瓶含嗽药，回程仍不忘去稻香村买饼干。一周后去复诊，牙都没补好，路过临记又买点心若干。还有一次，同样是看完牙，抱了两罂中山松醪外加半斤牛肉回家大快朵颐。对鲁迅而言牙痛能忍，反正有牙医呢，但零食断供的日子决计不能忍。如果这都不算爱，那再看看这个发生在 1924 年西北大学暑期学校的小插曲：某天课后，他与同事出校游步，不小心失足摔了个大跟斗。但他的第一反应不是马上折回去处理伤口，而是一瘸一拐地先买完点心，才不紧不慢地回寝室涂碘酒。出差受伤也不例外，真爱可见一斑。

鲁迅写过一篇叫《零食》的文章，里面如数家珍地列举了桂花白糖伦教糕、虾肉馄饨面、南洋芒果、暹罗蜜橘、瓜子大王等诸多小吃，还写道："只要胃口好，可以从早晨直吃到半夜，但胃口不好也不妨，因为这又不比肥鱼大肉，分量原是很少的。那功效，据说，是在消闲之中，得养生之益，而且味道好。"虽则讲上海人如何爱吃零食，然而活脱脱就是他本人的自画像。

在《弄堂古今生意谈》中，他把自己闻叫卖声而食指大动的馋状写得入木三分。[1] 那些五花八门的零食"对于靠笔墨为生的人们，却有一点

---

1 原文为："居民似乎也真会化零钱，吃零食……而且那些口号也真漂亮，不知道他是从'晚明文选'或'晚明小品'里找过词汇的呢，还是怎么的，实在使我似的初到上海的乡下人，一听到就有馋涎欲滴之概，'薏米杏仁'而又'莲心粥'，这是新鲜到连先前的梦里也没有想到的。"

害处，假使你还没有练到'心如古井'，就可以被闹得整天整夜写不出什么东西来"。小贩们走街串巷的吆喝声盈耳不绝，整日里就这么滚动播放着，搅得意志力不强的馋人馋虫骚动，哪里还能静心作文。

静心之法其实也不难，屋里囤足货便可。足到个什么程度呢？据目击者称，鲁迅家挂衣服的立柜里都塞满了糖盒、瓜子罐、饼干筒。零嘴儿触手可及，安全感拉得满满当当。买这么多当然不止于吃独食，还有一项重要用途——款客。某次李霁野来访，二人边聊边吃，谈兴甚浓。久之，客人估摸着糖果花生应已所剩无几，便笑着说"吃完就走"。主人点头，神秘一笑，随手又从柜子里拿出一个没打开的大糖盒。然亦偶有备货不足，上演"空城计"之时，宾主只得就此打住，下次再聊。

鲁迅好客，有口皆碑。但作为一枚如假包换的点心控，他也有"吝啬"的时候，还发明了一种专门针对男士的"花生政策"。

起因是，来家做客的男人们实在太能吃，"有时委实厉害，往往吃得很彻底，一个不留"，主人应接不暇，零食罐也苦不堪言。本来鲁迅对男女客皆无差别对待，实在招架不住了，便想出个歪招，用稀松平常的花生代替各式精美点心，这样他们自然也就没什么吃的欲望了。一看客人不动手，主人便再三殷勤敦劝，有时竟把惧食花生者（如荆有麟）劝得逡巡逃走。这一招立竿见影，效果喜人，鲁迅很是得意，日记里必须记上一笔："从去年夏天发明了这一种花生政策以后，至今还在继续厉行。"窃喜之情难掩，读罢令人莞尔。

缘何女士不在此限，仍可享受点心待遇？因为据鲁迅观察，她们的胃似乎只有男士的五分之一（或许是出于矜持也说不定），即使是很小的一块点心，也大抵要留下一半；倘是一片糖，也总要留下一角。权衡的结果是，"于我的损失是极微的，何必改作"。可见，区别对待也是主人没有办法的办法。只是他万没想到，此善待女士之举，却生出些令人啼笑皆非的枝节。

一日，荆有麟送来两包"方糖"。鲁迅闻所未闻，拆开一看，哪里是方形的，分明是圆圆的棕黄色小薄片嘛。拿出一片迫不及待试吃，清凉甘甜，入口即融，质地又很细腻，的确是好东西。许广平告诉他，这是河南名产，由柿霜制成，如嘴角生疮，用它一搽便好。他豁然大悟："怪不得有这么细腻，原来是凭了造化的妙手，用柿皮来滤过的。"可惜待他得知柿霜糖的药效后，已经一大半下肚了。于是乎，连忙将余下的包好，以备不时之需。

手是把糖收起来了，但心却控制不住舌头一直惦记着那丝丝沁人心脾的甘凉，夜间辗转反侧难以成眠。终于，脑回路清奇的文学大师帮自己找了一个逻辑自洽的借口："因为我忽而又以为嘴角上生疮的时候究竟不很多，还不如现在趁新鲜吃一点。"嗯，越想越有道理，很难让人反驳。赶紧爬起来找出藏好的糖，开怀大吃。未几，半包之大半又已下肚。赶紧打住，安心睡觉。

那剩下的一小半作何处置呢？

数日后，高小姐到访，是位稀客，"花生政策"当然不便执行。恰巧屋里又没其他点心，只好献出自己珍藏的柿霜糖，毕竟"这是远道携来的名糖，当然可以见得郑重"。鲁迅一边把糖小心翼翼地端出来，一边心想："这糖不大普通，我应该先向客人说明其来源和功用。"没承想被高小姐抢先一步："哈！这可是河南汜水县的特产哟。由柿子剥去外皮晾晒后生成的纯天然柿霜制成，深黄色的最好，若是淡黄色，说明不够纯。而且这个东西性凉，药食两用，治口舌生疮那叫一个绝哦。"讲得头头是道，分明对之了如指掌。

鲁迅听得哑口无言，不禁暗自思忖："她怎会比我耳食所得还要清楚！怪哉，怪哉……唔！想起来了，人家本来就是河南人……请河南人吃几片柿霜糖，就好比邀我喝一小杯黄酒一样，真是愚不可及！"

高小姐没料到她这一张嘴就把天给聊死了，更猜不透一向谈锋极健的鲁迅为何此时仿佛有点心不在焉似的发着呆。鲁迅当然也没事先做好尴尬突至的心理建设。接下来，空气凝固了四五秒钟。

"这个糖很好吃的，那我就不客气喽！"高小姐话音未落，纤指已捏起一片放在唇畔。

"啊，那自然好……喜欢你就多吃点……"空气又流动了起来。

交谈如旧。

送走高小姐，鲁迅有些郁郁寡欢，方才的小型社死现场还是令他颇难释怀。夜深人静，冥然兀坐，开始揣想："虽然对这柿霜糖的来历一清二楚，于她而言也是司空见惯之物，可她居然吃了一片，许是聊以敷衍我这个主人的面子罢了……"

接着，下意识地点了支烟，又任由思绪纷飞了一阵："物离乡贵，人离乡贱。凡物总以稀为贵。茭白心里有黑点的，绍兴人称为灰茭，乡下人都不愿吃，北京却用在大酒席上。卷心白菜在北京论斤论车地卖，一到南边，便根上系着绳，倒挂在水果铺子的门前，买时论两，或者半株，用处是放在阔气的火锅中，或者给鱼翅垫底。但假如有谁在北京特地请我吃灰茭，或北京人到南边时请他吃煮白菜，则即使不至于称为'笨伯'，也未免有些乖张罢……嘻，我这宝贝糖应该拿来请河南以外的别省人吃……"

哦，不，怕是别省访客没这个福分了。他边想边吃，把剩下的一小半全吃光了。柿霜糖的故事就这样结束了。

偶得名糖，如获至宝，且吃且藏，思想斗争轮番上演，其神貌率真如孩童。以上捧腹情节非笔者杜撰，出处见《华盖集续编·马上日记之二》。

点心一般都是高糖食品，偶食之可点缀心情，无节制则伤齿致龋，学医的鲁迅自然心如明镜，但照吃不误。他自述拜父亲基因所赐，从小

家宴

就是"牙痛党"，牙齿或蛀或破，或牙龈出血，试尽"验方"皆不验。成年后积习难改，一仍其旧地嗜甜如命，嘴巴是过足瘾了，但牙齿却不断以发炎、肿痛等各种形式表示抗议。

天作孽，犹可恕；自作孽，不可活。可怜的牙齿跟着他这个"心大"的主人也是多灾多难。一个仲春二月的清晨，参加完祭孔大典的鲁迅在归途中因车夫疏失，冷不防被甩出车外与地母接吻并献上门牙两枚，这一年夏天才补上。到了五十岁那年，他终于忍无可忍，一狠心把满口仅剩的五颗牙全行拔除，易以义齿。

牙口不好，胃口也受牵连。况且，早在青年时就已埋下胃病隐患。当年未满十八岁的鲁迅揣着母亲变卖首饰筹得的八元川资前往江南水师学堂求学，到校之后款就用完了。朔风动起怯衣单，没有余钱置办冬衣的他，为了抵御砭人肌骨的凛寒，想出一条吃辣取暖解困的权宜之计。以至成了习惯，进而变为嗜好，加之贪吃生冷的螃蟹和质硬的油炸食品，导致胃病迁延不愈。用他自己的话来说，"我的胃的八字不见佳，向来就担不起福泽的"。

但剽悍的食客，不会被齿痛击败，更无惧胃疾折磨。吃归吃，痛归痛，它们就像发生在平行宇宙的两件事，在分属各自的时间轴和畛域上各行其是，互不打搅。

底子薄，基础差，自己还老爱糟蹋。身体时常欠安，情绪低落的时候也不是没有，毕竟鲁迅是人不是神："写书时头眩手战，似神经又病矣，无日不处忧患中，可哀也。"就像光顾点心铺一样，频繁奔走于医院和药店也是他生活中默认配置的一部分，不与之和谐共处就是给自己添堵。故总体而言，对这些小病小痛，他还是以持悦纳态度居多。

"重要的不是治愈，而是带着病痛活下去。"倘若鲁迅得知加缪的这句名言，定会有比常人更深刻的理解。

回不去的故乡，攒不住的积蓄，退不掉的"礼物"

1919 年秋，鲁迅干了件大事——买房。

三个月后，一个寒雨潇潇的夜晚，他回到阔别已久的老家。这是他北上寻梦七年以来第三次回绍，也是最后一次。前两次休假返籍，属探亲以慰乡愁，此行则是与周宅新台门和他的童年乐土百草园永别。

拾掇家当，祭扫祖坟，画售屋押，束装就道。他与母亲鲁瑞、元配朱安及三弟周建人妻孥一行日夜兼程，水路倒陆路先后换乘四趟火车终于抵京，入住他在北京的第二个落脚点，也就是刚买好的房子——新街口八道湾 11 号院。他念兹在兹的团圆梦终于实现了。自此，他人生字典中的"家"这个字，也获得了更加丰盈饱满的内涵。只是比起日后猝不及防的梦碎，逐梦的过程反而显得跌宕起伏。

其实自从这一年过完春节，鲁迅就开始马不停蹄地四处觅房了。不是相中的已售，就是不合用，直到 7 月中旬才大致有了个眉目，然后是量屋作图，修葺完善，11 月初付掉尾款，正式拿下这所有二十多间屋子的三进大宅院。虽不带廊子，也无垂花门，算不得是标准精致的四合院格局，但空间疏朗宽敞，比先前绍兴会馆的那些颓屋败壁要好得多。他后来把这段难忘的经历写进了小说《伤逝》中，涓生和子君寻觅住所的情形，正是他自己看房遭遇的缩影。

鲁迅是有名的孝子，由于父亲早逝，他把全部孝心都灌注到了母亲身上。如三年前那次归省，乃专程为母庆贺六十寿诞，各项事宜皆款曲周至。老太太笃信佛教，他提早两年就委托金陵刻经处刊印佛教名典《百喻经》，广赠亲友以为功德。老太太爱看社戏，他就请来唱平湖调的名班助兴，还穿插了口技、魔术等曲艺表演烘托氛围。整个祝寿活动持续了五天，祀神祭祖之虔敬、开筵设席之排场自不必说，单是日日贺客盈门的热闹景象，便足使母心大慰。鲁迅这次决意挈眷居京的客观原因是，周氏家族已濒临解体，其"在绍之屋为族人所迫"，自家拱手而退可免于陷入亲族间利益纠葛的泥潭。主观原因当然是想陪在母亲身边，晨昏定省，以尽菽水之欢。

　　只是鲁迅为母亲觅得的这处安享天伦之地，得来颇不易。除去3500元大洋的房款，还得付给中介175元佣金，办房产证时要缴纳180元的契税和印花税，铺设自来水管道花去115元，安装玻璃窗40元，另有木工杂项等修缮费用425元，合计约4500元。他把平日里开源节流攒下的积蓄拿出来，再加上变卖绍兴祖宅所得的1000多元，东拼西凑还有500元缺口，最后由好友齐宗颐出面托人办了个"息一分三厘，期三月"的短期民间借贷才搞定。其间，他无数次亲临现场看进度、买材料、付工钱，可谓操碎了心。11月底，新居葺毕，他先和二弟家眷搬入，待收拾停当便立刻请假回乡接母。累虽累了点，好在诸事胜意，接下来就是满心期待地迎接新年了。

　　1920年2月19日，旧历除夕夜。全家人"晚祭祖先，夜添菜饮酒，放花爆"，三代同堂，兄弟怡怡，其乐融融。这是鲁迅寄居京师八年以来过得最欢乐祥和且富有年味儿的一个春节了。

　　正月二十四，他又在家中办了一场乔迁答谢宴，开了两席，请了十五个人。买房是大事，朋友们的温居贺礼也不拘一格：大家有钱出钱，有力出力，各是各的心意。有送来厨具、座椅、时钟的，有端来梅、桃等盆栽花卉的，还有抱来苹果、广柑等时令水果的。因许寿裳兄弟与鲁迅关系特好，二人给的是最简约而不简单的礼物——各出礼金十元为贺。

凡正式宴请皆需事先向宾客发帖子，且时间大有讲究。谚曰："三日为请，二日为叫，当日为提来。"一般以宴会三天前发出为佳，越靠后越失礼。鲁迅对这次家宴十分重视。他先去纸店如数买回来空白请柬，一张张工整地填好日期、姓名、地址，提前五天发出，可谓礼数周全。那这两桌酒席是谁做的呢？据民俗学家邓云乡先生在《鲁迅与北京风土》一书中的考证，原来既非家眷，亦非用人，而是由饭庄派人上门操办的，行话叫作"走堂会"。

当时北京的饭馆不论规模大小，都有外卖服务。若是类似于两个炒菜、几碗炸酱面的小订单，店伙计就把做好的饭菜装进食盒给你拎过来。如遇院子里开酒席的大生意，店家就会叫人在开宴前两三个小时挑只大圆笼（席面、餐碟、匙箸等一应俱全，只消往桌上摊摆整齐即可），把行灶、瓢镬、食材等扛到东道主家来现烧。但前提是场地要足够大，比如一处独门独户的四合院。至于菜品，所谓"现烧"，其实并非从头到尾每个环节都现场制作，而是基本以加工半成品为主：冷荤最省事，在店里装好盘，拿过来直接上桌。热炒也不复杂，各种主料和配菜都是该切的切，该拼的拼，该焯水的焯水，该过油的过油，提前在店里备好，开宴时一下瓢，大火快炒翻几个身，就能上桌。至于耗时费工的几道大菜，就更简单了：早已事先烧妥，掐着上菜的节奏，适时一回锅便成。

鲁迅虽未明确记载当天叫的是哪家馆子，但考虑到距离远近和个人偏好，大概率是西四牌楼的同和居。当时京城的老字号饭庄多以鲁菜为宗，拔萃者有"八大堂""八大楼""八大居""八大春"等。同和居即其一，是一家有前清御厨班底坐镇的标准山东饭庄，以烹制福山帮海鲜为长，

　　　　　　　　　　　　　　　　　　　　　家宴

拿手好菜有烤馒头、烩两鸡丝、葱烧海参、扒鲍鱼龙须等。估计是点菜失误，鲁迅第一次光顾同和居的就餐体验并不好，评价就四个字——"甚不可口"。但搬离绍兴会馆后，不排除地近之便的因素，他和朋友经常来此小酌。1932年，已定居上海的鲁迅回京探母期间，曾与未名社成员李霁野、台静农，以及范文澜、沈兼士、常惠等几位旧雨新知在此聚饮畅叙，不亦乐乎，堪称一场可载入同和居史册的盛会。

值得一提的是，同和居有道名菜叫"三不粘"，是鲁迅的最爱。

所谓"三不"，即一不粘碟，二不粘匙，三不粘牙。成品金黄莹亮，表面圆润，似一轮满月嵌入白瓷盘，通体散发出一股脱俗的极简主义美学调性。绵韧的口感介乎羹与糕之间，细嫩无匹，不嚼即化，令人过齿难忘。此菜用料普通，鸡蛋黄为主，绿豆粉、白糖为辅。将三者按比例加清水混合，打匀并充分搅拌，再过筛滤掉蛋液中的杂质。但它又是一道极考验手头功夫的菜，看似平易却难出彩，重头戏全在翻炒：锅置中火，猪油烧熟，倒入蛋液，迅速搅动。整个炒制过程，厨师必须手不离锅，勺不离火，左右开弓——一手持勺不断快速搅炒，一手徐徐淋油片刻不停，如此重复三四百下，直至蛋与油融合无间且既不粘锅又不煳锅时，立刻起锅盛盘。要之，此菜对火候、油温、翻炒频率的掌控都大有讲究，没个三五年颠勺功力的厨师恐怕不敢轻易尝试。

而且这道菜妙就妙在为店家消耗蛋黄提供了一个绝佳渠道。它与梁实秋笔下的熘黄菜一样，都属敬菜。当时京津饭馆多有外敬传统，即在客人点单之外再赠送一两道本店特色菜回馈老主顾。如此一来，以蛋黄为主食材的菜品就有了用武之地。因为后厨备菜时，挂糊、上浆、制肉茸等工序无不消耗大量蛋清，怎样利用分离出的蛋黄就成了一大问题。作为奉赠性质的菜，店家讲究个惠而不费，客人要吃个难能可贵——用料简，工艺繁，技术含量高，自家做不来。若此，则两全其美矣。关于此菜的发明权，一说归同和居大厨袁祥福，一说乃广和居原创当家菜。不论如何，后来广和居歇业，其大厨被同和居东家重金延揽至麾下，"三不粘"自此成为同和居独有的镇店名肴，这是事实。

话说回来，周府主人此次新居治馔酬友恩之举，风光排场的背后还有一些不足为外人道的"内幕"。

鲁迅迁居是在 1920 年元旦前夕，但直到 3 月中旬才办这场家宴。以常规逻辑分析，春节前后，大家伙儿都在忙年，似乎不是请客的最佳时机。但这只是表面原因，真正的原因是：手头拮据，确实得先缓一缓。

当时他的财务状况是，为买房已倾其所有并背上了一笔不大不小的贷款，因宴请又借了两次钱：3 月 4 日，从齐宗颐处借来 50 元；30 日，戴螺舲慷慨解囊拿出 100 元。许是被"搬家—宴客—欠债—还钱"这紧箍咒似的连环套搞得身心俱疲，向戴借完钱的第二天，他偷了个懒，没去上班，想在家静静："三十一日，晴。甚疲，请假。"接着，继续苦挨。4 月 10 日，他收到部里 3 月份上半月的 120 元工资后，马上还掉欠戴的 100 元，剩下 20 元对付着过日子。21 日，终于拿到其余月俸 180 元，才把欠齐的那 50 元还掉。每到发薪日，便是还债时——这一度是他经济生活的主旋律。有时周转起来颇为迂回，还得排出个还钱优先序列来"拆了东墙补西墙"：从甲处借得一笔款，拿出一部分还给乙，等数日后手头稍宽绰了再还甲，如此云云。

鲁迅幼时目睹家道中落之变故，常遭冷遇，备感世态炎凉，对钱有着清醒的体认和切肤之痛。成年后，残酷的现实生活把他磨炼成一名极具入世情怀的文艺工作者，未沾半点传统士大夫耻于谈钱的清高习气。相反，总是语中肯綮，让人醍醐灌顶：

　　　　梦是好的；否则，钱是要紧的。……钱，——高雅的说罢，就是经济，是最要紧的了。自由固不是钱所能买到的，但能够为钱而卖掉。……为准备不做傀儡起见，在目下的社会里，经济权就见得最要紧了。

——《坟·娜拉走后怎样》

鲁迅在教育部的月收入，从起初的 60 元涨到 200 元，后来又涨到 300 元，属于典型的中产知识阶层。但北洋军阀统治时期，国家机构经费支绌是常态，教育部又是最不受重视的"第一穷部"。他的工资总不能按时足额发放，直至 1926 年离京，竟还拖欠着两年半薪俸。教育部部员曾冒着被军警殴打的危险组织索薪团，一起到财政部维权，鲁迅也是其中一员。关于此番血泪史详情，见其文《华盖集续编·记"发薪"》。况且，他挣得多，花销更大。尚无子息牵绊，育儿经费暂不足虑。投资兴趣（购买书籍、碑帖、古玩）也不过分，毕竟琉璃厂是他精神养分的重要补给站，必要地烧点小钱也值。但身为周家长子，他肩负着赡养老母和妻子的责任，弟妇及其日本家眷也要定期周济，经济负担不可谓不重。他曾慨叹："负担亲族生活，实为大苦，我一生亦大半困于此事，以至头白。"噫吁嚱，多么痛的领悟，想存点钱简直比攀登李白笔下的蜀道还难。

中年危机，压力山大，那点"犹抱琵琶半遮面"的工资和小打小闹的稿费根本不足以维持日常收支平衡。尽管他乐观地自封为"精神上的财主"，但这种虚无缥缈的"精神文明"根本靠不住，必须设法扭转"物资上的穷人"这一难堪局面。为了缓和与钱的紧张关系，也就是从全家老小齐聚北京这一年开始，身为公务员兼作家的鲁迅又多了一重身份——教师。

反正教育部需要坐班的事务也不多，大好时光与其无所事事地"摸鱼"，还不如见缝插针地每周去高校搞几次讲座。从 1920 年 8 月，应蔡元培之邀兼任北大国文系讲师开始，鲁迅老师到处兼课这项伟大的副业就如多米诺骨牌一样哗啦啦地倒下了。除北大外，他还任教于北京高等师范学校（北京师范大学前身）、北京女子高等师范学校（即后来的"女师大"，认识许广平的地方）、北京世界语专门学校等。此外，还有两所中学。他的日程排得相当满，基本上每天都要去讲课，月入 70 元左右。六年中，鲁迅老师拿着一套"中国小说史"课程的讲义活跃于帝都杏坛，先后在八所学校兼课，竭尽全力拼命"搞钱"。这一切，除了出于对文学事业的一腔热忱，主要还是生计上的考量：必须有坚实的物质保障来撑起自己那个阖家团聚的琉璃梦。

没错，只要全家人能一起和和美美地过日子，赚钱辛苦点也值。可惜，花好月圆往往求而不得，时乖运蹇总是不请自到。1923 年 7 月 14 日，他在日记中写下这么一句颇耐寻味的话："是夜始改在自室吃饭，自具一肴，此可记也。"

字越少，事越大。表面不动声色，内心惊涛拍岸。"此可记也"，春秋笔法，四字信息量超载，一切尽在不言中。老太太入住八道湾后的前几个月，鲁迅都是在第二进院子与母亲和朱安共餐。之后，许钦文的四妹许羡苏（周建人在绍兴女子师范学校的学生，鲁迅南下后，曾长住其京寓，帮鲁母理家）住了进来，周建人便让她陪老太太，鲁迅遂改在后进院子与两兄弟同桌吃饭三年。现在突然又回到中院，分灶而食。

五天后，周作人递来一封简短的绝交信。[1] 以信代面，无声告辞，唯

---

[1] 信的内容为："鲁迅先生：我昨日才知道，——但过去的事不必再说了。我不是基督徒，却幸而尚能担受得起，也不想责难，——大家都是可怜的人间。我以前的蔷薇的梦原来都是虚幻，现在所见的或者才是真的人生。我想订正我的思想，重新入新的生活。以后请不要再到后边院子里来，没有别的话。愿你安心，自重。"

有丁香空结雨中愁。东有启明，西有长庚，文坛双子星从此参商永隔。关于周氏兄弟失和之因，历来众议哓哓。笔者无意凑热闹，姑且存而不论。正如周作人信中所写，大家同是天涯可怜人，各有难言之隐。既然当事双方都模糊处理，缄口不语，旁人又何必恣意揣测，过度阐释。还是"人艰不拆"为好，让家庭内部纠纷保留其作为隐私本身最后的尊严。

翌日夜半，雷雨大作。"谋生无奈日奔驰，有弟偏教各别离。最是令人凄绝处，孤檠长夜雨来时。"这是鲁迅现存最早的诗作。当时在南京矿路学堂求学的他，怀着满腔热烈的思念之情写下这首诗，连同学校发的四元奖学金一起，托同学带给老家的母亲和弟弟。而今，似曾相识的雨夜，霄壤之殊的心境：无所寄又何所托，只剩下回不去的故乡和无处安放的手足情。

接下来，是沉默的一周。

又过了两周，一个雨过天晴的下午。鲁迅离开了令他安居乐业之梦破碎的伤心地，搬入砖塔胡同 61 号院。同行者是那位在他日记中只被提及两次的"妇"。

她身材瘦削，脸形狭长，颧骨突出，面色微黄，梳着一个发髻，装扮古典朴素。由于缠足，行动步履缓慢。平日寡言少语，鲜有笑容。从 1899 年与周家大少爷订婚到二人举办婚礼，朱安作为一件静候被接受的"礼物"，等了七年。从 1912 年丈夫离乡谋食，到 1919 年举家北迁，她作为一件留守在赠礼者身边的"礼物"，又过了七年独居生活。

长期以来，她就像丈夫伟岸形象背后投下的一片微不足道的阴影，处在公众关注视野的盲区。似乎无人知晓也不大有兴趣去探究她在年复一年的漫长等待中，内心世界发生过什么。胸无点墨志难伸，目不识丁的她不懂文雅的遣兴方式，只会闲来无事时倚在门边，吧嗒吧嗒地使劲抽几口水烟袋,枉然倾吐其用寂寥写就的"闺怨诗"——不讲格律,没有声韵,全是无奈。她的丈夫,则在千里之外的北京,过着名义上已婚的单身生活——整日埋首稽古,以代醇酒妇人。

"人必生活着,爱才有所附丽。"他和她之间没有生活,也不存在爱,就像《故乡》中的"我"和闰土之间隔着一层可悲的、无法穿透的厚障壁。鲁迅曾对许寿裳说:"这是母亲给我的一件礼物,我只能好好地供养它,爱情是我所不知道的。"作为深谙孝悌之道的周家长子,母亲拍板敲定的"礼物",只有接受之理而绝无退还之说。

1914年11月,鲁迅收到朱安请人代写的一封信,他在日记中写道:"下午得妇来书,二十二日从丁家弄朱宅发,颇谬。"显然,对其所言无法苟同。她说了些什么呢?鲁迅日记并未明言,不过据周作人同年的两则日记可约略得出线索。原来朱安的房间中窜入一条身长丈许的白花蛇(民间视为淫物),她便请当时还在老家的周作人买回一枚秘戏泉(铸有春宫图的非流通性钱币)避邪破法。事后,特地修书一封,郑重其事地向丈夫表白自己内心的贞洁。但作为接受过新思想洗礼的进步人士,鲁迅对这种封建迷信思想很无语,甚至连信都懒得回复。他日记中所载发妻来信仅此一回,也是"妇"这个代称第一次出现,第二次便是从八道湾搬出来的那天。

这场始料未及的家庭变故,使鲁迅身心遭受重创。刚迁入砖塔胡同不久,就病倒了。严重时,连饭都吃不下,终日只能啜粥或喝点米汁、鱼汤等流食。朱安每次煲粥前,都要先把谷物碾碎再微火慢炖,煮成对肠胃友好的粥糜。她还托住在同院的俞芬姐妹,从稻香村等名店代购糟鸡、火腿、肉松等丈夫爱吃的食物,为他补益身体,自己却舍不得动筷子。

在她纤悉必至的调护下,鲁迅慢慢康复,又能伏案如常了。不久,他完成了一篇名为《幸福的家庭》的小说。主人公是一个为了赚稿费养家糊口，向壁虚构"幸福的家庭"的青年作家。但构思过程总被妻子与小贩讨价还价、孩子啼哭等琐碎嘈杂声打断，无法聚精会神，最终写而不成。此作虽模拟许钦文《理想的伴侣》之笔法，但床底下摆着劈柴、书架旁堆着白菜的局促情形，何尝不是他和朱安这一阶段日常生活的心酸投射呢？

由于事发突然，搬家匆忙，他们这个住处各方面的条件都不尽如人意：房间矮小，墙灰剥落，堂屋里放着一张吃饭用的小方桌，支着一张木板床，白天作餐厅兼会客室，晚上便是他的书房兼卧室。书案摆在西边她的房间，图个安静和采光好。他白天在此工作时，她就在厨房里张罗饭菜，决不轻易打搅。有时邻居俞家姐妹的嬉闹声大了些，朱安就赶紧过去善意地提个醒，甚至是用恳求的口吻："大先生回来时，你们不要吵他，让他安安静静写文章。"

朱安的厨艺很不错，烧得一手地道的浙东乡味。鲁迅的友人中，凡亲尝其手艺者，无不逢人夸赞："他们家的绍兴饭菜做得很不差，有酱过心的蚌蟹蛋，泡得适时的麻哈……"若没有客人来，夫妻二人的日常餐桌总是笼罩着沉闷的空气。由于没什么交流，她只能靠剩菜量来判断：吃得多的，说明喜欢，以后可再做；反之，就不做了。通过多次试错，细心观察，逐渐摸准了丈夫的胃。

朱安还为爱吃甜食的鲁迅发明了一种炸薯片。取几个白薯切成薄片，裹上加鸡蛋调匀的面糊，入油锅炸至金黄，捞出放凉即成。那种香酥可口的脆爽劲儿，常令他欲罢不能。后来，这薯片因吃薯片的人而出了名，被冠以"鲁迅饼"之称，殊不知默默无闻的朱夫人才是此发明专利持有者。

当初离开八道湾时，鲁迅曾对孙伏园说过："凡归我负责的人，全随我走。"名义上的太太已相伴而行，自然还要再把老太太接过来。砖塔胡同毕竟是临时过渡之地，不可作长久计。于是，他又开始各处看房。

1923 年 10 月底，以"议价八百"买定阜成门西三条胡同 21 号院（现北京鲁迅博物馆大院前部之鲁迅故居）的六间二手房。接下来办理过户、立契等烦琐的房产交割手续，然后着手翻建，于 1924 年 5 月 25 日才正式迁入。这是鲁迅在京城的最后一处落脚点，也是母亲和朱安的终老之地。此次买房，他的两位死党再次倾力相助——许寿裳和齐宗颐各出 400 元，这笔钱直到他 1926 年秋入职厦门大学才还清。他部里的另一位同事李懿修，不仅多次陪同看房，且全程参与改建，出力甚巨，令人动容。

为使旧屋更宜居，鲁迅亲绘施工草图并设计改造，以经济实用为要。修缮一新的小院有着金边的黑漆门、朱红色的门窗，他还种了三株丁香树，在北房堂屋后接出一间平顶灰棚当作自己的工作室兼卧室。这间被称作"老虎尾巴"的书屋面积不足九平方米，陈设非常简朴：一张放着毛笔、砚台、高脚煤油灯的三屉桌，两扇大玻璃窗下是由两块木板拼成的床铺，西壁上挂着一副集骚句楹联——"望崦嵫而勿迫，恐鹈鴂之先鸣"，东墙上有藤野先生的照片。窗外卧着一口井，后园立着一株和另一株闻名遐迩的枣树——它们曾在主人的《秋夜》中倔强登场，以傲岸的姿态赚足了一代又一代读者的眼球。

安顿下来与母亲再次团聚的鲁迅，渐从贫病交加、情绪低沉的状态中走出，然而夫妻关系却仍在"陌路"阶段原地踏步。朱安不理解，这个在婆婆面前恭顺乖巧的男人，为何同她相处时就变成了一座深不可测的冷硬冰山。尽管彼此相敬如宾，二人照旧各居一室，话匣子很难打开。

他们一年四季每日只有三次例行对话：一、叫醒服务，答应一声"哼"。二、喊吃饭，又是"哼"一下。三、临睡前，她过来问关不关北房过道中门，答曰"关"或"不"。只有索要家用时，才会多讲几个字：问多少钱，然后照付，或再顺口提一句，什么东西是否需要添置。这种较长的对话，一个月才能碰到一两次。

朱安曾自比为一只蜗牛，坚信"从墙底一点点往上爬，爬得虽慢，总有一天会爬到墙顶的"。但琴瑟异趣，话不投机，任她再怎么爬也终究无法接近他那巍峨的精神殿堂。

婉顺隐忍久了，偶尔也会抗争一下。在八道湾时，某次老太太过生日，鲁迅请了些宾客来家庆祝。开席之前，朱安忽然穿戴整齐地缓步走出房间，"扑通"一声向大家下跪，说道："我来周家已许多年，大先生不很理我，但我也不会离开周家。我活是周家的人，死是周家的鬼。后半生，我就是侍奉我的婆母。"话毕，叩头离开。众宾愕然，纷纷向其无助的背影投去怜悯的目光。

朱安不是丈夫的理想妻子，但毋庸置疑，是婆婆的好儿媳。周府仍然保持着旧式家规，雇有两名女佣。老太太只是读书看报，起居由王妈服侍，买菜、煮饭、洒扫等活儿交给胡妈。朱安每日的必修课，除却早晚请安，还要亲自下厨为老人家烹制她喜欢的绍兴菜。她三十七年如一日地贴身侍奉周氏三兄弟的母亲，无怨无悔地践行着自己心目中安身立命的最高法则——封建宗法制度下的传统女性道德观。

与丈夫分居异地的她是寂寞的，生活在丈夫身边的她更寂寞。她没有自己的朋友圈，家就是她的全世界。随着家中有越来越多梳着齐耳短发的新女性进进出出，她的古老世界观受到前所未有的巨大冲击，"从此便失掉了她往常的麻木似的镇静，虽然竭力掩饰，总还是时时露出忧疑的神色来"。这只触角敏感的蜗牛，瑟缩在自伤自怜又带点自卑的壳中，惶惑不安地打量着外面那个越来越陌生的新世界。就像一件不合时宜的古董，被遗忘在乏人问津的角落，她越来越找不到可以摆放自己的位置，在自己家里迷了路。

直到某天，西三条的访客中出现了一个能够融化掉"冰山"的"小鬼"——那个每逢鲁迅老师授课，总会坐在第一排认真听讲、积极发言的"小学生"。她终于卸下沉重的梦幻包袱,彻底绝望:"可是现在我没有办法了,我没有力气爬了。我待他再好,也是无用。"

那只曾经很努力向上爬的蜗牛,坠地跌伤,再也爬不动了。

迁入西三条新居次年的端午，鲁迅老师邀请一拨儿女青年来家共进午餐，过了个异常热闹的节日。诸位小姐吃了什么馅儿的粽子，咱不清楚；但在座的唯一一位男士喝美了，倒是确凿不移。蹊跷的是，他的日记却对此讳莫如深，只字不提，与其凡有酒事饭局必记的一贯做派甚不相符。

夫何故哉？答案得从"热闹"二字上找。

其实，光"热"还好，就怕"闹"。过节嘛，大家围桌而坐，乐乐呵呵地吃顿热热乎乎的饭，"热"而不"闹"自然是极好的。但如果是先"热"后"闹"，有人醉后失态，再借着酒劲儿"出手不逊"，搞得客人们花容失色，纷纷落荒而逃，这就很尴尬了。可见，"热闹"这个表示场面活跃、气氛热烈的形容词看似祥和美好，实则潜藏着一丢丢极易被参与者不经意间触碰到"失控"开关的风险：许多时候，"热闹"恰是"过犹不及"的序曲。你细品。

鲁迅这一次，便是败给了"闹"字。故此，没好意思在日记中提。但时间能荡涤一切，只是早晚的问题。待情随事迁，不堪回首的一幕会变得动人起来也说不定呢。这不，多年后他和景宋女士合编的《两地书》的原信中就有几封"出卖"了他。

让我们来还原一下那天端午家宴现场。

当时座中除许广平外，还有她的同班同学王顺亲、鲁迅在砖塔胡同的芳邻俞家姐妹、深合鲁母心意的小老乡许羡苏[1]，四位皆绍兴人氏。是日，师生欢聚一堂，言笑晏晏，鲁迅老师一不小心喝高了。醉眼蒙眬中，竟"拳击"两位俞小姐，又"按"了小鬼之头，吓得女孩子们逃之大吉（实则是想让老师早点歇息），原本定好的餐后师生同游白塔寺庙会的计划也被迫取消。想要挽回自己作为师长的颜面，必须煞有介事地端起架子，把这几个不知天高地厚的女娃儿们"教训"一通才是。

于是在信中，他不仅矢口否认自己醉酒（嘻，喝醉的人有几个会承认自己醉了呢），还自夸酒量，极力"洗白"：等闲之辈一般都扛不住混酒的威力，老师我偏要红白混搭，岿然不倒且不在话下，去白塔寺兜风四趟更是小菜一碟。退一万步讲，即便就像你们想象的那样，老师我不胜酒力喝趴下了，但仍旧酣然醉中强坐起，继续独自完成出游计划。这种不屈不挠的精神，不正是为人师表最好的体现吗？

那"打人"之举又作何辩解呢？

鲁迅坦言，世人所谓发酒疯，十有八九是装出来的，为的是好将一切酒后过失都推给"醉"来背锅，自己也不例外。当天之所以对"某籍"小姐（指俞家姐妹）动手，只是想借机压一压她俩倚仗"太师母"（指鲁老太太）之势力而日渐跋扈的气焰。否则，放任其"欺侮"老师的行为，"殊不足以保架子而维教育也"。事实上也不难猜到，所谓的"打"，肯定不会下重手啦，也就比画两下，稍有肢体接触罢了。而"按"头之举，估计就是手心掠过头顶温柔地轻抚了一下便赶紧撤开，分明是含蓄的示

1   许羡苏：曹聚仁《鲁迅评传》中说她是鲁迅的
     恋人，差点成为他的妻子。

家宴

爱动作。

另有一说，当时的情形是许广平、王顺亲二人和俞小姐合伙将鲁迅灌醉，许羡苏见状愤而离席。事后，她对许广平说，鲁迅喝多喝少自有戒条，你们这样灌酒是会引起酒精中毒的。许广平听后诚惶诚恐，遂赶紧给老师去信解释并致歉。[1]

总之，不管是他自己喝醉的还是被她们灌醉的，这并不重要。重要的是，此番醉酒事件为师生拉近距离、增进感情提供了一个现成的谈资。他们二人一直沉浸在打情骂俏的互怼状态中，你来我往，接连数函辩得热火朝天。学生极尽揶揄之能，调侃老师临阵败北之诸般醉态惨状（各种没大没小的称呼齐上阵，如"瞎判决的判官""撒谎专家""教育部的大老爷"），戏谑之言，盈盈于耳，读罢令人忍俊不禁。而老师非但不生气，还一再重申，以后不准来道歉，酒精中毒这样的无稽之谈也根本不必挂怀，似乎暗示"'某籍'小姐"的同乡身份并不构成与其关系更加亲密的优势。言辞之间，对小鬼可谓安抚有加，情感倾向自不待言。

如果复盘一下师生二人的交往全程，将此次端午醉宴视作定情宴亦不为过。之后，他们通信的抬头和落款一下子就变得亲昵齁甜了："迅师"成了"愚兄"，"广平兄"成了"嫩弟""嫩棣棣"。此距许广平以"谨受

1　这也恰好能对应上鲁迅回信中的这段话："酒精中毒是能有的，但我并不中毒。即使中毒，也是自己的行为，与别人无干。且夫不佞年届半百，位居讲师，难道还会连喝酒多少的主见也没有，至于被小娃儿所激么？！这是决不会的。"见《两地书·原信》之三十三。

教的一个小学生"的身份第一次给她仰慕的"鲁迅先生"写信[1]，仅隔三个月。

受过九年义务教育"迫害"的人都深知一个颠扑不破的真理——老师喜欢爱举手发言的学生。许广平来信即自报家门，她说：鲁迅老师啊，我就是那个两年来在你的课上总坐在头排，和你互动最积极、思想最有共鸣的学生。[2]读罢此言，鲁迅老师会心一笑，瞬间就对上号了——哈，原来是那个小家伙！不觉精神大振，仔细阅起信来。

一看对方不仅关注政治时局及学风建设、心系中国女子教育事业的前途，还迫切讨教布满荆棘的人生道路如何走下去的深奥命题，鲁迅老师不由地赞叹：真是个有想法、有抱负、有社会使命感的好苗子哇。况且，这位"惶急待命之至"的进步女青年最后都说到"救人一命，胜造七级浮屠"的份儿上了，岂能冷酷无情，见死不救？所以，只要这封信到了你手中，你根本就没有视而不见的理由。

于是乎，鲁迅老师便以"广平兄：今天收到来信，有些问题恐怕我

....

1   许广平在信中写道："先生！你在仰首吸那卷着一丝丝醉人的黄叶，喷出一缕缕香雾迷漫时，先生！你也垂怜……也愿意而且痛快地予以'杨枝玉液'时时浸入他心脾，使他坚确牢固他的愚直么？先生！……苦闷之果是最难尝的，虽然食过苦果之后有点回甘，然而苦的成分太重了！也容易抹煞甘的部分……而苦闷则总比爱人还来得亲切，总时刻地不招即来，挥之不去。先生！有什么法子在苦药中加点糖分？……"（见《两地书·原信》之一）幸好鲁迅老师见多识广，心理素质过硬，未患"感叹号恐惧症"，否则一般人还真消受不来这一口"先生"一个感叹号的强调句式（信的结尾连用了七个感叹号）。鲁迅老师的反应是：喜闻乐见，当天就回了封比来信还长的信。

2   信中原话是："每每忘形地直率地凭其相同的刚决的言语，在听讲时好发言的一个小学生。"

家宴

答不出，姑且写下去看——"开了个头，站在一个师长的过来人立场上娓娓道来，大谈自己"如何在世上混过去的方法"，为深陷迷茫的"小迷妹"指点迷津。

他当时以为回完信就没有"然后"了，没想到一来一回的然后是无穷极似的来来回回，直至这些细细碎碎的"然后"被"天长地久"全盘统摄。是的，鲁迅的后半生就此改写。

之后，师生二人同城鱼雁往返不绝。鲁迅那长期以来被"两只阴凄凄的眼睛恰恰钉住他的脸"的压抑生活中，射进来一道春日暖阳，他冬眠的心苏醒了。一个月后，许广平和学妹林卓凤首次登门谒师，参观完鲁迅住所的她思绪翻滚，久难平静。[1] 经过几个月不间断的书信往来"开小灶"，广平同学在鲁迅老师因材施教的启发下，思想认识水平不断提高。她担任了校学生会总干事，成为学生运动的骨干，与刘和珍等进步学子并肩作战，写下大量批判段祺瑞政府黑暗统治的战斗檄文。当女师大风潮进入白热化阶段，鲁迅挺身而出，让人身安全受到威胁的广平同学住到自己家来避难。

朝夕相处，抬头不见低头见，师生间的革命情谊迅速升温，继而升华出一种叫"爱情"的东西。而在此之前，已婚二十年的鲁迅老师是不

1　见《两地书·原信》之十三："'秘密窝'居然探险过了！归来的印象，觉得在熄灭了的红血的灯光，而默坐在那间全部的一面满镶玻璃的室中时……晨夕之间，或者负手在这小天地中徘徊俯仰，这其中定有一番趣味，是味为何？——在丝丝的浓烟卷（圈）中曲折的传入无穷的空际，升腾，分散，是消灭？！是存在？！（小鬼向来不善推想和描写，幸恕唐突！）"信中的每个字包括标点符号都在窃窃私语：我想走进你的内心世界。能将未曾亲睹的老师独自抽烟的想象之景描摹得有声有色，还自谦"不善推想"。嗯，怕是淡定持重的鲁迅先生看后也难保持心如止水吧。

知爱情为何物的。广平同学写过一首滚烫火辣的散文诗《风子是我的爱》，来记录师生的定情时刻。[1] 爱如潮水，势不可当，激情掀起的文字湍流吞没一圈圈呢喃软语的涟漪，将矜持的堤坝一举冲垮。"你战胜了！"啧啧，这个四十五岁的高冷傲娇天秤男，在告白时刻竟说出这么一句别致的台词。鲁迅先生的语言总是独具杀伤力：无论笔尖，还是舌尖；无论战场，还是情场。

此外，笔者认为有必要就我们似乎熟知又不甚知之的师生二人书信集的版本问题略作说明。所谓"两地书"，有书信原件、鲁迅编订排印本、鲁迅家传手书本三种不同版本。目前市面上流传甚广的"青年恋爱通信经典教材"——《两地书》单行本，其实是通信双方在原信基础上作适当增删或改动而成的修订本。[2] 二者的主要区别就在于两个字——尺度。

> 这一本书……其中既没有死呀活呀的热情，也没有花呀月呀的佳句；文辞呢，我们都未曾研究过"尺牍精华"或"书信作法"，只是信笔写来，大背文律，活该进"文章病院"的

1　许广平在诗中写道："风子是我的爱，于是，我起始握着风子的手。奇怪，风子同时也报我以轻柔而缓缓的紧握，并且我脉搏的跳荡，也正和风子呼呼的声音相对，于是，它首先向我说：'你战胜了！'……不自量也罢！不相当也罢！同类也罢！异类也罢！合法也罢！不合法也罢！这都于我们不相干，于你们无关系，总之，风子是我的爱……呀！风子。"

2　《两地书》原信曾被不同出版社出版，本书所据为中国青年出版社 2005 年排印本，书题为《两地书·原信：鲁迅与许广平往来书信集》，本书引用时省作《两地书·原信》。《两地书》单行本于 1933 年由上海青光书局初版，其后多家出版社再版多次。

家宴

居多。

　　鲁迅老师在他们的《两地书》初版序言中没有说实话。确切地讲，是说了一半藏了一半。他们的原信中不是"没有死呀活呀的热情"，而是他在编订时，把那些心扉敞得太开的词句段落甚至整封信，全都抹去咯。正因为"动过手脚"，所以来信与复信多处衔接不上的情况时有发生。

　　比如，前文提到的端午醉酒。《两地书》缺数封往来信札，原信则保留了第32封鲁迅的"训词"和第34封许广平对此的回复，且"训词"之前应该至少还有一封许广平的来信，可惜已佚。又如，关于许广平的第一封信，《两地书》也删掉了一些可能会令人读出歧义的句子。再如，许广平描述她拜访鲁宅情形的第13封信，措辞亦多改动：原信中的"秘密窝"在《两地书》中由更为庄重的"尊府"代之。其后关于书房窗外景色的描写，原信稚拙拖沓，而《两地书》中的相关内容则刻画得凝练生动，文采斐然，明显经鲁迅妙笔润色过。

　　出现诸如此类的不一致其实再正常不过。毕竟通行的修订本是面向社会大众的"公开信"，属于二人世界的私密交谈当然不宜对外开放。正如鲁迅所言："放达的夫妻在人面前的互相爱怜的态度，有时略一跨出有趣的界线，也容易变为肉麻。"所以，大家都是成熟稳重的大人，谈个恋爱，写个情书，私底下再怎样卿卿我我都不为过——此乃人之常情，但在"人面前的"边界感必须拿捏得宜。拿捏并不意味着虚伪，相反，它是另一种形式的真实。

　　素心相对如秋水，毫无保留地互诉衷肠是真；味中有味，言外有情，含而不露地"银汉迢迢暗渡"也是真。两种版本都是真情的自然流淌：一为不施粉黛的素颜版，一为稍作修饰的裸妆版，同是有血有肉的两个敢爱的人，就看出现在什么场合了。我们若能以平常心去对读不同版本，一定会被那两个调皮诙谐、絮絮叨叨的可爱话痨儿所打动。

没有该结婚的年龄，只有该结婚的爱情。只要心理同频共振，十七岁年龄差又何妨。单看他们互起的唯其二人会心的昵称，如"小莲蓬""小刺猬""小白象""哥姑""乖姑"云云，便胜却人间无数。随手翻几页，你就会被迎面撒来的密集"狗粮"砸得晕头转向。原信中北京部分的内容到 1925 年 7 月底就戛然而止了，亦即热恋期的鸾笺雁帛，一封未留。原因可能有二：要么就像鲁迅自称，"我的习惯，对于平常的信，是随复随毁的"，也许他觉得语言太过热情奔放，还是阅后即焚最好；要么就是他们有其他更便捷的"无时差"交流方式，已无须"展信如晤"了。

1926 年 8 月 15 日一早，鲁迅给许广平写了封骈四俪六的信（也是一份很有仪式感的请柬）[1]，邀她和同学吕云章、陆晶清三人次日来家小聚。这是鲁迅离京前最后一次在家请客，是对三天前她们组织的谢师宴的回请，也可看作他和广平同学向吕、陆二人的饯别宴。鉴于去年端午醉酒闹出洋相，这次鲁迅没喝大——三杯两盏，酒到情到，主客皆欢。

十天后，当国民革命军挥师北上之际，师生二人开启了他们的南下行程：一同离开北京，先经上海小作停留，再乘船分往二省。鲁迅赴厦门大学任国文系教授，许广平至广东省立广州女子师范学校任训育主任。

四个半月后，鲁迅"抱着和爱而一类的梦"去广州与许广平会合，

1　信中写道："景宋'女士'学席：程门飞雪，贻误多时。愧循循之无方，幸骏才之易教。而乃年届结束，南北东西；虽尺素之能通，或下问之不易。言念及此，不禁泪下四条。吾生倘能赦兹愚劣，使师得备薄馔，于月十六日午十二时，假宫门口西三条胡同二十一号周宅一叙，俾罄愚诚，不胜厚幸！顺颂时绥。师鲁迅谨订，八月十五日早。"

　　　　　　　　　　　　　　　　　　　　　　家宴

任中山大学教务主任兼文学系主任。此时的鲁迅老师，在爱情的陶冶下已变得"沉静而大胆，颓唐的气息全没有了"。他本着"偏要同在一校，管他妈的"的初衷，给许广平安排了一个助教兼翻译的工作，便于其时时陪伴在侧。

八个月后，一个多云的下午，二人登上太古公司的"山东"号轮船，离开了这个令他心灰意冷的革命策源地，奔赴他们共同生活的终点站——上海。

"我先前偶一想到爱，总立刻自己惭愧，怕不配，因而也不敢爱某一个人；但看清了他们的言行思想的内幕，便使我自信我决不是必须自己贬抑到那么样的人了，我可以爱。"有情人终成眷属。凭借真爱无敌的强大内驱力，鲁迅挣脱了旧式包办婚姻的痛苦羁绊，把母亲钦定的"礼物"还给了她，把自己那搁浅日久的幸福打捞起来，并牢牢捧在手心。

且介亭里的
莼鲈之思

贪安稳就没有自由，要自由就总要历些危险。只有这两条路。
那一条好，是明明白白的，不必待我来说了。

——《集外集拾遗·老调子已经唱完》

辞去教务一身轻，来到上海的鲁迅"躲进小楼成一统"，成为一名自力更生、自得其乐的自由撰稿人。

这当然不是破釜沉舟的负气出走，也不是爱迷心窍的冲动之举，早在他与许广平通信初期，就已透露出职业规划的倾向了。[1] 思想者最看重独立思考的大脑，舌头的社会功能根本瞧不起。从公职人员到职业作家的转型，是他在精准自我定位基础上的必然选择。而且爱情已然在心底生根发芽，北京又没有适合其开花结果的土壤，必须另觅一处福地。

正踌躇时，机会翩然而至，"将半个北大搬到厦大"的林语堂向他抛来橄榄枝。鲁迅寻思着，此地是个气候温暖的海滨小城，政治生态也应

1　见《两地书·原信》之十七："近来整天的和人谈话，颇觉得有点苦了，割去舌头，则一者免得教书，二者免得陪客，三者免得做官，四者免得讲应酬话，五者免得演说；从此可以专心做报章文字，岂不舒服。"

家宴

相对良好，还有月入 400 大洋的高薪待遇。正好广平同学马上毕业，家在广东的她自然要回南方的，这下两人刚好也有了同行的正当理由。干吗不去呢？走！于是，欣然加入到厦大国学研究院的一众大咖中。

讵料理想丰腴有致，现实却骨瘦如柴：身临其地，大失所望。他形容学校是"硬将一排洋房，摆在荒岛的海边上"。自然环境不称心，人文环境更闹心。"我以北京为污浊，乃至厦门，现在想来，可谓妄想，大沟不干净，小沟就干净么？"他本想着来了撸起袖子好好干点事的，最后只勉强住满一个学期，结算完薪水，衣袖也不挥一挥——拜拜。

离开，固然因人事冲突而起，但饭菜不合口，也是一大原因。正餐不够，零食来凑，鲁迅只能靠糕点和牛肉罐头充肠。一次，孙伏园赴广州回厦门时，给鲁迅带了一样滑脆酸甜的水果——杨桃，却刷新了他的认知，初尝即称赏不置："我以为味并不十分好，而汁多可取，最好是那香气，出于各种水果之上。"在中大任教期间，他先向江绍原力荐，称其有漱口水般的清洁功效，食后甚爽。后来，逢人就做广告："我常常宣传杨桃的功德，吃的人大抵赞同，这是我这一年中最卓著的成绩。"入沪后，某次觅得杨桃芳踪，喜出望外，即购十六枚赠好友内山完造。看来这种岭南佳果在当时上海的水果市场尚属稀缺尖儿货。

上海地贵，居大不易。

"沪漂"穷作家们只租得起石库门最差的亭子间（大多用作堆放杂物的面北小屋）。而此时的鲁迅已是文坛巨星，收入颇丰，自然有条件卜居更佳住处。不过与北京时期的热衷买房不同，他在上海都是租房住，九年间搬过五次家。

抵沪后，他和许广平先在外滩附近的共和旅馆小作停留，随即入住闸北区横浜路一幢新式里弄建筑——景云里 23 号。次年移入 18 号，住了半年不到又搬至 17 号。三弟周建人也住同一小区，兄弟俩走动很方便，一开始鲁迅没添置厨具，吃饭都是去弟弟家。后来两家人搭伙烧饭，还订过一阵子"包饭作"。朋友小聚或待客则常去言茂源、中有天、东亚食堂。海婴出生后雇了保姆，才自家开火。鲁迅在景云里的这三次搬家，虽然都是租来整幢三层楼住，但跟群居也没太大差别。生活倒是便捷，步行可至内山书店，但周边环境喧嚷且治安不靖，时时为噪音所苦。

1930 年 5 月，经内山完造介绍，鲁迅携妇挈孺移入北四川路 194 号（今四川北路 2093 号）的拉摩斯公寓。在这里，他迎来了自己的知命之年。9 月 24 日，也就是农历八月初三这天，"予五十岁生辰，晚广平治面见饷"。鲁迅一生俭素，除了为母过寿大宴宾客，自己和家人的生日向来低调从简，不会刻意摆弄仪式。吃着爱人煮的长寿面，耳畔传来幼子咿呀学语的撒娇声，平淡中自有真味。温馨如斯，夫复何求。

而一周前，他以左联"盟主"的身份，出席了一场文艺界为他准备的特殊而盛大的生日纪念会。活动的发起人是柔石、冯雪峰、冯乃超，参加者有左联、剧联、美联、社联等各团体代表及艺术家、记者、教员、学生等二百余人，最后留下来出席晚宴的有二十人左右。场地选在法租界一家带有小花园的荷兰西餐室，由美国记者史沫特莱以个人名义租下。这显然不是寻常意义的庆生宴，而是政治意味颇浓的左翼人士革命集会。他们希望鲁迅为普罗文学（"Proletarian Literature"之音译，即无产阶级文学）运动而努力，他的关注点则是青年。[1]

1　事后，鲁迅在致曹靖华的信中说："前几天有几个朋友给我做了一回五十岁的纪念，其实是活了五十年，成绩毫无，我惟希望就是在文艺界，也有许多新的青年起来。"

图
28

鲁迅与冯雪峰两家合影

　　奈何风雨如晦，鸡鸣不已，希望之路总是荆棘遍地，鲁迅在拉摩斯公寓的日子过得并不轻松。先是柔石被捕事件，再是"一·二八"烽火波及寓所（子弹直接洞穿书桌），他不得不两次外出避难。

　　1933年除夕之夜，许广平准备了几个菜，他们叫来住在隔壁地下室的冯雪峰一起吃。饭后买了十几只爆竹，带海婴到屋顶平台噼里啪啦地辞旧迎新，算是在自己家中过了个完整的春节。"岁暮何堪再惆怅，且持卮酒食河豚。"想到连续两年的除夕都是在朝不保夕的颠沛惶然中度过，他在日记中写下："盖如此度岁，不能得者已二年矣。"细味之，不由令人潸然。

同年4月，鲁迅以内山书店职员的名义租下施高塔路大陆新村9号（现山阴路132弄9号），迎来他一生中最安稳富足的时光。

这一时期的鲁迅，交际广，应酬多，除却外出参加各种工作饭局和人情往来性质的宴会，家中访客络绎不绝，周府治馔的情形也有不少。"请客大约尚无把握，因为要请，就要吃得好，否则，不如不请。"这是他宴客的总原则。若是较隆重的饯席或答谢宴，会请梁园、知味观等店大厨上门服务，亲友聚餐等便宴则由贤内助料理。府上一楼会客室北面的压花玻璃屏门背后，就是餐厅，正中摆着一张广漆八仙桌，瞿秋白、胡风、茅盾、黄源、增田涉、辛岛骁、清水三郎、内山夫妇、伊罗生夫妇等都曾是座上宾。当然了，来得最多的还是周建人一家。

凡家里留客吃饭，许广平从不嫌麻烦，都是亲自下厨烹制，端上量大丰盛的菜品：一般四五盘起步，多则七八盘。虽为广东人，但她做起江浙菜来也是得心应手。屋里只要有金华火腿，待客必有一味金银蹄；还有一味，是鲁迅最爱的绍式名菜——干菜扣肉。

干菜，亦称乌干菜、霉干菜，由雪里蕻或芥菜经盐腌、发酵、曝晒而成，是浙东历史悠久的传统副食品，也是著名的"绍兴三乌"之一。若将盐渍芥菜同过水焯好、切片的毛笋一起腌晒，便得"笋干菜"，二鲜相得益彰，制汤特佳。新摘的绿蔬经阳光晾晒天然脱水，便沉淀出一种穿透力极强的醇厚香气。干菜一直是当地人日常餐桌的百搭食材。它荤素咸宜，丰俭由人：单独蒸软下饭，简简单单就是妙品。民间有"乌干菜，白米饭，神仙见了要下凡"之说，其美可知。切几片番茄或丝瓜同煮再略调味，便成一碗爽口开胃的餐前汤。取肥瘦相间的猪肋条，加酱油、黄酒、红曲等作料焖烧入味，再码好上笼蒸，至肉质酥糯时取出，覆扣于盘，油润喷香的干菜扣肉就做成了。

每日午后是鲁迅的社交时段，客人接踵而至，子夜降临方散。当他开始埋头工作时，许广平的"深夜食堂"也就营业了，山阴农家蛋炒饭是她的招牌。

鸡蛋入油锅划散，猛火兜炒几下，盛出；倒少许油，放入提前泡发、滗水、切成末儿的干菜，小火煸香；将白米饭慢慢炒散至颗粒分明，加鸡蛋继续大火拌炒入味，起锅前撒一把葱花、少许盐调味即可。蛋炒饭的流派很多，鲁迅爱吃的这种绍兴田园版跟风靡全国的扬州版蛋饭同炒的"金裹银"不同，没有花菇、干贝、虾仁、青豆、胡萝卜等五颜六色的配料，干菜就是灵魂。蛋要炒老，饭要炒焦，再来半杯小酒，便是一餐金不换的完美宵夜。

虽然鲁迅对故乡的态度爱恨交织，经历了一个由赞美到理性批判的转变，但他并不排斥乡味，反而饱含深情。《在酒楼上》的"我"与吕纬甫点的四样下酒菜——茴香豆、冻肉、油豆腐、青鱼干，都是典型的绍兴小吃，也是他记忆深处永不褪色的味觉烙印。

> 我有一时，曾经屡次忆起儿时在故乡所吃的蔬果：菱角、罗汉豆、茭白、香瓜。凡这些，都是极其鲜美可口的；都曾是使我思乡的蛊惑。后来，我在久别之后尝到了，也不过如此；惟独在记忆上，还有旧来的意味留存。他们也许要哄骗我一生，使我时时反顾。

《朝花夕拾·小引》中这段温润出神的文字，将客子对故土那种田园牧歌式怀想的情思纹路，描画得扣人心弦。而提笔作此之半月前，"四一五"反革命政变爆发，国民党开始在广州"清党"，大规模搜捕共产党员和左派人士，中大师生四十余人被拘。鲁迅力主营救未果，遂辞去一切职务，虽各方慰留亦坚辞不就,方有沪上之行。

张翰因见秋风起,乃生吴中莼鲈之思;鲁迅坐对水横枝,常念绍酒越鸡之饭。"带露折花,色香自然要好得多,但是我不能够。"他笔下的故乡风物,作为寄托其依恋与反思并存的乡土情结的载体,总是纠缠着淡淡的哀愁和浓浓的失落感。他与空间地理上的故乡永诀了,但灵魂无处皈依的"荷戟独彷徨"者需要借助一个由其眷念的乡景、乡情、乡俗、乡味共同构筑的乡土世界,来直面惨淡人生。他通过"时时反顾"心中那片温情的诗意空间,在归去来兮的心路跋涉中寄寓"反抗绝望"的人生哲学,完成一次次精神还乡。

壮岁京华羁旅,暮年湖海盘桓。走过一程又一程,何处是归程?故乡始终在梦的原点守望着远行未归的游子。漫长行程的目的就是与自我会见。如今客居且介亭的民主战士,与昔日那个赋闲白云楼编旧稿的失意文人,思恋乡味的心境并无二致。

1934年冬,萧军和萧红来到上海。鲁迅对这对东北文学青年关爱备至,不仅为他俩张罗住处、解决经济困难,还在梁园豫菜馆精心安排了一场向上海左翼作家推介新人的宴会。此后,"二萧"成为大陆新村的常客,是受到周府留饭待遇最多的两个人。

萧红也时而露一手。她做的葱油饼啊、酸菜饺子啊、韭菜盒子啊之类的家乡特色面食,每样都很合鲁迅口味,总是让他停不住筷子。这时他就得看夫人的脸色了,像个孩子似的申请能否再多吃一点。毕竟他的健康状况已大不如前,这些好吃却难消化的高热量碳水化合物多食无益。1936年7月15日,与萧军感情出现裂痕的萧红即将只身东渡日本。鲁迅发着高烧,强支病体为其饯饮,他的最后一次家宴待客记录就定格在了"晚,广平治馔,为悄吟饯行"这条日记上。

曾惊秋肃临天下，敢遣春温上笔端。

尘海苍茫沉百感，金风萧瑟走千官。

老归大泽菰蒲尽，梦坠空云齿发寒。

竦听荒鸡偏阒寂，起看星斗正阑干。

　　这首沉郁顿挫的述怀诗是鲁迅赠给终生挚友许寿裳最后的手书条幅，也是其胸襟怀抱的真实写照：心事浩茫，感慨百端，内外交困之际亦是黎明破晓之时，孤寂悲凉中总有熹微之希望存焉。

　　鲁迅的伟大，不必多言；鲁迅的平凡，值得咀嚼。放下"匕首"和"投枪"的日常生活中的他，是温情脉脉的恋人，是管不住嘴巴的馋人，是团圆梦破碎的伤心人，是为买房还贷焦虑的普通人，是刚健质朴又深沉可爱的周树人。

　　偶尔低落，时常洒脱，总是执着。伟人之所以伟大，是因为他真实地平凡着。借用他在《华盖集·战士和苍蝇》中的话来说，精神上伟大的人，"正因为近则愈小，而且愈看见缺点和创伤，所以他就和我们一样，不是神道，不是妖怪，不是异兽。他仍然是人，不过如此。但也惟其如此，所以他是伟大的人"。齿寒，心暖，思致冷峻，笔触炽烈，文字如地壳深处喷溢而出的汩汩熔岩，流淌所经之处皆铸成丰碑。百年后的今日如此，今日之后再过百年，想必依旧如此。

参考书目举要

一、古籍（以朝代先后为序）

01······ ［元］倪瓒：《云林堂饮食制度集》，苏州：古吴轩出版社，2019 年。

02······ ［明］高濂：《遵生八笺》，杭州：浙江古籍出版社，2017 年。

03······ ［清］富察敦崇：《燕京岁时记》，北京：北京古籍出版社，1981 年。

04······ ［清］李渔：《闲情偶寄》，上海：上海古籍出版社，2019 年。

05······ ［清］童岳荐编、张延年校注：《调鼎集》，北京：中国纺织出版社，
2006 年。

06······ ［清］王士雄：《随息居饮食谱》，杭州：浙江人民美术出版社，2018 年。

07······ ［清］袁枚撰、夏曾传补证：《随园食单补证》，杭州：浙江人民美术出
版社，2016 年。

08······ ［清］张集馨：《道咸宦海见闻录》，北京：中华书局，1981 年。

二、近人今人著述（以作者姓氏拼音为序）

01······ 曹聚仁：《鲁迅评传》，北京：生活·读书·新知三联书店，2015 年。

02······ 曹雨：《中国食辣史》，北京：北京联合出版公司，2019 年。

03······ 陈流求、陈小彭、陈美延：《也同欢乐也同愁——忆父亲陈寅恪母亲唐
筼》，北京：生活·读书·新知三联书店，2010 年。

04······ 陈智超编：《陈垣来往书信集》，北京：生活·读书·新知三联书店，

2010 年。

05······ 邓云乡：《鲁迅与北京风土》，北京：中华书局，2015 年。

06······ 邓云乡：《云乡话食》，北京：中华书局，2015 年。

07······ 高成鸢：《味即道》，北京：生活书店出版有限公司，2018 年。

08······ 高阳：《古今食事》，郑州：河南文艺出版社，2020 年。

09······ 耿云志：《胡适年谱》，福州：福建教育出版社，2012 年。

10······ 胡适著、季羡林主编：《胡适全集》，合肥：安徽教育出版社，2003 年。

11······ 黄乔生：《鲁迅年谱》，杭州：浙江大学出版社，2021 年。

12······ 黄乔生：《鲁迅像传》（修订本），北京：生活·读书·新知三联书店，2022 年。

13······ 李永翘：《张大千年谱》，成都：四川省社会科学院出版社，1987 年。

14······ 梁实秋：《雅舍谈吃》（修订本），南京：江苏人民出版社，2020 年。

15······ 刘建强：《谭延闿年谱长编》，上海：上海交通大学出版社，2021 年。

16······ 鲁迅、景宋：《两地书·原信》，北京：中国青年出版社，2005 年。

17······ 鲁迅：《鲁迅全集》，北京：人民文学出版社，2005 年。

18······ 鲁迅：《鲁迅日记》，北京：人民文学出版社，2022 年。

19······ 陆文夫：《美食家》，南京：江苏凤凰文艺出版社，2018 年。

20······ 逯耀东：《肚大能容》，北京：生活·读书·新知三联书店，2021 年。

21······ 彭长海、邢渤涛：《北京谭家菜》，北京：中国旅游出版社，1984 年。

22······ 乔丽华：《我也是鲁迅的遗物——朱安传》，北京：九州出版社，2017 年。

23······ 邱庞同：《中国菜肴史》，青岛：青岛出版社，2010 年。

24······ 容庚著、夏和顺整理：《容庚北平日记》，北京：中华书局，2019 年。

25······ 施晓燕：《鲁迅在上海的居住与饮食》，上海：上海书店出版社，2021 年。

26······ 谭延闿：《谭延闿日记》，北京：中华书局，2018 年。

27······ 唐德刚：《胡适杂忆》，北京：中国文史出版社，2020 年。

28······ 唐鲁孙：《天下味》，桂林：广西师范大学出版社，2013 年。

29······ 汪曾祺：《食事》，南京：江苏人民出版社，2014 年。

30······ 王敦煌：《吃主儿》，北京：生活·读书·新知三联书店，2012 年。

31······ 王仁湘：《饮食与中国文化》，北京：人民出版社，1993 年。

32······ 王世襄：《锦灰堆》，北京：生活·读书·新知三联书店，2013 年。

33······ 王忠和：《袁世凯全传》，桂林：广西师范大学出版社，2011 年。

34...... 薛林荣：《鲁迅的饭局》，桂林：广西师范大学出版社，2021 年。

35...... 杨步伟：《一个女人的自传》，长沙：岳麓书社，2017 年。

36...... 杨步伟著、柳建树等译：《中国食谱》（第三版），北京：九州出版社，2022 年。

37...... 姚伟钧、刘朴兵：《中国饮食史》，武汉：武汉大学出版社，2020 年。

38...... 于右任著、庞齐编：《于右任诗歌萃编》，西安：陕西人民出版社，1986 年。

39...... 聿君编：《学人谈吃》，北京：中国商业出版社，1991 年。

40...... 张德昌：《清季一个京官的生活》，北京：生活·读书·新知三联书店，2021 年。

41...... 张起钧：《烹调原理》，北京：中国商业出版社，1985 年。

42...... 赵新那、黄培云编：《赵元任年谱》，北京：商务印书馆，1998 年。

43...... 赵元任摄、赵新那等整理：《好玩儿的大师——赵元任影记之学术篇》，北京：商务印书馆，2022 年。

44...... 朱凯：《于右任传》，西安：陕西人民出版社，2015 年。

45...... 朱振藩：《食家列传》，长沙：岳麓书社，2006 年。

46...... 朱正：《鲁迅回忆录正误》，北京：人民文学出版社，2006 年。

47...... Boym, Svetlana. *The Future of Nostalgia*. Basic Books, 2001.

48...... Brillat-Savarin, Jean Anthelme. *The Physiology of Taste, or Meditations on Transcendental Gastronomy*. Translated and edited by M. F. K. Fisher, Everyman's Library, 2009.

49...... Chao, Buwei Yang. *How to Cook and Eat in Chinese*. John Day Company, 1945.

50...... Korsmeyer, Carolyn. *Making Sense of Taste: Food and Philosophy*. Cornell UP, 2002.

51...... Theophano, Janet. *Eat My Words: Reading Women's Lives Through the Cookbooks They Wrote*. Palgrave Macmillan, 2003.